Metodología para el Aprendizaje
del
Cálculo Integral

Conforme a los programas de estudio
de cálculo integral orientado a competencias

José Santos Valdez Pérez
y
Cristina Pérez Pérez

Tercera edición

Trafford rev. 07/08/2014

 www.trafford.com
North America & international
toll-free: 1 888 232 4444 (USA & Canada)
fax: 812 355 4082

DEDICATORIA:

Mi verdad:

La solución a los grandes problemas de las naciones tienen su respuesta en una educación de calidad.

Dedicatoria:

A mis Madres: María Pérez y Josefina Rico.

A mi Padre: Francisco Valdez García.

A mi esposa.

A mis hijas e hijos.

A mis nietas y nietos.

AGRADECIMIENTOS:

He de agradecer a las Ciudades que cobijaron mi existencia y de las cuales guardo gratos recuerdos: A mi tierra Palma Grande, Nay.; Xalisco, Nay; Tepic, Nay; Morelia, Mich. cuna de mi cultura;   Villahermosa, la inolvidable; Tehuacan Pue; Distrito Federal; y Saltillo, Coah.; De la misma forma a Delicias Chih., Mazatlán, Sin.; Querétaro, Qro.; Celaya, Gto. Y la ciudad del futuro Chicago, USA.; por recibir el influjo de esas tierras de inspiración.

Me es imposible nombrar a tantas personas, quienes de algún modo influyeron en la realización de la presente obra; sin embargo he de nombrar a mis exalumnos, compañeros de estudio y de trabajo, así como mis maestros y directivos a quienes doy un profundo agradecimiento.

Directivos: Max Novelo Ramírez, José Guerrero Guerrero, Juan Leonardo Sánchez Cuellar, Enriqueta González Aguilar, Carlos Fernández Pérez, Mario Madrigal Lápiz, Mario Valdés Garza, Javier Alonso Banda, Fidel Aguillón Hernández, Alejandro Guzmán Lerma, José Callejas Mejía, y David Hernández Ochoa.

Maestros: Sergio Alaníz Mancera, Heber Soto Fierro, Germán Maynes Meléndez, Salvador Montoya Luján, Elisa Álvarez Constantino, Salvador Campa, Rosario Vitalle DiBenedeto, y Rachel Wise.

Compañeros de trabajo: Ramón Tolentino Quilatan, Salvador Aarón Antuna García, Rodolfo Rosas Morales, Araceli Rodríguez Contreras, Isabel Piña Villanueva, Norma Hernández Flores, Romina Sánchez González, Mayra Maycotte de la Péña, Elizabeth Sorkee Quiroz, Miguel Ángel Cabrera Navarro, Sergio Gaytán Aguirre, Olivia García Calvillo, Alberto Córdoba García, Rosa María Hernández González, José Luís Quero Durán, Beatriz Barrón González, Noé Isaac García Hernández, Francisco Ruíz López, Roberto Wilson Alamilla, Jaime Edwald Montaño, José Luis Meneses Hernández; Antelmo Ventura Pérez, Rubén Medina Vilchis, Juan Manuel Nuché, y Alberto Gutiérrez Alcalá.

Compañeros de estudios: Mario Madrigal Lépiz, Bulmaro Fuentes Lemus, Jorge Maldonado Brizuela, Jaime Rebollo Rico, Cecilia Guzmán Hernández, Francisco Orizaga Espinosa, Miguel Espericueta Corro, Carlos Díaz Ramos, Juan Manuel Vargas Dimas, Fernando Aguilar Barragán, Delia Amador Gil, Rosalba Zambrano Puertas, Cris Saez y Cristina Márquez.

Exalumnos: Martha Madero Estrada, Felicitas Cisneros Romero, Ma. Reyna Rivera Rivera, Fernando Treviño Montemayor, Enedina Sierra Ramos, Ema Aguilar Ibarra, Lizet Mancinas Pérez, Lucia Rosalía Paredes Hernández, Edgar Alonso Carrillo Quintero, Miriam Alcázar Ascacio, y Miriam Ávila García.

Así también a: Ricardo Llanos y Cecilia Guzmán; David Obregón y Yolanda Pérez, Jesús Ramos y Araceli Pérez, Sergio Esquivel y Liliana Pérez; Camerina Valdés y Rubén Saldaña; Andrés Valdés y Ma. de Jesús Guitrón; Jorge Pérez y Teresa Guevara; Gildardo Medina y Anita Pérez; Víctor Burciaga y Angélica Baena; Bernardo González

Macías y Margarita Nava; Marcelino Mata y Patricia Ríos; Isabel Chávez Rico; Donaciano Quintero Salazar; Ivonne Muñoz, Ociel Ramírez, Sandra Herrera y Francisco Villaseñor; Leandro Ocampo López; Antonio Duarte Morales; Lupita Cárdenas Oyervides; Carolina Baez Olivo; Irene Valdés; Eva Flores Rocha, Mario Manríquez Campos, David Jaime González, Oscar Romero Rivera, Javier Valdés y José Guadalupe Torres.

PREFACIO:

El perfeccionamiento, no es otra cosa mas que el proceso de revisar y detectar actualizaciones, vacíos y errores; por lo que resulta natural, que lejos de la decepción surja el reto de hacer mejor lo que ya hemos hecho; después de todo, es válida la siguiente redundancia: "hacer constantemente lo mismo se recompensa con perfeccionar lo que siempre hemos hecho"; desde luego sin haber olvidado la sentencia "Trabajos perfectos a tiempos infinitos tienen valor cero"; Es así como en las ediciones se han realizado las siguientes mejoras.

Prefacio de la segunda edición:

En lo general: - Revisión general de las unidades.

Unidad 1:   - Las unidades 1 y 2 (Diferenciales y La integral indefinida) se unieron para formar esta unidad.
- Los fundamentos cognitivos por temas de la unidad 1, se trasladaron a los anexos.

Unidad 2:   - Antes era la unidad 3.

Unidad 3:   - Antes era la unidad 4 y se sumó la unidad 5.

Unidad 4:   - Antes era la unidad 6.

Unidad 5:   - Se suma un nuevo contenido "Series"

Anexos: - Se suma el anexo "Fundamentos cognitivos del cálculo integral".
- Dentro de los fundamentos cognitivos se desarrolló el tema: "Funciones y sus gráficas".
- Perfeccionamiento y desarrollo de la instrumentación didáctica orientada a competencias.

Prefacio de la tercera edición:

En lo general: - Revisión general de las preliminares, unidades y anexos.

Unidad 1:   - Perfeccionamiento de la unidad y se amplió el tema sobre funciones.

Unidad 2:   - Perfeccionamiento de la unidad.
- Se separó el temas de Técnica de integración de fracciones parciales en 2 clases.
- Se separó el tema Técnica de integración por series de Maclaurin y Taylor en 2 clases.

Unidad 3:   - Perfeccionamiento de la unidad; Desarrollo del tema Principios de graficación de funciones; y ampliación en la parte teórica.

Unidad 4:   - Perfeccionamiento de la unidad.

Unidad 5:   - Perfeccionamiento de la unidad

Anexos: - Perfeccionamiento de los anexos; Cambio del tema "Funciones y sus gráficas", por el tema "Técnicas de graficación" y se desarrolló "Solución a los ejercicios impares".

PRELIMINARES:

- Recomendaciones a los Maestros.

- Recomendaciones a los alumnos.

- Teorías de los aprendizajes.

- Técnica de los aprendizajes por justificandos.

- Técnica de los aprendizajes por agrupamiento.

- Instrumentación didáctica.

- Sobre el libro.

- Premisas pedagógicas fundamentales.

RECOMENDACIONES A LOS MAESTROS:

Este libro ha sido escrito en paralelo a desarrollos pedagógicos expresos para tal fin, de igual forma se han delineado teorías y técnicas aún en proceso de desarrollo, sin embargo el máximo valor esperado, es el que tú como maestro le puedas adherir, mediante la apropiación y praxis de tales instrumentos así como el de su enriquecimiento. Para un curso eficaz se han supuesto las siguientes condiciones pedagógicas:

1) Apegarse en la instrumentación didáctica, en lo general, y cada maestro en función de su experiencia y de su estilo personal, irá haciendo los cambios y adaptaciones correspondientes, sobre todo en el campo de los métodos y técnicas de enseñanza así como en las dinámicas grupales.

2) Realizar las exposiciones globalizadas a través de proyecciones, máxime, cuando los aprendizajes sean de información extensa y/ó sistematizada.

3) Crear confianza en los alumnos para que pregunten; la regla es ¡ No hay preguntas tontas !

4) Paralelamente al curso se requieren acciones que permitan la educación en valores para que la educación sea integral, por lo que deben irse aprovechando los eventos institucionales o bien creando las actividades e incentivos correspondientes; De la misma forma y con propósitos educativos, continuamente se deberá observar la disciplina del grupo así como las actitudes de cada uno de sus integrantes.

5) Tener conocimiento y control de los alumnos e identificación del grupo, para lo cual en los anexos se ha incluido un registro escolar y el formato de lista.

6) Inhibir la copia a través de una concientización y en casos extremos aplicar las sanciones previamente establecidas e informadas al alumnado. En los anexos se encuentra un formato de examen, con el propósito de ser utilizado en la presentación de exámenes cuando así se requiera.

7) No abusar de la aplicación de exámenes repetidos, para lo cual se sugiere elaborar una amplia batería de evaluaciones, ya que el alumno tiende a informarse de exámenes aplicados con anterioridad y confiarse en su posible aplicación, siendo ésta una de las causas de deficiencias en sus estudios.

RECOMENDACIONES A LOS ALUMNOS:

Existe una técnica para obtener buenos resultados en un curso, y lo mejor de esa técnica es que tú ya la conoces. Se trata de la técnica "ege" que significa ¡ échale ganas ! esa es la clave.

Las matemáticas son una disciplina y por lo mismo requiere de alumnos disciplinados en sus estudios, por lo que se requerirá de ti los siguientes condicionamientos mínimos:

1) Un espacio de estudio, en tu casa preferentemente.
2) Un horario de estudio, de al menos una hora de lunes a viernes y sólo para esta materia.
3) Reorganización de los conocimientos, el domingo en la noche ó lunes en la mañana.
4) La técnica de estudio que deberás de aplicar es: Lectura de la teoría; Visualización de la estrategia empleada en la solución de ejemplos de tu libro. Resolución de los ejemplos ya resueltos en el libro. Toma en cuenta que es válido echar un ojito cuando te bloques, no sin antes preguntarte ¿Qué sigue?, ¿Qué hago?, ¿ Qué se me ocurre?, etc., etc., etc.. y finalmente; Solución a los ejercicios del libro.
5) Si te es posible, intenta trabajar en equipo integrado por no más de cinco de tus compañeros.
6) Recuerda: Tienes derecho a que se te desarrollen completamente los programas de estudio y a ser evaluado en tiempo, forma, contenido y nivel de lo que se te enseña.

En este libro se ha considerado que aún si tus bases de conocimiento son deficientes, es posible tener un excelente curso, ya que se previeron en las cadenas de aprendizajes los fundamentos indispensables para ir avanzando, sin embargo es de tu entera responsabilidad ser sistemático en tus estudios y si lo consideras necesario debes de consultar otras fuentes de información para el dominio correspondiente.

Se han desarrollado una serie de recursos pedagógicos para que tu aprendizaje sea más eficiente; así tenemos: Teorías del aprendizaje, Técnica de los aprendizajes por justificandos, Técnica de los aprendizajes por agrupamiento, Instrumentación didáctica, etc.. de los cuales no tienes que preocuparte por aprender, el maestro te los irá mostrando en todo el curso, y a ti te corresponde en paralelo instruirte en su uso ya que de seguro te servirá en toda tu carrera.

TEORÍAS DE LOS APRENDIZAJES:

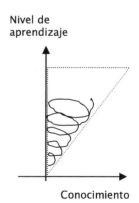

Nivel de
aprendizaje

Conocimiento

Se ha supuesto que la generación del aprendizaje tiene un comportamiento helicoidal ascendente en forma de cono irregular invertido "Teoría tornado". También se afirma que su desarrollo es cíclico y ascendente, porque a medida que se avanza se adquieren saberes similares a los anteriores pero a otro nivel y se adhieren nuevos conocimientos, por lo que es de suponer que las "Corrientes pedagógicas constructivistas" que describen la construcción del aprendizaje fundamentado en otros aprendizajes, se hacen presentes en cada momento; sin embargo también se han supuesto "Teorías biogenéticas" que insinúan que el conocimiento existe en cada ser humano y su aprendizaje es accesible.

De la misma manera y en forma constante, se deberá tener presente la *"Teoría de los aprendizajes equiparables"* que afirma: Todos los aprendizajes tienen el mismo grado de dificultad y son directamente proporcionales al grado cuantitativo y cualitativo de la información que se tenga del conocimiento. Así podemos afirmar que se aplica el mismo esfuerzo en apropiarse del conocimiento de cualquier ciencia, llámense estas ciencias sociales ó exactas; la clave de nuestra visión, es que en las ciencias exactas existe mucho conocimiento en poca información, por lo que en el campo del cálculo integral es necesario girar constantemente sobre la información disponible.

Otra teoría que se ha tomado en consideración y de aplicación práctica es la *"Teoría del bao cognitivo"* que infiere la existencia de un flujo constante y mutuo de energía cognitiva entre docentes y alumnos; de aquí la afirmación sobre la "Eternidad del Maestro"; y hace extensiva la generalidad de esta teoría infiriendo la existencia de flujos cognitivos universales, que se manifiestan en saberes similares adquiridos por las sociedades y las naciones en forma independiente.

Por supuesto que en su mayoría las diferentes teorías se encuentran en etapa de desarrollo, sin embargo y me consta que sus inferencias son aplicadas con resultados pedagógicos asombrosos.   No entraremos en polémicas sobre estas teorías ya que no es el propósito, sin embargo una simbiosis de tales teorías sería deseable en la praxis educativa.

TÉCNICA DE LOS APRENDIZAJES POR JUSTIFICANDOS:

Esta técnica se ha desarrollado con el propósito de ser mas efectivos en el proceso enseñanza-aprendizaje; su aplicación en las matemáticas y en la física ha sido exitosa, sin embargo es extensible al campo de otras ciencias, por lo que aquí se presenta la dinámica de su proceso.

Información de entrada: Es el problema que se plantea y es sujeto a ser resuelto.

Justificación del proceso: Son todos los elementos necesarios para justificar un resultado.

Información de salida: Es el resultado fundamentado en la justificación de un proceso.

El proceso se caracteriza por ser cíclico, progresivo, repetitivo y cada vez que esto sucede avanza, ya que la información de salida automáticamente se convierte en información de entrada hasta obtener el resultado final.

Ejemplo: Por la fórmula de integración de funciones algebraicas que contienen x^n y la propiedad de la constante, integrar la siguiente función:

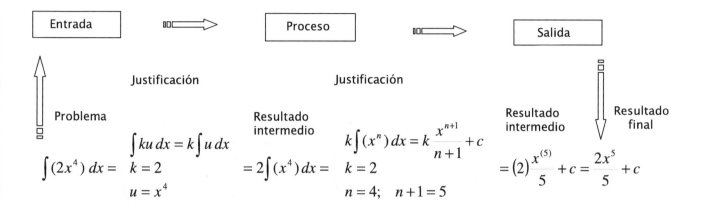

TÉCNICA DE LOS APRENDIZAJES POR AGRUPAMIENTO:

El propósito de esta técnica es que el alumno aprenda a un determinado nivel de conocimientos, el cual incluye un eficiente dominio de las operaciones, entendiéndose estas rápidas y directas, además de mantener sensible el resultado esperado; las etapas que deberán cubrirse las podríamos delinear de la siguiente forma:

1) Análisis del problema.

2) Identificación de las fórmulas y sus partes.

3) Procesamiento directo de las fórmulas utilizando paréntesis.

4) Presentación de resultados (Eliminación de paréntesis y simplificación).

Ejemplo: Aplicando la propiedad de la constante y la fórmula de diferenciación de la función seno; obtener:

La diferencial de la siguiente función: $y = 3\,sen\,2x$

$$Paso\ 1) \qquad\qquad Paso\ 2) \qquad\qquad\qquad\qquad\qquad\qquad Paso\ 3) \qquad\qquad Paso\ 4)$$

$$d\left(3\,sen\,2x\right) = \begin{array}{l} d\left(k\,f(x)\right) = k\,d\left(f(x)\right); \quad d\left(sen\,u\right) = \cos u\,du \\ k = 3; \quad f(x) = sen2x; \quad u = 2x; \quad du = 2\,dx \end{array} = (3)(\cos 2x)(2dx) = 6\cos 2x\,dx$$

INSTRUMENTACIÓN DIDÁCTICA:

Para este curso se ha elaborado en particular la instrumentación didáctica orientada a competencias, adjuntada en uno de sus anexos, y toda su estructura tienen como base los trabajos realizados sobre "Metodología para la instrumentación didáctica orientada a competencias", misma que previamente se desarrolló en exclusivo para tal fin: Lo importante de esta instrumentación didáctica, es que nos resuelve las siguientes preguntas: ¿qué?, ¿cómo?, ¿cuándo?, ¿con qué?, ¿para qué? y cuantas clases hay que desarrollar para obtener un curso de calidad, en el entendido de que toda calidad educativa deja mucho que desear si la misma no permea la labor docente y en última instancia el aprendizaje de los alumnos.

SOBRE EL LIBRO:

Escribir un libro de matemáticas en el área de cálculo integral, tiene poco sentido, ya que existen en el mercado varias decenas de libros escritos por autores extranjeros y la moda actual es que autores mexicanos por fin están elaborando libros y alguno de ellos de excelentes calidad en sus contenidos, pero pocos de ellos en sus métodos de presentación del conocimiento, y aun mas escasos en la didáctica recomendada para el maestro y metodologías de aprendizaje para el alumno. Y es aquí en donde se encuentra un desierto y la aportación de un esfuerzo que intenta mitigar el vacío y donde el crédito si es que lo existe debe reconocerse. También debe citarse que el éxtasis de la presente obra se encuentra en la idea de crear un libro para cada programa de estudio y en específico para una Institución ó bien para todo un sistema educativo.

El nivel de comprensión es para alumnos de inteligencia normal y aquellos que tienen leves problemas de aprendizajes, y de ninguna manera se ha escrito para alumnos de alto rendimiento a menos que su interés se concentre en la realización de ejercicios básicos de desarrollo de la creatividad, ya que los mismos alumnos descubrirán que el texto intencionalmente esta muy lejos de provocar el conflicto cognitivo necesario para su evolución.

La estrategia de enseñanza y aprendizaje presentada en este texto, va dirigida a estudiantes que han iniciado una carrera profesional sin incluir las de licenciatura en matemáticas, ya que esta orientado a la aplicación estructural de las matemáticas y algunas demostraciones son solamente intuitivas, y para nada se realiza un análisis matemático riguroso; Debemos de recordar que los métodos son para iniciar un aprendizaje que difícilmente lo podemos asimilar, pero una vez que se han tenido los fundamentos del conocimiento, los métodos deben desecharse porque de no ser así los mismos métodos nos limitan. Aquí opera el principio fundamental que versa sobre la existencia de cada método para cada nivel de desarrollo cognitivo e intelectual.

La utilidad para los maestros se hace patente, cuando el docente domina los métodos que se muestran, y se adquieren fundamentos de métodos y técnicas educativas así como de un leve repertorio de dinámicas grupales, pero se debe entender que sin una actitud responsable como profesor todo deja de tener sentido. Como complemento de utilidad para los docentes se anexa al final del libro la instrumentación didáctica orientada a competencias del curso, y para el mismo objetivo se ha desarrollado y aplicado con gran éxito las técnicas de aprendizajes por justificandos y por agrupamiento, como estrategia fundamental de desarrollo para los educandos.

La ciencia avanza enormemente día con día, y es menester señalar que el aprendizaje con una estrategia metódica resulta más eficiente. Además los medios son eso, sólo medios únicamente, como paráfrasis podríamos afirmar que para nada importan los procesos internos que una computadora realice, ese es problema de los profesionales en electrónica; lo que si importa, son los resultados que se obtienen de la misma; Ahora bien y en nuestro caso son los aprendizajes que el alumno adquiere. En este sentido es oportuno señalar que intencionalmente se ha sacrificado la rigidez matemática por un intento de ser más claro en la comprensión del conocimiento.

PREMISAS PEDAGOGICAS FUNDAMENTALES:

Durante el proceso de la elaboración del texto se tuvieron presentes las siguientes premisas:

1) La ciencia y la tecnología tienen un avance potencialmente creciente, sin embargo el desarrollo de la naturaleza del ser humano tarda cientos y quizá miles de años para asimilar un pequeño progreso.

2) En los programas de estudio se incorporan cada vez mas nuevos conocimientos, al grado tal que la cantidad de saberes que se estudia actualmente representa al menos el doble de los saberes que se estudiaban en una década anterior, sin embargo el tiempo de 10 semestres en promedio que tarda un estudiante en realizar su carrera profesional no se ha incrementado, por lo que la administración educativa tendrá que crear simbiosis de las siguientes alternativas:

2.1) Incrementar el tiempo de realización de una carrera profesional, lo que hace más costosa a la educación y sus resultados no garantizan ser favorables.

2.2) Quitar conocimientos de los programas de estudios, que quizá seria un error al romperse las cadenas cognitivas.

2.3) Tender a una especialización de las carreras profesionales, seleccionando aquellas áreas cognitivas específicas de mayor interés, siendo esta una opción a medias.

2.4 Eficientar la labor pedagógica, a través de la teoría fundamentada en las cuatro potencialidades del docente:

. Conocimiento: Dominio del conocimiento requerido por los programas de estudio.

. Didáctica: Capacitación en métodos, técnicas, dinámicas grupales y estrategias de enseñanza que incidan en la instrumentación didáctica orientada a competencias.

. Ética docente: Crear los lineamientos individuales, departamentales, institucionales y del sistema en que se deba de ubicar la labor docente.

. Filosofía de vida: Proporcionar la cultura de aplicación práctica y operativa para que los docentes en función de sus intereses tengan alternativas de su existencia promoviendo un humanismo propio del Modelo Educativo orientado a competencias.

3) Un indicador importante son los altos índices de reprobación en los primeros semestres, y un factor de aminoramiento lo es aplicando exámenes de admisión más selectivos, prestando atención en:

. Fundamentos en el conocimiento necesario.

. Vocación probada en el campo de la profesión elegida.

. Actitudes para aminorar la siguiente sentencia: Cuando el alumno no desea estudiar el pedagogo más hábil fracasa.

4) Necesitamos entender y actuar en consecuencia que existen enormes vacíos no escritos en las matemáticas y que por lo general los docentes erróneamente los damos como entendidos y dominados por los educandos, por lo que se requiere minimizar los efectos de estos vacíos y esto se logra a través de la elaboración de rutas pedagógicas que le permitan al educando desarrollar su madurez cognitiva.

5) También es necesario reubicar el nivel en que se imparte la educación pública superior asignando el supuesto de que este tipo de educación es para alumnos de inteligencia normal y por lo tanto se requiere de una pedagogía para alumnos de este nivel.

6) Para finalizar tenemos que darnos cuenta que aún no ha sido posible inventar un MODEM que permita al ser humano accesar a los archivos akásicos de las ciencias, y esto es una fantasía al menos en un futuro cercano.

Al leer este libro se verá que existen errores incluyendo hasta los errores de dedo, sin embargo he creído que sería un error aun más grande el no tener el valor de haberlo editado y sin importar que el mismo acuse de ignorancia. En la práctica docente he observado que en el cajón del escritorio de cada maestro existe un libro que espera ser publicado, tengo la esperanza en la satisfacción de leer uno de los libros escritos por mis compañeros, que de seguro tendrá el éxito esperado.

En la presente como en todas las obras, el conocimiento tiene sus límites, sólo basta observar, lo escaso de las aplicaciones prácticas ó bien la aplicación de programas específicos de cómputo, pero insisto, lo primero siempre será lo primero y lo demás serán el resultado de la completes, enriquecimiento y perfeccionamiento de la presente obra en futuras ediciones.

<u>Motivos:</u>

Se que existen tanto vacío en el universo como vacío escrito hay en las matemáticas, y éste libro se ha elaborado pensando como maestro de la materia y no como matemático, puesto que si pensara como tal, jamás lo hubiese escrito, y la razón principal es la infinidad de alumnos que desean hacer una carrera profesional y se encuentran con la muralla de los números y la escasa tutoría en su aprendizaje.

Podría señalar una larga lista de motivos y cualquiera de ellos sería suficiente para la emisión del presente trabajo; sin embargo aseguro, que cuando las sociedades se den cuenta que la educación ya no es solo problema de bienestar social o económico, sino de existencia humana en toda la extensión de la palabra, llámese a esta existencia individual, familiar, social, económica, institucional, de un sistema, de una Nación, de un Continente ó Mundial, será entonces cuando habrá un viraje real y no simulado en el rumbo de las políticas públicas en materia educativa; y entenderemos que hacer la calidad educativa con discursos no tiene sentido.

Saltillo, Coah., verano del año 2014.

José Santos Valdez y Cristina Pérez

CONTENIDO:

> Los alumnos requieren de una disciplina y una moral muy elevada para poder accesar al éxtasis del conocimiento.
>
> José Santos Valdez Pérez

UNIDAD 1. LA INTEGRAL INDEFINIDA.

Clases:

1.1   **Funciones.**
1.2   **Diferenciales.**
1.3   **Diferenciación de funciones elementales.**
1.4   **Diferenciación de funciones algebraicas que contienen x^n.**
1.5   **Diferenciación de funciones que contienen u.**
1.6   **La antiderivada e integración indefinida de funciones elementales.**
1.7   **Integración indefinida de funciones algebraicas que contienen x^n.**
1.8   **Integración indefinida de funciones que contiene u.**

- **Evaluación tipo de la Unidad 1 (la integral indefinida).**
- **Formulario de la Unidad 1 (la integral indefinida)**

Clase: 1.1 Funciones.
1.1.1 Introducción.
1.1.2 El plano rectangular.
1.1.3 Definición de función.
1.1.4 Característica gráfica de las funciones.
1.1.5 Clasificación de funciones.

1.1.6 Estructuras de las funciones.
1.1.7 Evaluación de funciones.
- Ejemplos.
- Ejercicios.

1.1.1 Introducción:

Es de esperarse que el tema "Funciones" no haya sido contemplado en el programa de estudio por considerarse que el alumno ya lo conoce y domina, sin embargo la práctica docente ha encontrado situaciones diferentes por lo que aquí se trata dada su importancia, y su propósito es el de cubrir las posibles deficiencias cognitivas antecedentes y fundamentales de este curso.

1.1.2 El plano rectangular.
Sean:
- X una recta numérica horizontal.
- Y una recta numérica vertical con punto en común con "X".
  ∴ **El plano rectangular**; es el conjunto cerrado de puntos que se encuentran en el plano generado por las rectas "X" e "Y".
  Elementos del plano rectangular: Origen; Ejes; Coordenadas y Cuadrantes.

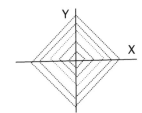

1.1.3 Definición de función.

Es una relación entre dos variables $"x" e "y"$ del plano rectangular, cuya regla de correspondencia consiste en asignar a cada elemento $"x"$ uno y solamente un elemento $"y"$. A todas las ecuaciones (modelos matemáticos) que obedecen ésta regla se les llaman funciones, y se denotan por: $y = f(x)$.

1.1.4 Característica gráfica de las funciones:

Las funciones tienen una característica grafica, que la especificaremos mediante la siguiente afirmación:
"Toda recta vertical toca la gráfica de una ecuación a lo más una sola vez". Ejemplos:

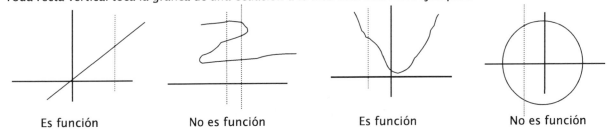

| Es función | No es función | Es función | No es función |

1.1.5 Clasificación de funciones.

Antes de iniciar el proceso de obtención de diferenciales daremos una mirada a las dos clasificaciones de funciones sujetas a nuestro interés y su organización tiene razones pedagógicas ya que obedece a la completes y fluidez didáctica en el proceso de enseñanza aprendizaje.

La primera clasificación obedece al grado de complejidad de las funciones y las hemos observado de la siguiente manera:
1) Funciones elementales.
2) Funciones básicas.
3) Funciones metabásicas.

Las funciones elementales las hemos concebido como las funciones que contienen en su estructura una constante ó bien una variable, y para nuestro caso nos referiremos a la variable "x".

Ejemplos: $\quad y = 4; \quad y = \dfrac{1}{x}; \quad y = sen\, x; \quad etc..$

Las funciones básicas las definiremos como las funciones que contienen en su estructura un binomio de la forma: $y = ax + b \quad \forall a,b \in k \quad y \quad a \neq 0$

Ejemplos: $y = 3x + 2; \quad y = \ln(2x+1); \quad y = \cos(x+1); \quad etc..$

Y por último; las funciones metabásicas las podemos inferir como aquellas que contienen en su estructura un polinomio de la forma: $y = p(x) = ax^n + bx^{n-1} + \cdots + z \quad \forall a,b,\cdots z \in k \quad y \quad n \in Z^+$

Ejemplo: $y = x^3 - 3x^2 + 2$

La segunda clasificación presenta el universo de funciones en que opera el cálculo integral y por lo mismo en cada etapa de aprendizaje se trata de globalizar el conocimiento atendiendo a este orden.

1) Funciones algebraicas.
2) Funciones exponenciales.
3) Funciones logarítmicas.
4) Funciones trigonométricas.

5) Funciones trigonométricas inversas.
6) Funciones hiperbólicas.
7) Funciones hiperbólicas inversas.

1.1.6 Estructuras de las funciones.

Función	Nombre	Estructura Elementales	Básicas	Metabásicas
Algebraicas	Constante	$y=k$		
	Identidad	$y=x$		
	Binómica		$y=ax+b$	
	Polinómica			$y=p(x)$
	Valor absoluto	$y=\|x\|$	$y=\|ax+b\|$	$y=\|p(x)\|$
	Raíz	$y=\sqrt{x}$	$y=\sqrt{ax+b}$	$y=\sqrt{p(x)}$
	Racional	$y=\dfrac{1}{x}$	$y=\dfrac{1}{ax+b}$	$y=\dfrac{1}{p(x)}$
	Racional raíz.	$y=\dfrac{1}{\sqrt{x}}$	$y=\dfrac{1}{\sqrt{ax+b}}$	$y=\dfrac{1}{\sqrt{p(x)}}$
Exponenciales	Exponencia de base "e"	$y=e^x$	$y=e^{(ax+b)}$	$y=e^{p(x)}$
	Exponencial de base "a"	$y=a^x$ $\forall a \in R^+$	$y=a^{(ax+b)}$	$y=a^{p(x)}$
Logarítmicas	Logaritmo de base "e"	$y=\ln x$	$y=\ln(ax+b)$	$y=\ln p(x)$
	Logarítmica de base "a"	$y=\log_a x$ $\forall a \in R^+$	$y=\log_a(ax+b)$	$y=\log_a p(x)$
Trigonométricas	Seno	$y=sen\ x$	$y=sen(ax+b)$	$y=sen\ p(x)$
	Coseno	$y=\cos x$	$y=\cos(ax+b)$	$y=\cos p(x)$
	Tangente	$y=\tan x$	$y=\tan(ax+b)$	$y=\tan p(x)$
	Cotangente	$y=\cot x$	$y=\cot(ax+b)$	$y=\cot p(x)$
	Secante	$y=\sec x$	$y=\sec(ax+b)$	$y=\sec p(x)$
	Cosecante	$y=\csc x$	$y=\csc(ax+b)$	$y=\csc p(x)$

Trigonométricas inversas	Arco seno	$y = arc\ sen\ x$	$y = arc\ sen\,(ax+b)$	$y = Arc\ sen\ p(x)$
	Arco coseno	$y = \arccos\ x$	$y = \arccos\,(ax+b)$	$y = Arc\cos\ p(x)$
	Arco tangente	$y = \arctan\ x$	$y = \arctan\,(ax+b)$	$y = Arc\tan\ p(x)$
	Arco cotangente	$y = arc\ \cot\ x$	$y = arc\cot\,(ax+b)$	$y = Arc\cot\ p(x)$
	Arco secante	$y = arc\ \sec\ x$	$y = arc\sec\,(ax+b)$	$y = Arc\sec\ p(x)$
	Arco cosecante	$y = arc\ \csc\ x$	$y = arc\csc\,(ax+b)$	$y = Arc\csc\ p(x)$

Hiperbólicas	Seno hiperbólico	$y = senh\ x$	$y = senh\,(ax+b)$	$y = senh\ p(x)$
	Coseno hiperbólico	$y = \cosh x$	$y = \cosh\,(ax+b)$	$y = \cosh\ p(x)$
	Tangente hiperbólico	$y = \tanh x$	$y = \tanh\,(ax+b)$	$y = \tanh\ p(x)$
	Cotangente hiperbólico	$y = \coth\ x$	$y = \coth\,(ax+b)$	$y = \coth\ p(x)$
	Secante hiperbólico	$y = \sec h\ x$	$y = \sec h\,(ax+b)$	$y = \sec h\ p(x)$
	Cosecante hiperbólico	$y = \csc h\ x$	$y = \csc h\,(ax+b)$	$y = \csc h\ p(x)$

Hiperbólicas inversas	Arco seno hiperbólico	$y = arcsenh\ x$	$y = arcsenh\,(ax+b)$	$y = arcsenh\ p(x)$
	Arco coseno hiperbólico	$y = arc\cosh x$	$y = arc\cosh\,(ax+b)$	$y = arc\cosh\ p(x)$
	Arco tangente hiperbólica	$y = arc\tanh x$	$y = arc\tanh\,(ax+b)$	$y = arc\tanh\ p(x)$
	Arco cotangente hiperbólica	$y = arc\coth x$	$y = arc\coth\,(ax+b)$	$y = arc\coth\ p(x)$
	Arco secante hiperbólica	$y = arc\sec h\ x$	$y = arc\sec h\,(ax+b)$	$y = arc\sec h\ p(x)$
	Arco cosecante hiperbólica	$y = arc\csc h\ x$	$y = arc\csc h\,(ax+b)$	$y = arc\csc h\ p(x)$

1.1.7 Evaluación de funciones.

La evaluación de una función $y = f(x)$ es calcular el valor de $"y"$ a partir de un valor dado a $"x"$.

Ejemplos: Evaluar las siguientes funciones:

1) $Sí\quad y = 2x+1\quad evaluar\ en\ x = 3:\quad f(3) = 2(3)+1 = 6+1 = 7$

2) $Sí\quad y = e^{x}\quad evaluar\ en\ x = 2:\quad f(2) = e^{(2)} \approx 7.3890$

3) $Sí\quad y = 2\ln 3x\quad evaluar\ en\ x = 2:\quad f(2) = 2\ln 3(2) \approx 3.5835$

4) $Sí\quad y = 3\cos 2x\quad evaluar\ en\ x = \pi:\quad f(\pi) = 3\cos 2(\pi) = 3$

Ejercicios:

1.1.7.1 Evaluar las siguientes funciones.

1) $y = 2\qquad f(1) = ?$

2) $y = 2x+1\quad f(3) = ?$

3) $y = \dfrac{1-x}{2}\qquad f(3) = ?$

4) $y = \overline{2x}\qquad f(2) = ?$

5) $y = \overline{1-x}\quad f(-8) = ?$

6) $y = 3e^{x}\qquad f(2) = ?$

7) $3\ln x\qquad f(5) = ?$

8) $y = 5\cos x\quad f(45^{0}) = ?$

9) $y = 2\tan x\quad f(\pi) = ?$

Clase: 1.2 Diferenciales.

1.2.1 Definición e interpretación geométrica de incrementos y diferenciales.   - Ejemplos.
1.2.2 Propiedades de las diferenciales.   - Ejercicios.
1.2.3 Introducción a las diferenciales por fórmulas.

1.2.1 Definición e interpretación geométrica de incrementos y diferenciales:

Sean:
- R^2 un plano rectangular.
- f la gráfica de una función $y = f(x)$ derivable.
- $P(x, f(x))$ y $Q((x+\Delta x), f(x+\Delta x))$ $dos\ puntos \in f$.
- S una recta secante de $f \in P$ y Q.
- T una recta tangente de $f \in P$.
- m_S y m_T las pendientes de S y de T respectivamente.
- W el punto común de T y la ordenada $x + \Delta x$
- dy la distancia entre los puntos W y $((x+\Delta x), f(x))$.
- $dx = \Delta x$ cuando $\Delta x \to 0$
$\therefore$ $\Delta x = (x + \Delta x) - x$ es el *incremento de* "x".
   $\Delta y = f(x + \Delta x) - f(x)$ es el *incremento de* "y".

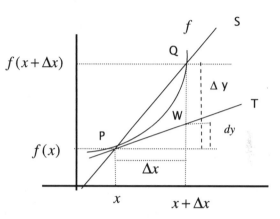

Si $\Delta x \to 0$ $\therefore$ $Q \to P$; S gira hacia T; $\Delta y \to dy$; y $m_S \to m_T$ entonces:

$$m_T = \lim_{\Delta x \to 0} \frac{\Delta y}{\Delta x} = \lim_{\Delta x \to 0} \frac{f(x + \Delta x) - f(x)}{\Delta x} = \begin{array}{c} otras \\ notaciones \end{array} = \frac{dy}{dx} = f'(x) = y' = \begin{array}{c} llamada\ derivada\ de \\ la\ función\ y = f(x) \end{array}$$

Como: $m_T = \dfrac{dy}{\Delta x} = \begin{array}{c} Sí\ \Delta x \to 0 \\ \therefore \Delta x = dx \end{array} = \dfrac{dy}{dx} = f'(x)$ $\therefore$ $dy = f'(x)dx$ llamada diferencial de "y".

1.2.2 Propiedad de las diferenciales:

Propiedad de la constante:

Esta propiedad establece que: Para todo k que sea una constante y $f(x)$ una función, se cumple lo siguiente:

$$d\left(k\,f(x)\right) = k\,d\left(f(x)\right)$$

Esto nos sugiere y según nos convenga, ubicar la constante dentro ó fuera de la diferencial.

Propiedad de la suma y/o diferencia de funciones:

Esta propiedad nos indica que: Para $f(x)$ y $g(x)$ que sean funciones, se cumple lo siguiente:

$$d\left(f(x) \pm g(x)\right) = d\left(f(x)\right) \pm d\left(g(x)\right)$$

Entendiendo lo anterior como: "la diferencial de la suma y/o diferencia de dos funciones es igual a la suma y/o diferencia de sus diferenciales".

1.2.3 Introducción a las diferenciales por fórmulas:

Las fórmulas de diferenciales se fundamentan en teoremas previamente demostrados en cálculo diferencial; al revisar su análisis se observa que son las mismas fórmulas que se utilizan para las derivadas, excepto que se multiplican ambos lados por "dx" (se dice "de equis ó diferencial de equis").

Como punto de partida tenemos que aceptar por principio didáctico y por norma de jerarquía, que el objetivo principal del estudiante de cualquiera de las licenciaturas es el aprendizaje del proceso de obtención de las diferenciales, y no necesariamente el análisis matemático en el proceso de demostración de fórmulas, propiedades y reglas, muy propio de los aspirantes a profesionales del área de las matemáticas específicamente, sin que con esto se afirme que deba existir un total desconocimiento por parte de los aspirantes a profesionales de áreas ajenas.

De lo anterior y en lo sucesivo, iniciaremos cada aprendizaje con la aplicación directa de las propiedades y fórmulas, y sólo en algunos casos haremos su demostración intuitiva.

A continuación se muestran algunos conceptos de utilidad propios del método de obtención de diferenciales a los cuales estaremos haciendo referencia constantemente.

Identificación de la función: Si tenemos $d\left(f(x)\right)$ observaremos que la función es $y = f(x)$

Ejemplos: $d\left(2x\right)$ la función es $y = 2x$

$d\left(3\ x\right)$ la función es $y = 3\ x$

$d\left(\dfrac{5\ln 4x}{3}\right)$ la función es $y = \dfrac{5\ln 4x}{3}$

Acoplar la función a una fórmula: Nos referimos a los pasos que a veces son necesarios realizar para hacer que la función se identifique con una fórmula específica y esto se logra aplicando algunas propiedades de los números reales y/o los diferenciales).

Ejemplo: $d\left(2x\right) = 2\,d\left(x\right)$ se aplicó la propiedad de la constante.

Ejemplo: $d\left(1-x\right) = d\left(1\right) - d\left(x\right)$ se aplicó la propiedad de la diferencia de funciones.

Ejemplo: $d\left(\ 2x\right) = d\left(\ 2\ x\right) = \ 2\,d\left(\ x\right)$ se aplicó la propiedad de los números reales y de la constante

Identificar la fórmula que vamos a aplicar: Hay una relación muy útil entre el acoplamiento de un problema a una fórmula específica y la identificación de la fórmula que vamos a aplicar, por lo que al observar el problema inferimos ambas actividades:

Ejemplo: $d\left(3\cos x\right)$ Sí inferimos que la fórmula a aplicar que existe en nuestro formulario es $d\left(\cos x\right) = -sen\ x$ entonces transformamos nuestro problema en $d\left(3\cos x\right) = 3\,d\left(\cos x\right)$

Aplicación de la fórmula: Es el acto de procesar nuestro problema a la estructura específica de la fórmula Identificada.

Ejemplo: $d\left(\dfrac{2}{3x}\right) = Acoplar\ la\ función\ = \dfrac{2}{3}d\left(\dfrac{1}{x}\right) = \underset{d\left(\frac{1}{x}\right) = -\frac{1}{x^2}dx}{\overset{Aplicar\ la\ fórmula}{}} = \left(\dfrac{2}{3}\right)\left(-\dfrac{1}{x^2}dx\right)$

Ejemplo: $d\left(2x^3\right) = Acoplar\ la\ función\ = 2\,d\left(x^3\right) = \underset{d\left(x^n\right) = nx^{n-1}dx}{\overset{Aplicar\ la\ fórmula}{}} = (2)\left(3x^{(3-1)}dx\right)$

<u>Presentación del resultado final:</u> Existen normas para la presentación del resultado final y algunas de ellas son:

1) El resultado debe reducirse a su mínima expresión:

Ejemplo: Sí el resultado intermedio es $(2x + x)\,dx$ entonces el resultado final es $3x\,dx$

Ejemplo: Sí el resultado intermedio es $\dfrac{5x - x}{3x^2}\,dx$ entonces el resultado final es $\dfrac{4}{3x}\,dx$

2) Sólo se permite una potencia:

Ejemplo: Sí el resultado intermedio es $x^{(2)(3)}\,dx$ entonces el resultado final es $x^6\,dx$

Ejemplo: Sí el resultado intermedio es $2x^{(4-1)}\,dx$ entonces el resultado final es $2x^3\,dx$

3) Reducir a un mínimo de paréntesis:

Ejemplo: Sí el resultado intermedio es $(2)\left(x^3\,dx\right)$ entonces el resultado final es $2x^3\,dx$

Ejemplo: Sí el resultado intermedio es $(2)(\ln x)\left(3x^2\,dx\right)$ entonces el resultado final es $6x^2 \ln x\,dx$

4) No se permiten potencias fraccionarias:

Ejemplo: Sí el resultado intermedio es $x^{\left(\frac{1}{2}\right)}\,dx$ entonces el resultado final es $\sqrt{x}\,dx$

Ejemplo: Sí el resultado intermedio es $x^{\left(\frac{1}{2}\right)^3}\,dx$ entonces el resultado final es $\sqrt{x^3}\,dx$

5) Sólo se permite un cociente:

Ejemplo: Sí el resultado intermedio es $\dfrac{2}{\frac{2x-1}{4}}\,dx$ entonces el resultado final es $\dfrac{4}{2x-1}\,dx$

<u>Recomendaciones:</u> Las siguientes recomendaciones son de interés para el estudiante de diferenciales y del cálculo integral en lo general:

1) Siempre deben de traer el formulario; recuerde que las matemáticas no se aprenden de memoria.

2) Para que su aprendizaje sea efectivo dedíquele al menos una hora diaria excepto el fin de semana.

3) Primero comprenda la teoría, después revise los ejemplos resuelto, a continuación resuelva los ejemplos resueltos sin ver su libro y finalmente resuelva los ejercicios propuestos; en los anexos vienen los ejercicios impares resueltos.

4) Estudie en equipo tanto físicamente como por vía internet.

5) Confirme la solución de los ejercicios resueltos con algún software; la propuesta es que utilice el software Mathematica 9.0 por ser a mi entender el mas amigable.

6) Recuerde que en matemáticas no hay preguntas tontas así que pregúntele cualquier duda a su Maestro.

7) Observe que en matemáticas generalmente en clases de una hora; en los primeros 15 minutos se presenta la Teoría; en los siguientes 30 minutos se presentan ejemplos y en el tiempo restante se confirma el aprendizaje; ya en extraclase se resuelven los ejercicios.

8) El dilema respecto a que es mas importante entre la teoría y la práctica esta resuelto; ambas son importantes, ya que sin una fundamentación sólida de la teoría la práctica no es efectiva.

Clase: 1.3 Diferenciación de funciones elementales.

1.3.1 Método de diferenciación de funciones.
1.3.2 Diferenciación de funciones elementales algebraicas.
1.3.3 Diferenciación de funciones elementales exponenciales.
1.3.4 Diferenciación de funciones elementales logarítmicas.
1.3.5 Diferenciación de funciones elementales trigonométricas.
1.3.6 Diferenciación de funciones elementales trigonométricas inversas.
1.3.7 Diferenciación de funciones elementales hiperbólicas.
1.3.8 Diferenciación de funciones elementales hiperbólicas inversas.

- Ejemplos.
- Ejercicios.

1.3.1 Método de diferenciación de funciones:

1) Identifique la función
2) Identifique la fórmula a aplicar.
3) Aplique la fórmula.
4) Presente el resultado.

1.3.2 Diferenciación de funciones elementales algebraicas.

Es de observarse que existe una infinidad de funciones elementales algebraicas, sin embargo y según sea el caso, sólo mencionaremos las que sean de nuestro interés; y es así como ahora consideramos las siguientes:

Función	Nombre	Fórmulas de diferenciales
1) $y = k$	Constante	$d(k) = 0$
2) $y = x$	Identidad	$d(x) = dx$
3) $y = \lvert x \rvert$	Valor absoluto	$d\lvert x \rvert = \dfrac{x}{\lvert x \rvert} dx$
4) $y = \sqrt{x}$	Raíz	$d\left(\sqrt{x}\right) = \dfrac{1}{2\sqrt{x}} dx$
5) $y = \dfrac{1}{x}$	Inversa de "x"	$d\left(\dfrac{1}{x}\right) = -\dfrac{1}{x^2} dx$

Ejemplos:

1) $d(2) = 0$

   Paso 1) La función es: $y = 2$

   Paso 2) La fórmula a aplicar es: $d(k) = 0$

   Paso 3) Aplicando la fórmula queda: $d(2) = (0)$

   Paso 4) El resultado es: $d(2) = 0$

2) $d(pancho) = 0$ Observe que todo lo que no sea "x" es constante.

3) $d(2x) = 2d(x) = 2dx$ Es de observarse que estamos aplicando la propiedad de la constante.

4) $d(sixto) = sito \, d(x) = sito \, dx$ Aquí hemos aprendido que todo lo que no sea "x" es constante.

5) $d(5x - 4) = d(5x) - d(4) = 5d(x) - d(4)$ Aquí hemos aplicado la propiedad de la diferencia de funciones.

   $= (5)(dx) - (0) = 5dx$

6) $d(5x) = d(5\lvert x \rvert) = 5\,d(\lvert x \rvert) = (5)\left(\dfrac{x}{\lvert x \rvert} dx\right) = \dfrac{5x}{\lvert x \rvert} dx$

---

7) $\quad d\left(\dfrac{x}{3}\right)=\dfrac{1}{3}d\left(\ x\right)=\left(\dfrac{1}{3}\right)\left(\dfrac{1}{2\ x}dx\right)=.\ \dfrac{1}{6\ x}dx$

8) $\quad d\left(\ 2x\right)=\ 2d\left(\ x\right)=\left(\ 2\right)\left(\dfrac{1}{2\ x}dx\right)=.\ \dfrac{2}{2\ x}dx=\ \dfrac{1}{2\ x}dx=\ \dfrac{1}{2x}dx$

9) $\quad d\left(\dfrac{2x}{x}\right)=2d\left(\dfrac{x}{x}\right)=2\,d\left(\ x\right)=\left(2\right)\left(\dfrac{1}{2\ x}dx\right)=\ \dfrac{1}{x}dx$

10) $\quad d\left(\dfrac{2}{3x}\right)=\dfrac{2}{3}d\left(\dfrac{1}{x}\right)=\left(\dfrac{2}{3}\right)\left(-\dfrac{1}{x^2}dx\right)=.-\dfrac{2}{3x^2}dx$

Ejercicios:

1.3.2.1 Obtener la diferencial por fórmula de las siguientes funciones elementales algebraicas:

1) $\quad d\left(2x\right)$	4) $\quad d\left(2\ x\right)$	7) $\quad d\left(\dfrac{2x}{x}\right)$	10) $\quad d\left(\dfrac{x+1}{3x}\right)$
2) $\quad d\left(\dfrac{x}{4}\right)$	5) $\quad d\left(\dfrac{2x}{2}\right)$	8) $\quad d\left(\dfrac{1+x}{2}\right)$	11) $\quad d\left(\dfrac{3x-4}{4x}\right)$
3) $\quad d\left(\dfrac{3x}{4}\right)$	6) $\quad d\left(\dfrac{2}{3x}\right)$	9) $\quad d\left(\dfrac{2-x}{2x}\right)$	12) $\quad d\left(\dfrac{5x+2}{8x}\right)$

1.3.3 Diferenciación de funciones elementales exponenciales:

Función	Nombre	Fórmulas de diferenciales
1) $\quad y=e^x$	Exponencial de base e	$d\left(e^x\right)=e^x dx \qquad \forall e\approx 2.71828....$
2) $\quad y=a^x \quad \forall\,a>0\neq 1$	Exponencial de base a	$d\left(a^x\right)=a^x\ln a\,dx \qquad \forall a>0\neq 1$

Ejemplos:

1) $\quad d\left(\dfrac{e^x}{2}\right)=\dfrac{1}{2}d\left(e^x\right)=\left(\dfrac{1}{2}\right)\left(e^x dx\right)=\dfrac{e^x}{2}dx$

2) $\quad d\left(2^x+3\right)=d\left(2^x\right)+d\left(3\right)=\left(2^x\ln 2\,dx\right)+0=2^x\ln 2\,dx$

Ejercicios:

1.3.3.1 Obtener la diferencial por fórmula de las siguientes funciones elementales exponenciales:

1) $\quad d\left(\dfrac{e^x}{3}\right)$	2) $\quad d\left(\dfrac{5\left(5^x\right)}{4}\right)$	3) $\quad d\left(2e^x+4\right)$	4) $\quad d\left(\dfrac{x+e^x}{3}\right)$

1.3.4 Diferenciación de funciones elementales logarítmicas:

Función	Nombre	Fórmulas de diferenciales
1) $y = \ln x$	Logaritmo de base e (logaritmo natural)	$d\left(\ln x\right) = \dfrac{1}{x}\,dx \quad \forall\, x > 0$
2) $y = \log_a x$	Logaritmo de base a	$d\left(\log_a x\right) = \dfrac{1}{x \ln a}\,dx$

Ejemplos:

1) $d\left(\dfrac{2\ln x}{5}\right) = \dfrac{2}{5}d\left(\ln x\right) = \left(\dfrac{2}{5}\right)\left(\dfrac{1}{x}\,dx\right) = \dfrac{2}{5x}\,dx$

2) $d\left(4\log_{10} x\right) = 4\dfrac{d}{dx}\left(\log_{10} x\right)dx = \dfrac{4}{x\ln 10}\,dx$

Ejercicios:

1.3.4.1 Obtener la diferencial por fórmula de las siguientes funciones elementales logarítmicas:

1) $d\left(\dfrac{2\ln x}{9}\right)$ 2) $d\left(3\log_{10} x\right)$ 3) $d\left(\dfrac{-\ln x}{5}\right)$ 4) $d\left(\dfrac{\log_{10} x}{4}\right)$

1.3.5 Diferenciación de funciones elementales trigonométricas:

Función	Nombre	Fórmulas de diferenciales
1) $y = sen\, x$	Seno	$d\left(sen\, x\right) = \cos x\, dx$
2) $y = \cos x$	Coseno	$d\left(\cos x\right) = -sen\, x\, dx$
3) $y = \tan x$	Tangente	$d\left(\tan x\right) = \sec^2 x\, dx$
4) $y = \cot x$	Cotangente	$d\left(ctg\, x\right) = -\csc^2 x\, dx$
5) $y = \sec x$	Secante	$d\left(\sec x\right) = \sec x \tan x\, dx$
6) $y = \csc x$	Cosecante	$d\left(\csc x\right) = -\csc x\, ctgx\, dx$

Ejemplos:

1) $d\left(\dfrac{\cos x}{2}\right) = \dfrac{1}{2}\left(-senx\right)dx = -\dfrac{1}{2}senx\, dx$

2) $d\left(\dfrac{2\tan x}{3}\right) = \dfrac{2}{3}d\left(\tan x\right) = \left(\dfrac{2}{3}\right)\left(\sec^2 x\, dx\right) = \dfrac{2\sec^2 x}{3}\,dx$

3) $d\left(\dfrac{2}{\cos x}\right) = 2d\left(\dfrac{1}{\cos x}\right) = 2d\left(\sec x\right) = 2\sec x \tan x\, dx$

Ejercicios:

1.3.5.1 Obtener la diferencial por fórmula de las siguientes funciones elementales logarítmicas:

1) $d\left(-3\cos x\right)$ 2) $d\left(\dfrac{\tan x}{2}\right)$ 3) $d\left(\dfrac{3\cot x}{-4}\right)$ 4) $d\left(\dfrac{2}{3}\csc x\right)$

1.3.6 Diferenciación de funciones elementales trigonométricas inversas:

Función	Nombre	Fórmulas de diferenciales
1) $y = arc\,sen\,x$	Seno inverso	$d\left(arc\,sen\,x\right) = \dfrac{1}{\sqrt{1-x^2}}\,dx$
2) $y = arc\cos x$	Coseno inverso	$d\left(arc\cos x\right) = -\dfrac{1}{\sqrt{1-x^2}}\,dx$
3) $y = arc\tan x$	Tangente inversa	$d\left(arc\tan x\right) = \dfrac{1}{1+x^2}\,dx$
4) $y = arc\cot x$	Cotangente inversa	$d\left(arc\cot x\right) = -\dfrac{1}{1+x^2}\,dx$
5) $y = arc\sec x$	Secante inversa	$d\left(arc\sec x\right) = \dfrac{1}{x\sqrt{x^2-1}}\,dx$
6) $y = arc\csc x$	Cosecante inversa	$d\left(arc\csc x\right) = -\dfrac{1}{x\sqrt{x^2-1}}\,dx$

Ejemplos:

1) $d\left(3\,arcsenx\right) = 3\,d\left(arcsenx\right) = (3)\left(\dfrac{1}{\sqrt{1-x^2}}\,dx\right) = \dfrac{3}{\sqrt{1-x^2}}\,dx$

2) $d\left(\dfrac{-2\,arc\cot x}{3}\right) = \dfrac{-2}{3}\,d\left(arc\cot x\right) = \left(\dfrac{-2}{3}\right)\left(-\dfrac{1}{1+x^2}\,dx\right) = \dfrac{2}{3\left(1+x^2\right)}\,dx$

3) $d\left(\dfrac{arc\sec x}{2}\right) = \dfrac{1}{2}\,d\left(arc\sec x\right) = \left(\dfrac{1}{2}\right)\left(\dfrac{1}{x\sqrt{x^2-1}}\,dx\right) = \dfrac{1}{x\,2\sqrt{x^2-1}}\,dx = \dfrac{1}{x\sqrt{2\left(x^2-1\right)}}\,dx = \dfrac{1}{x\sqrt{2x^2-2}}\,dx$

Ejercicios:

1.3.6.1 Obtener la diferencial por fórmula de las siguientes funciones elementales trigonométricas inversas.

1) $d\left(2\,arcsen\,x\right)$ 2) $d\left(\dfrac{3\arctan x}{8}\right)$ 3) $d\left(2\,arc\sec x\right)$ 4) $d\left(\dfrac{2}{3}\,arc\csc x\right)$

1.3.7 Diferenciación de funciones elementales hiperbólicas:

Función	Nombre	Fórmulas de diferenciales
1) $y = senh\,x$	Seno hiperbólico	$d\left(senh\,x\right) = \cosh x\,dx$
2) $y = \cosh x$	Coseno hiperbólico	$d\left(\cosh x\right) = senhx\,dx$
3) $y = \tanh x$	Tangente hiperbólica	$d\left(\tanh x\right) = \sec h^2 x\,dx$
4) $y = \coth x$	Cotangente hiperbólica	$d\left(\coth x\right) = -\csc h^2 x\,dx$
5) $y = \sec h\,x$	Secante hiperbólica	$d\left(\sec h\,x\right) = -\tanh x\,\sec h\,x\,dx$
6) $y = \csc h\,x$	Cosecante hiperbólica	$d\left(\csc h\,x\right) = -\coth x\,\csc h\,x\,dx$

Ejemplos:

1) $d\left(2\cosh x\right)=2\,d\left(\cosh x\right)=\left(2\right)\left(senh\,x\,dx\right)=2\,senh\,x\,dx$

2) $d\left(\dfrac{3\tanh x}{4}\right)=\left(\dfrac{3}{4}\right)d\tanh x=\left(\dfrac{3}{4}\right)\left(\sec h^{2}x\,dx\right)=\dfrac{3}{4}\sec h^{2}x\,dx$

Ejercicios:

1.3.7.1 Obtener la diferencial por fórmula de las siguientes funciones elementales hiperbólicas.

1) $d\left(-2\cosh x\right)$ 2) $d\left(\dfrac{5\tanh x}{-4}\right)$ 3) $d\left(3\sec h\,x\right)$ 4) $d\left(\dfrac{3}{2}\csc hx\right)$

1.3.8 Diferenciación de funciones elementales hiperbólicas inversas:

Función	Nombre	Fórmulas de diferenciales
1) $y=arc\,senh\,x$	Seno hiperbólico inverso	$d\left(arcsenh\,x\right)=\dfrac{1}{x^{2}+1}\,dx$
2) $y=arc\cosh x$	Coseno hiperbólico inverso	$d\left(arc\cos h\,x\right)=\dfrac{1}{x^{2}-1}\,dx\quad\forall\,x>1$
3) $y=arc\tanh x$	Tangente hiperbólico inverso	$d\left(arc\tan h\,x\right)=\dfrac{1}{1-x^{2}}\,dx\quad\forall\,x<1$
4) $y=arc\coth x$	Cotangente hiperbólico inverso	$d\left(arc\coth x\right)=\dfrac{1}{1-x^{2}}\,dx\quad\forall\,x>1$
5) $y=arc\sec h\,x$	Secante hiperbólico inverso	$d\left(arc\sec h\,x\right)=-\dfrac{1}{x\ \sqrt{1-x^{2}}}\,dx\quad\forall\,0<x<1$
6) $y=arc\csc h\,x$	Cosecante hiperbólico inverso	$d\left(arc\csc h\,x\right)=-\dfrac{1}{x\ \sqrt{1+x^{2}}}\,dx\quad\forall\,x\neq0$

Ejemplos:

1) $d\left(\ 2\,arc\tanh x\right)=\left(\ 2\right)\left(\dfrac{1}{1-x^{2}}\,dx\right)=\dfrac{2}{1-x^{2}}\,dx$

2) $d\left(\dfrac{2\,arc\csc h\,x}{3}\right)=\dfrac{2}{3}\,d\left(arc\csc h\,x\right)=\left(\dfrac{2}{3}\right)\left(-\dfrac{1}{x\ \sqrt{1+x^{2}}}\,dx\right)=-\dfrac{2}{3\,x\ \sqrt{1+x^{2}}}\,dx$

Ejercicios:

1.3.8.1 Obtener la diferencial por fórmula de las siguientes funciones elementales hiperbólicas inversas.

1) $d\left(\dfrac{2arcsenh\,x}{3}\right)$ 2) $d\left(\dfrac{arc\cos h\,x}{10}\right)$ 3) $d\left(\dfrac{3arc\sec h\,x}{2}\right)$ 4) $d\left(5arc\csc h\,x\right)$

Clase: 1.4 Diferenciación de funciones algebraicas que contienen x^n.

1.4.1 Diferenciación de funciones algebraicas que contienen x^n.
- Ejemplos.
- Ejercicios.

___

1.4.1 Diferenciación de funciones algebraicas que contienen x^n.

Función	Nombre	Fórmula de diferencial
1) $y = x^n$	De la potencia de x	$d\left(x^n\right) = n\,x^{n-1}\,dx$

Ejemplos:

$$d\left(x^n\right) = nx^{n-1}dx$$

1) $d\,(x^3) = \begin{array}{l} n = 3 \\ n - 1 = 2 \end{array} \qquad = (3)\left(x^{(2)}\,dx\right) = 3x^2\,dx$

2) $d\left(2x^4\right) = \begin{array}{l} d\left(kf(x)\right) = kd\left(f(x)\right) \\ k = 2; \quad f(x) = x^4 \end{array} = 2d\left(x^4\right) = (2)(4)(x)^{(4-1)}\,dx = 8x^3\,dx$

3) $d\left(3x^2 - x\right) = \begin{array}{l} d\left(f(x) \pm g(x)\right) = d\left(f(x)\right) \pm d\left(g(x)\right) \\ f(x) = 3x^2; \quad g(x) = x \end{array} = d\left(3x^2\right) - d\left(x\right) = 6x\,dx - dx = (6x - 1)dx$

4) $d\left(\dfrac{7x}{\sqrt[3]{x^4}}\right) = 7\,d\left(\dfrac{x}{\sqrt[3]{x^4}}\right) = 7d\left(x^1 x^{-\frac{4}{3}}\right) = 7d\left(x^{1-\frac{4}{3}}\right) = 7d\left(x^{-\frac{1}{3}}\right) = (7)\left(-\dfrac{1}{3}\right)\left(x^{-\frac{4}{3}}dx\right) = -\dfrac{7}{3\sqrt[3]{x^4}}dx$

5) $d\left(\dfrac{1-3x}{2}\right) = d\left(\dfrac{1}{2} - \dfrac{3x}{2}\right) = d\left(\dfrac{1}{2}\right) - d\left(\dfrac{3x}{2}\right) = \dfrac{1}{2}d\left(1\right) - \dfrac{3}{2}d(x) = \left(\dfrac{1}{2}\right)(0) - \left(\dfrac{3}{2}\right)(1\,dx) = -\dfrac{3}{2}dx$

6) $d\left(\dfrac{2+3\sqrt{x}}{x^2}\right) = d\left(\dfrac{2}{x^2}\right) + d\left(\dfrac{3\sqrt{x}}{x^2}\right) = 2d\left(x^{-2}\right) + 3d\left(x^{-\frac{3}{2}}\right) = 2(-2)x^{-3}dx + 3(-\tfrac{3}{2})x^{-\frac{5}{2}}dx = \left(-\dfrac{4}{x^3} - \dfrac{9}{2\sqrt{x^5}}\right)dx$

7) $d\left(\dfrac{x+1}{3\sqrt{2x}}\right) = \dfrac{1}{3\sqrt{2}}d\left(\dfrac{x+1}{\sqrt{x}}\right) = \dfrac{1}{3\sqrt{2}}d\left(\dfrac{x}{\sqrt{x}} + \dfrac{1}{\sqrt{x}}\right) = \dfrac{1}{3\sqrt{2}}d\left(x^{\frac{1}{2}} + x^{-\frac{1}{2}}\right) = \dfrac{1}{3\sqrt{2}}\left(\dfrac{1}{2}x^{-\frac{1}{2}} + \left(-\dfrac{1}{2}x^{-\frac{3}{2}}\right)\right)dx$

$$= \dfrac{1}{3\sqrt{2}}\left(\dfrac{1}{2\sqrt{x}} - \dfrac{1}{2\sqrt{x^3}}\right)dx = \left(\dfrac{1}{6\sqrt{2x}} - \dfrac{1}{6\sqrt{2x^3}}\right)dx$$

Ejercicios:

1.4.1.1 Obtener la diferencial por fórmula de las siguientes funciones algebraicas que contienen x^n:

1) $d\left(\sqrt{2x}\right) = ?$

2) $d\left(8\sqrt[7]{x^3}\right) = ?$

3) $d\left(\dfrac{2}{\sqrt[3]{3x}}\right) = ?$

4) $d\left(\dfrac{2x}{\sqrt{x}}\right) = ?$

5) $d\left(\dfrac{3x^3}{5\sqrt{x^5}}\right) = ?$

6) $d\left(\dfrac{7x}{\sqrt[3]{x^4}}\right) = ?$

7) $d\,(x + 2) = ?$

8) $d\,(x^2 - 3x) = ?$

9) $d\left(4 - \sqrt{x}\right) = ?$

10) $d\left(\dfrac{5 - 2x}{3}\right) = ?$

11) $d\left(\dfrac{3x - x^2}{x}\right) = ?$

12) $d\left(\dfrac{2 - 3x}{x}\right) = ?$

Clase: 1.5 Diferenciación de funciones que contienen u.

1.5.1 Diferenciación de funciones que contienen u.
1.5.2 Diferenciación de funciones algebraicas que contienen u.
1.5.3 Diferenciación de funciones exponenciales que contienen u.
1.5.4 Diferenciación de funciones logarítmicas que contienen u.
1.5.5 Diferenciación de funciones trigonométricas que contienen u.
1.5.6 Diferenciación de funciones trigonométricas inversas que contienen u.
1.5.7 Diferenciación de funciones hiperbólicas que contienen u.
1.5.8 Diferenciación de funciones hiperbólicas inversas que contienen u.
1.5.9 Diferenciación de productos y cocientes de funciones.

- Ejemplos.
- Ejercicios.

1.5.1 Diferenciación de funciones que contienen u:

Sí u es cualquier función (elemental, básica ó metabásica) y n es un número real se cumplen las siguientes fórmulas de diferenciales:

1.5.2 Diferenciación de funciones algebraicas que contienen u.

Función	Fórmulas de diferenciales	Función	Fórmulas de diferenciales
1) $y = u^n$	$d\left(u^n\right) = nu^{n-1}du$	3) $y = \dfrac{1}{u}$	$d\left(\dfrac{1}{u}\right) = -\dfrac{1}{u^2}\,du$
2) $y = \sqrt{u}$	$d\left(\sqrt{u}\right) = \dfrac{1}{2\sqrt{u}}\,du$		

Ejemplos:

1) $d(x^5) =$

$\Rightarrow$ *Por la fórmula que contiene* $"x^n"$ $= \begin{matrix} d(x^n) = nx^{n-1} \\ n = 5 \\ n-1 = 4 \end{matrix} = 5x^4 dx$

$\Rightarrow$ *Por la fórmula que contiene* $"u"$ $= \begin{matrix} d(u^n) = nu^{n-1}du \\ n = 5; \quad n-1 = 4 \\ u = x; \quad du = d(x) = dx \end{matrix} = (5)(x^{(4)})(dx) = 5x^4 dx$

$= 5x^4 dx$

2) $d\left(5\left(4x+2\right)^3\right) = \begin{matrix} d(u^n) = nu^{n-1}\,du; \quad k = 5; \quad n = 3; \\ n-1 = 2; \quad u = 4x+2; \quad du = 4\,dx \end{matrix} = (5)(3)(3x+2)^2(4\,dx) = 60(4x+2)^2\,dx$

3) $d\left(\dfrac{2\sqrt{4x^3+5}}{3}\right) = \begin{matrix} d\left(\sqrt{u}\right) = \dfrac{1}{2\sqrt{u}}\,du \\ u = 4x^3+5; \quad du = 12x^2 dx \end{matrix} = \left(\dfrac{2}{3}\right)\left(\dfrac{1}{2\sqrt{4x^3+5}}\right)(12x^2 dx) = \dfrac{4x^2}{\sqrt{4x^3+5}}\,dx$

Ejercicios:

1.5.2.1 Obtener la diferencial por fórmula de las siguientes funciones algebraicas que contienen "u":

1) $d\left(\sqrt{2x}\right)$

2) $d\left(1-2x^3\right)$

3) $d\sqrt{3x^2+2}$

4) $d\left(\sqrt{3-2x}\right)$

5) $d\left(\dfrac{3}{2\sqrt{1-2x}}\right)$

6) $d\left(\dfrac{4\sqrt{1-3x}}{5}\right)$

7) $d\left(\dfrac{2-3\sqrt{x}}{3x}\right)$

8) $d\left(\dfrac{1-2\sqrt{x}}{x}\right)$

1.5.3 Diferenciación de funciones exponenciales que contienen u:

Función	Fórmulas de diferenciales
1) $y = e^u$	$d\left(e^u\right) = e^u\, du$
2) $y = a^u$	$d\left(a^u\right) = a^u \ln a\, du$
3) $y = u^v$	$d\left(u^v\right) = u^v \ln u\, dv + vu^{v-1} du$

Ejemplo:

1) $d\left(e^{\frac{2x}{3}}\right) = \left(e^{\frac{2x}{3}}\right)\left(\dfrac{2}{3}dx\right) = \dfrac{2}{3}e^{\frac{2x}{3}}dx$

Ejercicios:

1.5.3.1 Obtener la diferencial de las siguientes funciones exponenciales que contienen "u":

1) $d\left(e^{2x}\right)$ 3) $d\left(2e^{\frac{x}{2}}\right)$ 5) $d\left(2e^{-x}\right)$ 7) $d\left(3^{2x}\right)$

2) $d\left(2e^{3x}\right)$ 4) $d\left(5e^{\frac{2}{3x}}\right)$ 6) $d\left(10^{-\frac{2x}{3}}\right)$ 8) $d\left(2x\right)^{(3x)}$

1.5.4 Diferenciación de funciones logarítmicas que contienen u:

Función	Fórmulas de diferenciales
1) $y = \ln u$	$d\left(\ln u\right) = \dfrac{1}{u}\, du$
2) $y = \log_a u$	$d\left(\log_a u\right) = \dfrac{1}{u \ln a}\, du$

Ejemplo:

1) $d\left(5\ln\left(1-2x\right)\right) = 5d\left(\ln\left(1-2x\right)\right) = (5)\left(\dfrac{1}{1-2x}\right)\left(-2\,dx\right) = -\dfrac{10}{1-2x}dx$

Ejercicios:

1.5.4.1 Obtener por fórmula la diferencial de las siguientes funciones logarítmicas que contienen "u":

1) $d\left(\ln 2x\right)$ 3) $d\left(\ln\dfrac{x}{5}\right)$ 5) $d\left(\dfrac{\ln 5x}{2}\right)$ 7) $d\left(\log_{10} 3x\right)$

2) $d\left(3\ln 2x\right)$ 4) $d\left(3\ln\dfrac{x}{4}\right)$ 6) $d\left(5\ln\dfrac{1}{2x}\right)$ 8) $d\left(2\log_{10}\dfrac{3x}{5}\right)$

1.5.5 Diferenciación de funciones trigonométricas que contienen u:

Función	Fórmulas de diferenciales	Función	Fórmulas de diferenciales
1) $y = sen\, u$	$d\,(sen\, u) = \cos u\, du$	4) $y = \cot u$	$d\,(\cot u) = -\csc^2 u\, du$
2) $y = \cos u$	$d\,(\cos u) = -sen\, u\, du$	5) $y = \sec u$	$d\,(\sec u) = \sec u\,\tan u\, du$
3) $y = \tan u$	$d\,(\tan u) = \sec^2 u\, du$	6) $y = \csc u$	$d\,(\csc u) = -\csc u\,\cot u\, du$

Ejemplos:

$$d\,(\cos u) = -sen\, u\, du$$

1) $d\,(\cos 2x) = \quad u = 2x \qquad\qquad = (-sen\, 2x)(2dx) = -2sen\, 2x\, dx$

$\qquad\qquad\qquad du = 2dx$

2) $d\,(2\tan(1-3x)) = 2\sec^2(1-3x)(-3dx) = -6\sec^2(1-3x)\, dx$

3) $d\left(\csc \dfrac{x}{2}\right) = \left(-\cot \dfrac{x}{2}\csc \dfrac{x}{2}\right)\left(\dfrac{1}{2}dx\right) = -\dfrac{1}{2}\cot \dfrac{x}{2}\csc \dfrac{x}{2}\, dx$

Ejercicios:

1.5.5.1 Obtener la diferencial por fórmula de las siguientes funciones trigonométricas que contienen "u":

1) $d\,(sen2x)$ 3) $d\left(\dfrac{2\cos 3x}{5}\right)$ 5) $d\left(3\cos \dfrac{2}{3x}\right)$ 7) $d\,(\cot x^2)$

2) $d\left(5sen\dfrac{x}{2}\right)$ 4) $d\,(\cos\ x)$ 6) $d\left(5\tan \dfrac{2}{3x}\right)$ 8) $d\,(\sec 3x^2)$

1.5.6 Diferenciación de funciones trigonométricas inversas que contienen u:

Función	Fórmulas de diferenciales	Función	Fórmulas de diferenciales
1) $y = arc\, sen\, u$	$d\,(arcsen\, u) = \dfrac{1}{1-u^2}\, du$	4) $y = arc\cot u$	$d\,(\arctan u) = -\dfrac{1}{1+u^2}\, du$
2) $y = arc\cos u$	$d\,(\arccos u) = -\dfrac{1}{1-u^2}\, du$	5) $y = arc\sec u$	$d\,(arc\sec u) = \dfrac{1}{u\ \ u^2-1}\, du$
3) $y = arc\tan u$	$d\,(\arctan u) = \dfrac{1}{1+u^2}\, du$	6) $y = arc\csc u$	$d\,(arc\csc u) = -\dfrac{1}{u\ \ u^2-1}\, du$

Ejemplos:

1) $d\,(\arccos\ 4x) = \left(-\dfrac{1}{1-(4x)^2}\right)(4\, dx) = -\dfrac{4}{1-16\,x^2}\, dx$

2) $d\,(arc\sec(x^2) = \left(\dfrac{1}{(x^2)\ (x^2)^2-1}\right)(2x\, dx) = \dfrac{2}{x\ \ x^4-1}\, dx$

Ejercicios:

1.5.6.1 Obtener la diferencial por fórmula de las siguientes funciones trigonométricas inversas que contienen "u":

1) $d\left(arcsen\,3x\right)$

3) $d\left(\arctan 3x\right)$

5) $d\left(2\,arc\cot\dfrac{1}{2x}\right)$

7) $d\left(2\,arc\sec\ \overline{2x}\right)$

2) $d\left(arc\cos\dfrac{1}{5x}\right)$

4) $d\left(2\arctan\ \overline{3x}\right)$

6) $d\left(arc\sec 4x\right)$

8) $d\left(arc\ \csc\dfrac{3x}{2}\right)$

1.5.7 Diferenciación de funciones hiperbólicas que contienen u:

Función	Fórmulas de diferenciales	Función	Fórmulas de diferenciales
1) $y = senh\,u$	$d\left(senh\,u\right) = \cosh u\,du$	4) $y = \coth u$	$d\left(\coth u\right) = -\csc h^2\,u\,du$
2) $y = \cosh u$	$d\left(\cosh u\right) = senh\,u\,du$	5) $y = \sec h\,u$	$d\left(\sec h\,u\right) = -\tanh u\,\sec h\,u\,du$
3) $y = \tanh u$	$d\left(\tanh u\right) = \sec h^2\,u\,du$	6) $y = \csc h\,u$	$d\left(\sec h\,u\right) = -\coth u\,\csc h\,u\,du$

Ejemplos:

1) $d\left(senh\,(x^2-1)\right) = \begin{array}{c} d\,(senh\,u = \cosh u\,du \\ u = x^2-1;\quad du = 2x\,dx \end{array} = \left(\cosh(x^2-1)\right)(2x\,dx) = 2x\cosh(x^2-1)\,dx$

2) $d\left(\cosh(2x)\right) = \begin{array}{c} d\,(\cosh u = senh\,u\,du \\ u = 2x;\quad du = 2\,dx \end{array} = \left(senh\,2x\right)(2\,dx) = 2\,senh\,2x\,dx$

3) $d\left[\coth(1-2x)\right] = \begin{array}{c} d\,(\coth u) = -\csc h^2 u\,du \\ u = 1-2x;\quad du = -2\,dx \end{array} = -\csc h^2(1-2x)(-2\,dx) = 2\csc h^2(1-2x)\,dx$

Ejercicios:

1.5.7.1 Obtener la diferencial de las siguientes funciones hiperbólicas:

1) $d\left(senh\,2x\right)$

2) $d\left(3\cosh\ \overline{2x}\right)$

3) $d\left(\dfrac{2\tanh 3x}{5}\right)$

4) $d\left(\sec h\dfrac{1}{2x}\right)$

1.5.8 Diferenciación de funciones hiperbólicas inversas que contienen u:

Función	Fórmulas de diferenciales	Función	Fórmulas de diferenciales
1) $y = arc\,senh\,u$	$d\left(arcsenh\,u\right) = \dfrac{1}{u^2+1}\,du$	4) $y = arc\coth u$	$d\left(arc\coth u\right) = \dfrac{1}{1-u^2}\,du$
2) $y = arc\cosh u$	$d\left(arccos\,h\,u\right) = \dfrac{1}{u^2-1}\,du$	5) $y = arc\sec h\,u$	$d\left(arc\sec h\,u\right) = -\dfrac{1}{u\ \sqrt{1-u^2}}\,du$
3) $y = arc\tanh u$	$d\left(\arctan h\,u\right) = \dfrac{1}{1-u^2}\,du$	6) $y = arc\csc h\,u$	$d\left(arc\csc h\,u\right) = -\dfrac{1}{u\ \sqrt{1+u^2}}\,du$

Ejemplos:

1) $d\left(2\arccos h\,5x\right)=$ $\begin{array}{c}d\left(\arccos h\,u\right)=\dfrac{1}{u^2-1}\,du\\[6pt]u=5x;\quad du=5\,dx\end{array}$ $=(2)\left(\dfrac{1}{(5x)^2-1}\,(5\,dx)\right)=\dfrac{10}{25x^2-1}\,dx$

2) $d\left(arc\sec h\,(1-2x)\right)=$ $\begin{array}{c}d\left(arc\sec h\right)=-\dfrac{1}{u\;1-u^2}\,du\\[6pt]u=1-2x;\quad du=-2\,dx\end{array}$ $=-\dfrac{1}{(1-2x)\;1-(1-2x)^2}\,(-2\,dx)$

$=\dfrac{2}{(1-2x)\;1-(1-4x+4x^2)}\,dx=\dfrac{2}{(1-2x)\;4x-4x^2}\,dx=\dfrac{1}{(1-2x)\;x-x^2}\,dx$

Ejercicios:

1.5.8.1 Obtener la diferencial de las siguientes funciones hiperbólicas inversas:

1) $d\left(\arccos h\,2x\right)$ 2) $d\left(arccosh\,\dfrac{x}{2}\right)$ 3) $d\left(\arctan h\;3x\right)$ 4) $d\left(arc\csc h\,3x\right)$

1.5.9 Diferenciación de productos y cocientes de funciones:

Funciones	Fórmulas de diferenciales
$y=uv$	1) $d(uv)=u\,dv+v\,du$
$y=\dfrac{u}{v}$	2) $d\left(\dfrac{u}{v}\right)=\dfrac{v\,du-u\,dv}{v^2}$

Ejemplos:

1) $d\left(2x\,e^{3x}\right)=(2x)\left(3e^{3x}\,dx\right)+\left(e^{3x}\right)(2\,dx)=6xe^{3x}\,dx+2e^{3x}\,dx=2e^{3x}(3x+1)\,dx$

2) $d\left(\dfrac{\ln 2x}{2x}\right)=\dfrac{(2x)\left(\dfrac{1}{x}\,dx\right)-(\ln 2x)(2\,dx)}{(2x)^2}=\dfrac{2\,dx-2\ln 2x\,dx}{4x^2}=\left(\dfrac{1-\ln 2x}{2x^2}\right)dx$

Ejercicios:

1.5.9.1 Obtener la diferencial por fórmula de productos y cociente de las siguientes funciones:

1) $d\left(2x\;3x\right)$ 3) $d\left(2x\ln\dfrac{2}{x}\right)$ 5) $d\left(2x\cos 3x\right)$ 8) $d\left(\dfrac{2x}{3e^{2x}}\right)$

2) $d\left(2x\ln\;x\right)$ 4) $d\left(3x\,sen\,2x\right)$ 6) $d\left(2x\,arcsen\,3x\right)$ 9) $d\left(\dfrac{\ln 2x}{2x}\right)$

Clase: 1.6 La antiderivada e integración indefinida de funciones elementales.

1.6.1 Familia de funciones.   - Ejemplos.
1.6.2 Antiderivada de una función.   - Ejercicios.
1.6.3 Definición de la integral indefinida.
1.6.4 Propiedades de la integral indefinida.
1.6.5 Integración indefinida de funciones elementales algebraicas.
1.6.6 Integración indefinida de funciones elementales exponenciales.
1.6.7 Integración indefinida de funciones elementales logarítmicas.
1.6.8 Integración indefinida de funciones elementales trigonométricas.
1.6.9 Integración indefinida de funciones elementales trigonométricas inversas.
1.6.10 Integración indefinida de funciones elementales hiperbólicas.
1.6.11 Integración indefinida de funciones elementales hiperbólicas inversas.

1.6.1 Familia de funciones: Es un conjunto de funciones que difieren en una constante.

Ejemplo: Las siguientes funciones representan una familia de funciones puesto que difieren en una constante.

$y = x^2$
$y = x^2 + 2$
$y = x^2 - 5$

Observe: que al trazar la recta "L" (perpendicular al eje de las Xs) esta toca a las curvas en los puntos donde las pendientes "T" son iguales en todos los puntos que se tocan.

1.6.2 Antiderivada de una función:

De la siguiente familia de funciones observe lo siguiente:
a) A cada función de la familia se llama función primitiva.
b) De cada función primitiva se obtiene su derivada (todas las derivadas son iguales).
c) De cada derivada se obtiene su antiderivada; de donde antiderivada y función primitiva son lo mismo.
d) De cada antiderivada se obtiene su diferencial (todos los diferenciales son iguales).
e) De cada diferencial se infiere su integral que es la función primitiva, sólo que en lugar del número aparece una "c" (constante).

Función primitiva	Derivada	Antiderivada	Diferencial	Integral
$y = x^2$ $y = x^2 + 2$ $y = x^2 - 5$	$\dfrac{dy}{dx} = 2x$	$y = x^2 + c$	$dy = 2x\,dx$	$\int 2x dx = x^2 + c$

Conclusión:

Sí $\ y = f(x) + c$ $\quad \dfrac{dy}{dx} = f'(x) \quad\quad y = f(x) + c \quad\quad dy = f'(x)dx \quad\quad \int f'(x)\,dx = f(x) + c$

1.6.3 Definición de la integral indefinida.

Del análisis anterior podemos definir la integral indefinida, como el proceso de encontrar la familia de antiderivadas de una función. A partir de aquí y a menos que otra cosa se indique, cuando tratemos las integrales nos estaremos refiriendo a la integral indefinida de funciones.

Para efectos prácticos, haremos los siguientes cambios: La integral $\int f'(x)\,dx = f(x) + c$ la concebiremos de la siguiente forma: $\int f(x)\,dx = F(x) + c \quad \forall\, F'(x) = f(x)$ donde $f(x)$ es la función a integrar y $F(x) + c$ es su resultado.

Notación: $\int f(x)\,dx = F(x) + c$ Donde:

$\int$	Es el signo de integración.
$f(x)\,dx$	Es el integrando.
x	Es la variable de integración.
$F(x) + c$	Es la familia de antiderivadas.
c	Es la constante de integración.

1.6.4 Propiedades de la integral indefinida:

Sí f y g son funciones de una misma variable, continuas e integrables y k es una constante, se cumplen las siguientes propiedades:

1) $\int k\,f(x)\,dx = k \int f(x)\,dx$ Del producto constante y función.

2) $\int \big(f(x) \pm g(x)\big)\,dx = \int f(x)\,dx \pm \int g(x)\,dx$ De la suma y/o diferencia de funciones.

1.6.5 Integración indefinida de funciones elementales algebraicas:

Fórmulas de integración indefinida de funciones elementales algebraicas: Para el propósito de integración se han considerado únicamente las siguientes integrales de funciones algebraicas elementales:

1) $\int 0\,dx = c$	2) $\int dx = x + c$	3) $\int x\,dx = \dfrac{x^2}{2} + c$	4) $\int \dfrac{dx}{x} = \ln\,x\, + c$

Nota: Como cualquier operación básica entre constantes el resultado es otra constante, entonces aceptaremos que: $n + c = c; \quad n - c = c; \quad nc = c; \quad c/n = c \quad \forall n \in R..$

Ejemplos:

1) $\int o\,dx = c$

2) $\int 3\,dx = 3\int dx = (3)(x + c) = 3x + 3c = \left\{\begin{array}{c} como \\ 3c = c \end{array}\right\} = 3x + c$

3) $\int 5x\,dx = 5\int x\,dx = (5)\dfrac{x^2}{2} + c = \dfrac{5x^2}{2} + c$

4) $\int \dfrac{1}{2x}\,dx = \dfrac{1}{2}\int \dfrac{1}{x}\,dx = \left(\dfrac{1}{2}\right)(\ln\,x + c) = \dfrac{1}{2}\ln\,x + c$

5) $\int \dfrac{3x}{2}\,dx = \dfrac{3}{2}\int x\,dx = \left(\dfrac{3}{2}\right)\dfrac{x^2}{2} + c = \dfrac{3x^2}{4} + c$

6) $\int \dfrac{2}{3x}\,dx = \dfrac{2}{3}\int \dfrac{1}{x}\,dx = \left(\dfrac{2}{3}\right)(\ln\,x + c) = \dfrac{2}{3}\ln\,x + c$

7) $\int \dfrac{2x + 5}{3}\,dx = \int \left(\dfrac{2x}{3} + \dfrac{5}{3}\right)dx = \dfrac{2}{3}\int x\,dx + \dfrac{5}{3}\int dx = \left(\dfrac{2}{3}\right)\left(\dfrac{x^2}{2}\right) + \left(\dfrac{5}{3}\right)(x) + c = \dfrac{x^2}{3} + \dfrac{5x}{3} + c$

8) $\displaystyle\int \frac{2-3x}{x}\,dx = \int\left(\frac{2}{x}-\frac{3x}{x}\right)dx = \int\frac{2}{x}\,dx - \int\frac{3x}{x} = 2\int\frac{1}{x}\,dx - 3\int dx = 2\ln x - 3x + c$

9) $\displaystyle\int \overline{x^2-4x+4}\,dx = \int \overline{(x-2)^2}\,dx = \int(x-2)\,dx = \int x\,dx - \int 2\,dx = \frac{x^2}{2}-2x+c$

Ejercicios:

1.6.5.1 Por las fórmulas de integración indefinida de funciones elementales algebraicas; obtener:

1) $\displaystyle\int dx$

2) $\displaystyle\int 2\,dx$

3) $\displaystyle\int 2x\,dx$

4) $\displaystyle\int \frac{x}{3}\,dx$

5) $\displaystyle\int \frac{1}{4x}\,dx$

6) $\displaystyle\int \frac{2}{3x}\,dx$

7) $\displaystyle\int (1-3x)\,dx$

8) $\displaystyle\int\left(\frac{x}{2}-1\right)dx$

9) $\displaystyle\int\left(2x-\frac{1}{x}+1\right)dx$

10) $\displaystyle\int \frac{x+4}{x}\,dx$

11) $\displaystyle\int \frac{5x^2+2}{3x}\,dx$

12) $\displaystyle\int\left(\frac{4x-1}{2x}\right)dx$

1.6.6 Integración indefinida de funciones elementales exponenciales:

Fórmulas de integración indefinida de funciones elementales exponenciales:

1) $\displaystyle\int e^x\,dx = e^x + c$	2) $\displaystyle\int a^x\,dx = \frac{a^x}{\ln a}+c$

Ejemplos:

1) $\displaystyle\int 2e^x\,dx = 2e^x + c$

2) $\displaystyle\int \frac{3e^x}{4}\,dx = \frac{3e^x}{4}+c$

3) $\displaystyle\int \frac{3^x}{2}\,dx = \frac{3^x}{2\ln 3}+c$

Ejercicios:

1.6.6.1 Por las fórmulas de integración indefinida de funciones elementales exponenciales; obtener:

1) $\displaystyle\int 5e^x\,dx = ?$

2) $\displaystyle\int \frac{3e^x}{5}\,dx = ?$

3) $\displaystyle\int \frac{2^x}{3}\,dx = ?$

4) $\displaystyle\int \frac{3(5)^x}{10}\,dx$

1.6.7 Integración indefinida de funciones elementales logarítmicas:

Fórmulas de integración indefinida de funciones elementales logarítmicas:

1) $\displaystyle\int \ln x\,dx = x\left(\ln x -1\right)+c$	2) $\displaystyle\int \log_a x\,dx = x\left(\log_a \frac{x}{e}\right)+c$

Ejemplos:

1) $\displaystyle\int 3\ln x\,dx = 3x\left(\ln x -1\right)+c$

2) $\displaystyle\int \frac{\log_{10} x}{3}\,dx = \frac{x}{3}\left(\log_{10}\frac{x}{e}\right)+c$

Ejercicios:

1.6.7.1 Por las fórmulas de integración indefinida de funciones elementales logarítmicas; obtener:

1) $\displaystyle\int \frac{\ln x}{8}\, dx$ 2) $\displaystyle\int \frac{3\ln x}{5}\, dx$ 3) $\displaystyle\int 2\log_{10} x\, dx$ 4) $\displaystyle\int \frac{3\log_{10} x}{4}\, dx$

1.6.8 Integración indefinida de funciones elementales trigonométricas:

Fórmulas de integración indefinida de funciones elementales trigonométricas:

1)	$\displaystyle\int sen\, x\, dx = -\cos x + c$	4)	$\displaystyle\int \cot x\, dx = \ln sen\, x + c$
2)	$\displaystyle\int \cos x\, dx = sen\, x + c$	5)	$\displaystyle\int \sec x\, dx = \ln\, \sec x + \tan x\, + c$
3)	$\displaystyle\int \tan x\, dx = -\ln\, \cos x\, + c$	6)	$\displaystyle\int \csc x\, dx = \ln \csc x - \cot x + c$

Ejemplos:

1) $\displaystyle\int 2\cos x\, dx = 2\int \cos x\, dx = (2)(sen\, x + c) = 2\,sen\, x + c$

2) $\displaystyle\int \frac{2\cot x}{3}\, dx = \frac{2}{3}\int \cot x\, dx = \left(\frac{2}{3}\right)(\ln\, senx + c) = \frac{2}{3}\ln\, sen\, x + c$

3) $\displaystyle\int \frac{\sec x}{5}\, dx = \left(\frac{1}{5}\right)\int \sec x\, dx = \left(\frac{1}{5}\right)(\ln \sec x + \tan x\, + c) = \frac{1}{5}\ln\, \sec x + \tan x\, + c$

4) $\displaystyle\int (4\,sen^2 x + 4\cos^2)\, dx = \int 4(sen^2 x + \cos^2 x)dx = \begin{array}{c} identidad\ trigonométrica \\ sen^2 x + \cos^2 x = 1 \end{array} = 4\int dx = 4x + c$

Ejercicios:

1.6.8.1 Por las fórmulas de integración indefinida de funciones elementales trigonométricas; obtener:

1) $\displaystyle\int 5\,sen\, x\, dx$ 2) $\displaystyle\int \frac{3\cos x}{5}\, dx$ 3) $\displaystyle\int \frac{\tan x}{8}\, dx$ 4) $\displaystyle\int \left(\frac{\csc x}{5}\right)dx$

1.6.9 Integración indefinida de funciones elementales trigonométricas inversas:

Fórmulas de integración indefinida de funciones elementales trigonométricas inversas:

1)	$\displaystyle\int arc\, sen\, x\, dx = x\,arc\, senx + \overline{1-x^2} + c$	4)	$\displaystyle\int arc\cot x\, dx = x\,arc\cot x + \frac{1}{2}\ln\, x^2 + 1 + c$
2)	$\displaystyle\int arc\cos x\, dx = x\,arc\cos x - \overline{1-x^2} + c$	5)	$\displaystyle\int arc\sec x\, dx = x\,arc\sec x - \ln\, x + \overline{x^2 - 1} + c$
3)	$\displaystyle\int arc\tan x\, dx = x\,arc\tan x - \frac{1}{2}\ln\, x^2 + 1 + c$	6)	$\displaystyle\int arc\csc x\, dx = x\,arc\csc x + \ln\, x + \overline{x^2 - 1} + c$

Ejemplos:

1) $\displaystyle\int 2\arccos x\, dx = 2\left(x\arccos x - \overline{1-x^2} + c\right) = 2x\arccos x - 2\overline{1-x^2} + c$

2) $\displaystyle\int \frac{3\,arc\sec x}{5}\, dx = \frac{3}{5}\left(x\,arc\sec x - \ln\, x + \overline{x^2 - 1} + c\right) = \frac{3}{5}x\,arc\sec x - \frac{3}{5}\ln\, x + \overline{x^2 - 1} + c$

Ejercicios:

1.6.9.1 Por las fórmulas de integración indefinida de funciones elementales trigonométricas inversas; obtener:

1) $\displaystyle\int 2\, arcsen\, x\, dx$ 2) $\displaystyle\int \frac{\arctan x}{10}\, dx$ 3) $\displaystyle\int 4\, arc\cot x\, dx$ 4) $\displaystyle\int \frac{arc\csc x}{6}\, dx$

1.6.10 Integración indefinida de funciones elementales hiperbólicas:

Fórmulas de integración indefinida de funciones elementales hiperbólicas:

1) $\displaystyle\int senh\, x\, dx = \cosh x + c$	4) $\displaystyle\int \coth x\, dx = \ln\, senh\, x + c$
2) $\displaystyle\int \cosh x\, dx = senh\, x + c$	5) $\displaystyle\int \sec h\, x\, dx = 2\arctan\left(\tanh \frac{x}{2}\right) + c$
3) $\displaystyle\int \tanh x\, dx = \ln\, \cosh x + c$	6) $\displaystyle\int \csc hx\, dx = \ln\, \tanh \frac{x}{2} + c$

Ejemplos:

1) $\displaystyle\int 2\cosh x\, dx = 2\, senh\, x + c$ 2) $\displaystyle\int \frac{\tanh x}{3}\, dx = \frac{1}{3}\ln(\cosh x) + c$

3) $\displaystyle\int \frac{2}{3\csc hx}\, dx = \frac{2}{3}\int \frac{2}{3\csc h\, x}\, dx = \underset{\substack{\textit{Identida hiperbólica}\\ \frac{1}{\csc h\, x} = senh\, x}}{} = \frac{2}{3}\int senh\, x\, dx = \frac{2}{3}\cosh x + c$

Ejercicios:

1.6.10.1 Por las fórmulas de integración indefinida de funciones elementales hiperbólicas; obtener:

1) $\displaystyle\int 5\, senh\, x\, dx$ 2) $\displaystyle\int \left(\frac{senhx}{3}\right) dx$ 3) $\displaystyle\int \frac{\tanh x}{2}\, dx$ 4) $\displaystyle\int \frac{3}{5\cosh x}\, dx$

1.6.11 Integración indefinida de funciones elementales hiperbólicas inversas:

Fórmulas de integración indefinida de funciones elementales hiperbólicas inversas:

1) $\displaystyle\int arcsenhx\, dx = x\, arcsenhx - \sqrt{x^2 + 1} + c$	4) $\displaystyle\int arc\coth x\, dx = x\, arc\coth x + \frac{1}{2}\ln x^2 - 1 + c$
2) $\displaystyle\int arccos hx\, dx = x\arccos hx - \sqrt{x^2 - 1} + c$	5) $\displaystyle\int arc\sec hx\, dx = x\, arc\sec hx - \arctan\left(\frac{x}{\sqrt{x^2 - 1}}\right) + c$
3) $\displaystyle\int \arctan hx\, dx = x\arctan hx + \frac{1}{2}\ln x^2 - 1 + c$	6) $\displaystyle\int arc\csc chx\, dx = x\, arc\csc hx + \ln x + \sqrt{x^2 + 1} + c$

Ejemplos:

1) $\displaystyle\int 3\, arcsenh\, x\, dx = 3\int arcsenh\, x\, dx = (3)\left(x\, arcsenh\, x - \sqrt{x^2 + 1} + c\right) = 3x\, arcsenh\, x - 3\sqrt{x^2 + 1} + c$

2) $\displaystyle\int \frac{arc\csc hx}{2}\, dx = \frac{1}{2}\int arc\csc h\, x\, dx = \frac{1}{2}\left(x\, arc\csc h\, x + \ln x + \sqrt{x^2 + 1} + c\right) = \frac{x}{2} arc\csc h\, x + \frac{1}{2}\ln x + \sqrt{x^2 + 1} + c$

Ejercicios:

1.6.11.1 Por las fórmulas de integración indefinida de funciones elementales hiperbólicas inversas; obtener:

1) $\displaystyle\int \frac{3\, arc\cosh x}{5}\, dx$ 2) $\displaystyle\int 4\arctan h\, x\, dx$ 3) $\displaystyle\int 2\, arc\coth x\, dx$ 4) $\displaystyle\int \frac{2\, arc\csc hx}{3}\, dx$

Clase: 1.7 Integración indefinida de funciones algebraicas que contienen x^n.

1.7.1 Fórmula de integración indefinida de funciones algebraicas que contienen x^n.
- Ejemplos.
- Ejercicios.

1.7.1 Fórmula de integración indefinida de funciones algebraicas que contienen x^n.

$$1) \quad \int x^n dx = \frac{x^{n+1}}{n+1} + c \quad \forall\, (n+1) \neq 0$$

Ejemplos:

1) $\displaystyle \int x^2 dx = \begin{array}{c} \int x^n dx = \dfrac{x^{n+1}}{n+1} + c \\ n = 2; \quad n+1 = 3 \end{array} = \dfrac{x^{(3)}}{(3)} + c = \dfrac{x^3}{3} + c$

2) $\displaystyle \int 2x\, dx = 2\int x\, dx = \frac{2\,x^{\frac{3}{2}}}{\frac{3}{2}} + c = \frac{2}{3}\,2\sqrt{x^3} + c = \frac{2\,2\sqrt{x^3}}{3} + c$

3) $\displaystyle \int (3x^2 + 2x)dx = \int 3x^2 dx + \int 2x\, dx = \frac{3x^3}{3} + \frac{2x^2}{2} + c = x^3 + x^2 + c$

4) $\displaystyle \int\left(\frac{x^2}{3} - \sqrt{x}\right)dx = \int \frac{x^2}{3}dx - \int \sqrt{x}\, dx = \frac{1}{3}\int x^2 dx - \int x^{\frac{1}{2}}dx = \left(\frac{1}{3}\right)\left(\frac{x^3}{3}\right) - \frac{x^{\frac{3}{2}}}{\frac{3}{2}} + c = \frac{x^3}{9} - \frac{2\sqrt{x^3}}{3} + c$

5) $\displaystyle \int \frac{3x+5}{4}\, dx = \int\left(\frac{3x}{4} + \frac{5}{4}\right)dx = \int \frac{3x}{4}dx + \int \frac{5}{4}dx = \frac{3}{4}\int x\, dx + \frac{5}{4}\int dx = \left(\frac{3}{4}\right)\left(\frac{x^2}{2}\right) + \left(\frac{5}{4}\right)(x) + c = \frac{3x^2}{8} + \frac{5x}{4} + c$

6) $\displaystyle \int \frac{x+1}{\sqrt{x}}\, dx = \int \frac{x}{\sqrt{x}} + \int \frac{1}{\sqrt{x}}\, dx = \int x^{\frac{1}{2}}dx + \int x^{-\frac{1}{2}}dx = \frac{x^{\frac{3}{2}}}{\frac{3}{2}} + \frac{x^{\frac{1}{2}}}{\frac{1}{2}} + c = \frac{2\sqrt{x^3}}{3} + 2\sqrt{x} + c$

Ejercicios:

1.7.1.1 Por la fórmula de integración indefinida de funciones algebraicas que contienen x^n; obtener:

1) $\displaystyle \int \frac{2x^2}{3}\, dx$

2) $\displaystyle \int \frac{3\sqrt{x}}{2}\, dx$

3) $\displaystyle \int \frac{\sqrt{2x}}{3}\, dx$

4) $\displaystyle \int \frac{2}{3x^2}\, dx$

5) $\displaystyle \int \frac{5}{3\sqrt{x}}$

6) $\displaystyle \int \frac{5}{3\sqrt{2x}}\, dx$

7) $\displaystyle \int \left(\frac{3x\,\sqrt{2x^2}}{5}\right)$

8) $\displaystyle \int \left(\frac{4x}{3\sqrt{2x}}\right)dx$

9) $\displaystyle \int \left(\frac{7x}{3\sqrt{x^4}}\right)dx$

10) $\displaystyle \int (x+1)^2 dx$

11) $\displaystyle \int \left(\frac{2x^2}{3} + 2\right)dx$

12) $\displaystyle \int (1-2\sqrt{x})dx$

13) $\displaystyle \int \left(\frac{x^2}{3} - \frac{2}{x^2}\right)dx$

14) $\displaystyle \int \left(\frac{1-2x}{3}\right)dx$

15) $\displaystyle \int \left(\frac{3x - x^2}{2x}\right)dx$

16) $\displaystyle \int \left(\frac{2x-4}{5\sqrt{x}}\right)dx$

Clase: 1.8 Integración indefinida de funciones que contienen u.

1.8.1 Integración indefinida de funciones algebraicas que contienen u.   - Ejemplos.
1.8.2 Integración indefinida de funciones exponenciales que contienen u.   - Ejercicios.
1.8.3 Integración indefinida de funciones logarítmicas que contienen u.
1.8.4 Integración indefinida de funciones trigonométricas que contienen u.
1.8.5 Integración indefinida de funciones trigonométricas inversas que contienen u.
1.8.6 Integración indefinida de funciones hiperbólicas que contienen u.
1.8.7 Integración indefinida de funciones hiperbólicas inversas que contienen u.

1.8.1 Integración indefinida de funciones algebraicas que contienen u.

Para toda "u" que sea cualquier función (elemental, básica, ó metabásica); se cumplen las siguientes fórmulas de integración:

Fórmulas de integración indefinida de funciones algebraicas que contienen u.

1) $\int 0\,du = c$	2) $\int du = u + c$	3) $\int u^n\,du = \dfrac{u^{n+1}}{n+1} + c \quad \forall\,(n+1) \neq 0$	4) $\int \dfrac{1}{u}\,du = \ln u + c$

Vamos ahora a introducir una nueva operación llamada "ajuste" que consiste en completar "du" ya que si analizamos las fórmulas 3 y 4 observamos, que para que se cumplan las fórmulas, éstas deben de contener "du" surgida de la función "u"; Ejemplo: sí $Sí \quad u = 5x + 2 \quad \therefore \quad du = 5dx$ y por lo tanto agregaríamos un 5 a "dx" y lo quitaríamos dividiendo entre 5.

Ejemplos:

$$\int u^n\,du = \frac{u^{n+1}}{n+1} + c$$

1) $\int (2+5x)^3\,dx = \quad u = (2+5x);\ du = 5dx \quad = \int (2+5x)^3 \left(\dfrac{5\,dx}{5}\right) = \dfrac{1}{5}\int (2+5x)^3\,(5\,dx)$

$\qquad\qquad\qquad\qquad n = 3;\ \ n+1 = 4$

$$= \left(\frac{1}{5}\right)\left(\frac{(2+5x)^4}{4}\right) + c = \frac{(2+5x)^4}{20} + c$$

2) $\int \dfrac{dx}{1-3x} = \int \dfrac{du}{u} = \ln u + c \quad = \int \dfrac{1}{1-3x}\left(\dfrac{-3dx}{-3}\right) = -\dfrac{1}{3}\int \dfrac{(-3dx)}{1-3x} = -\dfrac{1}{3}\ln 1-3x + c$

$\qquad\qquad\qquad u = 1-3x;\ \ du = -3dx$

3) $\int 2x\left(1-3x^2\right)^5 dx = (2)\left(\dfrac{1}{-6}\right)\int\left(1-3x^2\right)^5(-6\,dx) = -\dfrac{1}{3}\left(\dfrac{(1-3x^2)^6}{6}\right) + c = -\dfrac{(1-3x^2)^6}{18} + c$

4) $\int \dfrac{7x^2}{2\ \dfrac{x^3}{5}+2}\,dx = \dfrac{7}{2}\left(\dfrac{5}{3}\right)\int\left(\dfrac{x^3}{5}+2\right)^{-\frac{1}{2}}\left(\dfrac{3x^2}{5}\,dx\right) = \dfrac{35}{6}\dfrac{\left(\dfrac{x^3}{5}+2\right)^{\frac{1}{2}}}{\dfrac{1}{2}} + c = \dfrac{35}{3}\ \sqrt{\dfrac{x^3}{5}+2} + c$

5) $\displaystyle\int \frac{\left(3-\frac{1}{2x}\right)^5}{4x^2}\,dx = \frac{1}{4}\int\left(3-\frac{1}{2x}\right)^5\frac{dx}{x^2} = \begin{array}{l} u = 1-\dfrac{1}{2x} \\[2mm] du = \dfrac{1}{2x^2}\,dx \end{array} = \frac{(2)}{4}\int\left(3-\frac{1}{2x}\right)^5\frac{1}{(2)x^2}\,dx = \frac{1}{2}\frac{\left(1-\frac{1}{2x}\right)^6}{6}+c$

$= \frac{1}{12}\left(1-\frac{1}{2x}\right)^6+c$

6) $\displaystyle\int \frac{3}{2x^2\ \frac{2}{x}+4}\,dx = \frac{3}{2}\int\left(\frac{2}{x}+4\right)^{-\frac{1}{2}}\frac{1}{x^2}\,dx = \frac{3}{2(-2)}\int\left(\frac{2}{x}+4\right)^{-\frac{1}{2}}\left(-\frac{(2)}{x^2}\,dx\right) = \left(-\frac{3}{4}\right)\frac{\left(\frac{2}{x}+4\right)^{\frac{1}{2}}}{\frac{1}{2}}+c$

$= -\frac{3}{2}\ \frac{2}{x}+4+c$

7) $\displaystyle\int \frac{3x}{2-x}\,dx = \quad \frac{3x}{2-x} = -3+\frac{6}{2-x} \quad = \int\left(-3+\frac{6}{2-x}\right)dx = \int -3\,dx+\int\frac{6}{2-x} = -3x-6\ln\ 2-x\ +c$

8) $\displaystyle\int \frac{3x^2-1}{2x+4}\,dx = \frac{1}{2}\int\frac{3x^2-1}{x+2}\,dx = \quad \frac{3x^2-1}{x+2} = 3x-6+\frac{11}{x+2} \quad = \frac{1}{2}\int\left(3x-6+\frac{11}{x+2}\right)dx$

$= \left(\frac{1}{2}\right)\left(\frac{3x^2}{2}-6x+11\ln\ x+2\ +c\right) = \frac{3x^2}{4}-3x+\frac{11}{2}\ln\ x+2\ +c$

Ejercicios:

1.8.1.1 Por las fórmulas de integración indefinida de funciones algebraicas que contienen u; obtener:

1) $\displaystyle\int (2x+1)^5\,dx$

2) $\displaystyle\int \left(\frac{1-2x}{3}\right)^3\,dx$

3) $\displaystyle\int \frac{2(3+5x)^5}{5}\,dx$

4) $\displaystyle\int \frac{5\ 1-3x}{4}\,dx$

5) $\displaystyle\int \left(\frac{3x}{2}+5\right)dx$

6) $\displaystyle\int \left(\frac{x}{3}-2\right)dx$

7) $\displaystyle\int \left(\frac{2}{1-3x}\right)dx$

8) $\displaystyle\int \frac{1}{2x}\,dx$

9) $\displaystyle\int \frac{3}{4x+1}\,dx$

10) $\displaystyle\int \frac{5}{1-2x}\,dx$

11) $\displaystyle\int \frac{2}{3x-1}\,dx$

12) $\displaystyle\int 5x\left(1-x^2\right)^3\,dx$

13) $\displaystyle\int 2x\ x^2+1\ dx$

14) $\displaystyle\int \frac{4\left(3\ x-2\right)^3}{5\ x}\,dx$

15) $\displaystyle\int \left(\frac{\frac{2}{x}+4}{3\,x^{\,2}}\right)dx$

16) $\displaystyle\int \frac{4x}{x^2+1}\,dx$

1.8.2 Integración indefinida de funciones exponenciales que contienen u.

Fórmulas de integración indefinida de funciones exponenciales que contienen u:

1) $\displaystyle\int e^u\,du = e^u+c$	2) $\displaystyle\int a^u\,du = \frac{a^u}{\ln a}+c$

Ejemplos:

1) $\displaystyle\int \frac{e^{\frac{x}{3}}}{4}\,dx = \frac{1}{4}(3)\int e^{\frac{x}{3}}\left(\frac{1}{3}dx\right) = \frac{3}{4}e^{\frac{x}{3}}+c$

2) $\displaystyle\int 3^{2x}\,dx = \left(\frac{1}{2}\right)\int 3^{2x}(2dx) = \left(\frac{1}{2}\right)\frac{3^{2x}}{\ln 3}+c = \frac{3^{2x}}{2\ln 3}+c$

3) $\displaystyle\int \frac{5e^{-x}}{3\,2x}\,dx = \frac{5}{3}\frac{1}{2}\int e^{-x}\frac{1}{x}\,dx = \frac{5(2)}{3\,2}\int e^{-x}\left(\frac{1}{(2)\,x}\,dx\right) = \frac{5}{3}\frac{2}{-}e^{-x}+c$

Ejercicios:

1.8.2.1 Por las fórmulas de integración indefinida de funciones exponenciales que contienen u; obtener:

1) $\displaystyle\int 3e^{2x}\,dx$
4) $\displaystyle\int\left(\frac{2e^{\frac{x}{5}}}{3}\right)dx$
7) $\displaystyle\int 3(5)^{(2x)}\,dx$
10) $\displaystyle\int \frac{2e^{x^2}}{5x^2}\,dx$

2) $\displaystyle\int e^{\frac{x}{2}}\,dx$
5) $\displaystyle\int 2e^{(2-3x)}\,dx$
8) $\displaystyle\int \frac{2xe^{3x^2}}{3}\,dx$
11) $\displaystyle\int 4x^2e^{(2x^3)}\,dx$

3) $\displaystyle\int\left(\frac{2e^{5x}}{3}\right)dx$
6) $\displaystyle\int 3^{(4x)}\,dx$
9) $\displaystyle\int \frac{2e^{5\sqrt{x}}}{3\sqrt{x}}\,dx$
12) $\displaystyle\int 3^{(2x^2)}2x\,dx$

1.8.3 Integración indefinida de funciones logarítmicas que contienen u.

Fórmulas de integración indefinida de funciones logarítmicas que contienen u.

1) $\displaystyle\int \ln u\,du = u\left(\ln u - 1\right)+c$	2) $\displaystyle\int \log_a u\,du = u\left(\log_a \frac{u}{e}\right)+c$

Ejemplos:

1) $\displaystyle\int 3\ln\frac{2x}{5}\,dx = 3\int \ln\frac{2x}{5}\,dx = 3\left(\frac{5}{2}\right)\int \ln\frac{2x}{5}\left(\frac{2}{5}dx\right) = \frac{15}{2}\left(\frac{2x}{5}\right)\left(\ln\frac{2x}{5}-1\right)+c = 3x\left(\ln\frac{3x}{5}-1\right)+c$

2) $\displaystyle\int 3x\log_{10}5x^2\,dx = 3\left(\frac{1}{10}\right)\int \log_{10}5x^2(10x\,dx) = \frac{3}{10}5x^2\left(\log_{10}\frac{5x^2}{e}\right)+c = \frac{3x^2}{2}\left(\log_{10}\frac{5x^2}{e}\right)+c$

3) $\displaystyle\int \frac{2\ln\left(1+\frac{2}{3x}\right)}{5x^2}\,dx = \frac{2}{5}\int \ln\left(1+\frac{2}{3x}\right)\frac{1}{x^2}\,dx = \frac{2}{5}\left(-\frac{3}{2}\right)\int \ln\left(1+\frac{2}{3x}\right)\left(-\frac{2}{3x^2}\right)dx = -\frac{3}{5}\left(1+\frac{2}{3x}\right)\left(\ln 1+\frac{2}{3x}-1\right)+c$

Ejercicios:

1.8.3.1 Por las fórmulas de integración indefinida de funciones logarítmicas que contienen u; obtener:

1) $\displaystyle\int \ln 5x\,dx$
3) $\displaystyle\int \log_{10}4x\,dx$
5) $\displaystyle\int 2\ln(1-3x)\,dx$
7) $\displaystyle\int\left(\frac{5\ln\left(\frac{2}{x}-1\right)}{3x^2}\right)dx$

2) $\displaystyle\int \frac{3\ln 2x}{4}\,dx$
4) $\displaystyle\int \frac{\log_{10}\frac{x}{2}}{3}\,dx$
6) $\displaystyle\int \log_{10}(2x+8)\,dx$
8) $\displaystyle\int\left(\frac{3\ln\frac{2x}{3x}}{5}\right)dx$

1.8.4 Integración indefinida de funciones trigonométricas que contienen u.

Fórmulas de integración indefinida de funciones trigonométricas que contienen u.

1)	$\int sen\, u\, du = -\cos u + c$	7)	$\int \sec u \tan u\, du = \sec u + c$
2)	$\int \cos u\, du = sen\, u + c$	8)	$\int \csc u \cot u\, du = -\csc u + c$
3)	$\int \tan u\, du = -\ln\ cos\, u\ + c$	9)	$\int \sec^2 u\, du = \tan u + c$
4)	$\int \cot u\, du = \ln\ sen\, u\ + c$	10)	$\int \csc^2 u\, du = -\cot u + c$
5)	$\int \sec u\, du = \ln\ \sec u + \tan u\ + c$	11)	$\int \sec^3 u\, du = \dfrac{1}{2}\sec u \tan u + \dfrac{1}{2}\ln\ \sec u + \tan u\ + c$
6)	$\int \csc u\ du = \ln\ \csc u - \cot u\ + c$		

Ejemplos:

1) $\int \cos 2x\, dx = \begin{array}{l} \int \cos 2u\, du = sen\, u + c \\ u = 2x; \quad du = 2\, dx \end{array} = \dfrac{1}{2}\int \cos 2x\,(2\, dx) = \dfrac{1}{2}sen\, 2x + c$

2) $\int 2\sec^2 \dfrac{3x}{4}\, dx = 2\int \sec^2 \dfrac{3x}{4}\, dx = \begin{array}{l} k\int \sec^2 u\, du = k\, tg\, u + c \\ u = \dfrac{3x}{4}; \quad du = \dfrac{3dx}{4} \end{array} = 2\left(\dfrac{4}{3}\right)\int \sec^2 \dfrac{3x}{4}\left(\dfrac{3dx}{4}\right) = \dfrac{8}{3}tg\, \dfrac{3x}{4} + c$

3) $\int \dfrac{3dx}{2\cos^2 5x} = \dfrac{3}{2}\int \dfrac{dx}{\cos^2 5x} = \begin{array}{l} \dfrac{1}{\cos u} = \sec u \end{array} = \dfrac{3}{2}\int \sec^2 5x\, dx = \dfrac{3}{2}\left(\dfrac{1}{5}\right)\int \sec^2 5x\,(5dx) = \dfrac{3}{10}tg\, 5x + c$

4) $\int \cos^3 3x\, sen3x\, dx = \begin{array}{c} Integral\ tipo \\ \int u^n du = \dfrac{u^{n+1}}{n+1} + c \end{array} = Estrategia = \int (\cos 3x)^3 sen3x dx = \begin{array}{l} u = \cos 3x \\ n = 3; \quad n+1 = 4 \\ du = -3 sen3x\, dx \end{array}$

$= \left(-\dfrac{1}{3}\right)\int (\cos 3x)^3 (-3 sen3x\, dx) = \left(-\dfrac{1}{3}\right)\left(\dfrac{(\cos 3x)^4}{4}\right) + c = -\dfrac{\cos^4 3x}{12} + c$

5) $\int \dfrac{3dx}{1 - sen2x} = Estrategia = 3\int \dfrac{1}{1 - sen2x}\left(\dfrac{1 + sen2x}{1 + sen2x}\right)dx = 3\int \dfrac{1 + sen2x}{1 - sen^2 2x}\, dx = 3\int \dfrac{1 + sen2x}{\cos^2 2x}\, dx$

$= 3\int \dfrac{1}{\cos^2 2x}\, dx + 3\int \dfrac{sen2x}{\cos^2 2x}\, dx = 3\int \sec^2 2x\, dx + 3\int \dfrac{sen2x}{\cos 2x}\dfrac{1}{\cos 2x}\, dx$

$= 3\int \sec^2 2x\, dx + 3\int tg2x \sec 2x\, dx = \dfrac{3}{(2)}\int \sec^2 2x\,(2dx) + \dfrac{3}{(2)}\int tg2x \sec 2x\,(2dx) = \dfrac{3}{2}tg2x + \dfrac{3}{2}\sec 2x + c$

Ejercicios:

1.8.4.1 Por las fórmulas de integración indefinida de funciones trigonométricas que contienen u; obtener:

1) $\int 2 Sen\, 3x \, dx$

7) $\int 3\csc^2(2x)dx$

13) $\int \dfrac{sen\, 2x}{\cos 2x}dx$

19) $\int \left(\dfrac{5\sec^2 x}{3\,x}\right)dx$

2) $\int \cos \dfrac{x}{2} dx$

8) $\int \left(\dfrac{1-sen2x}{5}\right)dx$

14) $\int \dfrac{5x\tan 3x^2}{2}dx$

20) $\int \dfrac{2\cos \frac{3}{x}}{5x^2}dx$

3) $\int \dfrac{3\cos 3x}{2}dx$

9) $\int 4sen^3 2x \cos 2x \, dx$

15) $\int \dfrac{1}{1+\cos x}dx$

21) $\int \dfrac{sen\, x}{1-\cos x}dx$

4) $\int \left(3\tan \dfrac{x}{4}\right)dx$

10) $\int 2x\left(sen\, 4x^2\right)^2 dx$

16) $\int \dfrac{1}{1-sen^2 x}dx$

22) $\int \dfrac{sen\, 2x}{\cos 2x}dx$

5) $\int \dfrac{2\sec 3x}{5}dx$

11) $\int \cos 3x \ \sqrt{1+sen3x} \ dx$

17) $\int \dfrac{\cos 2x}{3+sen\, 2x}dx$

23) $\int \dfrac{sen\, 2x}{\sec^5 2x}dx$

6) $\int 2\sec^2(3x)\, dx$

12) $\int \dfrac{2}{3sen^2 x}dx$

18) $\int \dfrac{2sen\, x}{4x}dx$

24) $\int \dfrac{\cos 3x}{\csc^4 3x}dx$

1.8.5 Integración indefinida de funciones trigonométricas inversas que contienen u.

Fórmulas de integración indefinida de funciones trigonométricas inversas que contienen u.

1) $\int arc\, sen\, u \, du = u\, arc\, sen\, u + \sqrt{1-u^2} + c$	4) $\int arc\, \cot u \, du = u\, arc\, \cot u + \dfrac{1}{2}\ln\left\|u^2+1\right\| + c$
2) $\int arc\cos u \, du = u\, arc\cos u - \sqrt{1-u^2} + c$	5) $\int arc\, \sec u \, du = u\, arc\, \sec u - \ln\left\|u+\sqrt{u^2-1}\right\| + c$
3) $\int \arctan u \, du = u\arctan u - \dfrac{1}{2}\ln\left\|u^2+1\right\| + c$	6) $\int arc\, \csc u \, du = u\, arc\, \csc u + \ln\left\|u+\sqrt{u^2-1}\right\| + c$

Ejemplos:

1) $\int \dfrac{2\arccos(1-3x)}{7}dx = \dfrac{2}{7}\left(\dfrac{1}{-3}\right)\int \arccos(1-3x)(-3dx) = -\dfrac{2}{21}\left((1-3x)\arccos(1-3x)-\sqrt{1-(1-3x)^2}\right)+c$

$= -\dfrac{2(1-3x)}{21}\arccos(1-3x) + \dfrac{2}{21}\sqrt{1-(1-6x+9x^2)}+c = -\dfrac{2(1-3x)}{21}\arccos(1-3x) + \dfrac{2}{21}\sqrt{-9x^2+6x}+c$

2) $\int \dfrac{4arc\csc(-2x)}{5}dx = \dfrac{4}{5}\left(\dfrac{1}{-2}\right)\int arc\csc(-2x)(-2dx)$

$= -\dfrac{2}{5}\left((-2x)\,arc\csc(-2x)+\ln\left|(-2x)+\sqrt{(-2x)^2-1}\right|+c\right)$

$= \dfrac{4}{5}arc\csc(-2x) - \dfrac{2}{5}\ln\left|-2x+\sqrt{4x^2-1}\right|+c$

Ejercicios:

1.8.5.1 Por las fórmulas de integración indefinida de funciones trigonométricas inversas que contienen u; obtener:

1) $\int \left(\dfrac{arcsen 3x}{2} \right) dx$ 3) $\int arctan \dfrac{x}{2} \, dx$ 5) $\int arc\sec \dfrac{2x}{3} \, dx$ 7) $\int \left(\dfrac{arcsen \, x}{x} \right) dx$

2) $\int \dfrac{2 arc\cos \frac{3}{x}}{5x^2} \, dx$ 4) $\int arc\cot 2x \, dx$ 6) $\int \dfrac{2x arc\sec 3x^2}{5} \, dx$ 8) $\int \dfrac{arc\csc 2x}{3} \, dx$

1.8.6 Integración indefinida de funciones hiperbólicas que contienen u.

Fórmulas de integración indefinida de funciones hiperbólicas que contienen u.

1) $\int senh \, u \, du = \cosh u + c$	7) $\int \sec h^2 u \, du = \tanh u + c$
2) $\int \cosh u \, du = senh u + c$	8) $\int \csc h^2 u \, du = -\coth u + c$
3) $\int \tanh u \, du = \ln \cosh u + c$	9) $\int \sec h u \tanh u \, du = -\sec h u + c$
4) $\int \coth u \, du = \ln senh u + c$	10) $\int \csc h u \coth u \, du = -\csc h u + c$
5) $\int \sec h u \, du = 2 arctan \left(\tanh \dfrac{u}{2} \right) + c$	
6) $\int \csc h u \, du = \ln \left| \tanh \dfrac{u}{2} \right| + c$	

Ejemplos:

1) $\int 2 \cosh 2x \, dx = 2 \left(\dfrac{1}{2} \right) \int \cosh 2x \, (2dx) = senh 2x + c$

2) $\int \dfrac{\sec h 3x \tanh 3x}{5} \, dx = \left(\dfrac{1}{5} \right) \left(\dfrac{1}{3} \right) \int \sec h 3x \tanh 3x \, (3dx) = -\dfrac{1}{15} \sec h 3x + c$

Ejercicios:

1.8.6.1 Por las fórmulas de integración indefinida de funciones hiperbólicas que contienen u; obtener:

1) $\int \left(2 senh \dfrac{3x}{2} \right) dx$ 3) $\int \dfrac{\tanh 2x}{3} \, dx$ 5) $\int \left(3x \coth \frac{x^2}{4} \right) dx$ 7) $\int \dfrac{\cosh \, x}{4 \, 2x} \, dx$

2) $\int 5 \cosh 2x \, dx$ 4) $\int \dfrac{3 \sec h 4x}{5} \, dx$ 6) $\int \left(5x \sec h^2 3x^2 \right) dx$ 8) $\int \dfrac{2 \tanh \frac{3}{x}}{6x^2} \, dx$

1.8.7 Integración indefinida de funciones hiperbólicas inversas que contienen u.

Fórmulas de integración indefinida de funciones hiperbólicas inversas que contienen u.

1) $\int arcsenh\, u\, du = u\, arcsenh\, u - \overline{u^2 + 1} + c$

4) $\int arc\coth u\, du = u\, arc\coth u + \dfrac{1}{2}\ln\, u^2 - 1 + c$

2) $\int arccos h u\, du = u\, arccos h u - \overline{u^2 - 1} + c$

5) $\int arc\sec hu\, du = u\,arc\sec hu - \arctan\left(\dfrac{u}{u^2 - 1}\right) + c$

3) $\int \arctan hu\, du = u\arctan hu + \dfrac{1}{2}\ln\, u^2 - 1 + c$

6) $\int arc\csc hu\, du = u\, arc\csc hu + \ln\, u + \overline{u^2 + 1} + c$

Ejemplos:

1) $\int 3\,arcsenh\, 2x\, dx = (3)\left(\dfrac{1}{2}\right)\int arcsenh\, 2x\,(2dx) = \dfrac{3}{2}(2x)\,arcsenh\,(2x) - \dfrac{3}{2}\,\overline{(2x)^2 + 1} + c$

$$= 3x\,arcsenh\, 2x - \dfrac{3}{2}\,\overline{4x^2 + 1} + c$$

2) $\displaystyle\int \dfrac{arc\csc h\dfrac{x}{3}}{2}\, dx = \left(\dfrac{1}{2}\right)(3)\int arc\csc h\dfrac{x}{3}\left(\dfrac{dx}{3}\right) = \dfrac{3}{2}\left(\dfrac{x}{3}\,arc\csc h\dfrac{x}{3} + \ln\, \dfrac{x}{3} + \overline{\left(\dfrac{x}{3}\right)^2 + 1} + c\right)$

$$= \dfrac{x}{2}\,arc\csc h\dfrac{x}{3} + \dfrac{3}{2}\ln\, \dfrac{x}{3} + \overline{\dfrac{x^2}{9} + 1} + c = \dfrac{x}{2}\,arc\csc h\dfrac{x}{3} + \dfrac{3}{2}\ln\, \dfrac{x}{3} + \dfrac{1}{3}\,\overline{x^2 + 9} + c$$

Ejercicios:

1.8.7.1 Por las fórmulas de integración indefinida de funciones hiperbólicas inversas que contienen u; obtener:

1) $\displaystyle\int \dfrac{3\,arccos h5x}{5}\, dx$ 2) $\displaystyle\int 2\,arc\coth \dfrac{x}{3}\, dx$ 3) $\displaystyle\int \dfrac{arc\csc h\, 2x}{3}\, dx$ 4) $\displaystyle\int \dfrac{arc\, senh\, \frac{2}{x}}{5x^2}\, dx$

Evaluaciones tipo de la Unidad 1 (la integral indefinida)

Evaluación parcial tipo: Unidad 1.				Fecha:	
EXAMEN DE CÁLCULO INTEGRAL				Hora:	
				Oportunidad: 1a 2a	No. de lista:
Apellido paterno	Apellido materno		Nombre(s)	Unidad: 1. Tema: La integral indefinida	
Calificaciones:				Elab:	Clave: Evaluación parcial tipo 1
Examen	Participaciones	Tareas	Examen sorpresa	Otras	Calificación final

1) En la celda "RC" (Respuesta correcta) escriba con tinta la clave correspondiente a la solución del problema.
2) En el reverso de la hoja resuelva únicamente los problemas que contienen en la celda "RC" las siglas (SRD).
3) En caso de que asigne la clave correcta en celdas con siglas (SRD) sin haber resuelto el problema, este no tendrá valor.
4) Para tener derecho a puntos extras, deberá obtener como mínimo el 40% del examen aprobado.
5) Iniciada la evaluación no se permite el uso de celulares, internet, ni intercambiar información ó material.
6) Cualquier operación, actitud ó intento de fraude será sancionada con la no aprobación del examen.

1) $d\left(\dfrac{3x}{4}\right)=?$	$\dfrac{3}{4}$ Clave: 3QFNA	$\dfrac{4}{3}dx$ Clave: 3UYRU	$Ninguna$ Clave: 3PSDW	$\dfrac{3}{4}dx$ Clave: 3LMCS	R: Correcta
2) $d\left(3\ln 2x\right)$	$\dfrac{3}{x}dx$ Clave: 2DRBA	$Ninguna$ Clave: 2UZRZ	$\dfrac{3}{2x}dx$ Clave: 2PSDK	$\dfrac{2\,dx}{3}$ Clave: 3LMXC	R: Correcta
3) $d\left(2e^{\frac{x}{3}}\right)$	$2e^{\frac{x}{3}}dx$ Clave: 3NUYT	$\dfrac{2}{3}e^{3x}dx$ Clave: 3TRYL	$\dfrac{2}{3}e^{\frac{x}{3}}dx$ Clave: 3UTGN	$Ninguna$ Clave: 3LMWC	R: Correcta
4) $d\left(2\cos\dfrac{x}{3}\right)$	$Ninguna$ Clave: 4OJKY	$\dfrac{2}{3}sen\dfrac{x}{3}dx$ Clave: 4NMRH	$-2sen\dfrac{x}{3}dx$ Clave: 4UHND	$-\dfrac{2}{3}sen\dfrac{x}{3}dx$ Clave: 4DFNT	R: Correcta
5) $d\left(2arc\cot\dfrac{1}{2x}\right)$	$-\dfrac{4}{4x^2+1}dx$ Clave: 5GRDO	$Ninguna$ Clave: 5MHJW	$\dfrac{4}{4x^2+1}dx$ Clave: 5XZSA	$-\dfrac{2}{4x^2+1}dx$ Clave: 5PUTE	R: Correcta
6) $d\left(3senh\ 2x\right)$	$Ninguna$ Clave: 6DRGB	$\dfrac{3}{2x}\cosh\sqrt{2x}\,dx$ Clave: 6MKHS	$\dfrac{3}{2\ 2x}\cosh\ 2x\,dx$ Clave: 6XMRL	$\dfrac{6}{2x}\cosh\ 2x\,dx$ Clave: 6RTGP	R: Correcta
7) $d\left(\tan e^{2x}\right)$	$2e^{2x}\sec^2 e^{2x}dx$ Clave: 7GHRV	$2\sec^2 e^{2x}dx$ Clave: 7MZSQ	$e^{2x}\sec^2 e^{2x}dx$ Clave: 7LTGH	$Ninguna$ Clave: 7PLUT	R: Correcta
8) $d\left(arcsenh\dfrac{x}{2}\right)$	$\dfrac{1}{2\ x^2+4}dx$ Clave: 8GRDS	$Ninguna$ Clave: 8MHJW	$\dfrac{1}{x^2+4}dx$ Clave: 8XZSA	$\dfrac{2}{x^2+4}dx$ Clave: 8PUTE	R: Correcta
9) $d\left(2x\ln\dfrac{2}{x}\right)$	$Ninguna$ Clave: 9RWEY	$\left(-2+2\ln\dfrac{2}{x}\right)dx$ Clave: 9LMKL	$\left(-\dfrac{2}{x}+2\ln\dfrac{2}{x}\right)dx$ Clave: 9WQGH	$\left(-\dfrac{4}{x}+\ln\dfrac{2}{x}\right)dx$ Clave: 9NVCF	R: Correcta
10) $d\left(\dfrac{e^{2x}}{2x}\right)$	$\left(\dfrac{2xe^{2x}-e^{2x}}{8x^3}\right)dx$ Clave: 10FGRT	$\left(\dfrac{4xe^{2x}-e^{2x}}{8x^3}\right)dx$ Clave: 10DGED	$Ninguna$ Clave: 10WQAX	$\left(\dfrac{4xe^{2x}-e^{2x}}{2x^3}\right)dx$ Clave: 10PUTE	R: Correcta

Evaluación parcial tipo: Unidad 1.				Fecha:	
EXAMEN DE CÁLCULO INTEGRAL				Hora:	
				Oportunidad: 1a 2a	No. de lista:
Apellido paterno	Apellido materno		Nombre(s)	Unidad: 1. Tema: La integral indefinida	
Calificaciones:				Elab:	Clave: Evaluación parcial tipo 2
Examen	Participaciones	Tareas	Examen sorpresa	Otras	Calificación final

1) En la celda "RC" (Respuesta correcta) escriba con tinta la clave correspondiente a la solución del problema.
2) En el reverso de la hoja resuelva únicamente los problemas que contienen en la celda "RC" las siglas (SRD).
3) En caso de que asigne la clave correcta en celdas con siglas (SRD) sin haber resuelto el problema, este no tendrá valor.
4) Para tener derecho a puntos extras, deberá obtener como mínimo el 40% del examen aprobado.
5) Iniciada la evaluación no se permite el uso de celulares, internet, ni intercambiar información ó material.
6) Cualquier operación, actitud ó intento de fraude será sancionada con la no aprobación del examen.

#	Problema					R
1)	$\int\left(2x+\dfrac{e^x}{3}\right)dx$	$x^2+\dfrac{e^x}{3}$	*Ninguna*	$2x^2+\dfrac{e^x}{3}+c$	$x^2+\dfrac{e^x}{3}+c$	R: Correcta
		Clave: 1UGHC	Clave: 1MH2P	Clave: 1ADWQ	Clave: 1RTDJ	
2)	$\int\left(\dfrac{2}{1-3x}\right)dx$	*Ninguna*	$-\dfrac{4}{3}\sqrt{1-3x}+c$	$-\dfrac{2}{3}\sqrt{1-3x}+c$	$\dfrac{4}{3}\sqrt{1-3x}+c$	R: Correcta
		Clave: 2MHGH	Clave: 2FGRO	Clave: 2PLOB	Clave: 2GDRE	
3)	$\int\left(\dfrac{x}{2x+1}\right)dx$	$\dfrac{x}{2}+\dfrac{\ln(2x+1)}{4}+c$	$\dfrac{x}{2}-\dfrac{\ln(2x+1)}{2}+c$	$\dfrac{x}{2}-\dfrac{\ln(2x+1)}{4}+c$	*Ninguna*	R: Correcta
		Clave: 3MHOK	Clave: 3KLMG	Clave: 3HNMS	Clave: 3PUTR	
4)	$\int\left(2xe^{\frac{2x^2}{3}}\right)dx$	$\dfrac{4}{3}e^{\frac{2x^2}{3}}+c$	*Ninguna*	$\dfrac{2}{3}e^{\frac{2x^2}{3}}+c$	$\dfrac{3}{2}e^{\frac{2x^2}{3}}+c$	R: Correcta
		Clave: 4RTEF	Clave: 4TREH	Clave: 4TYHG	Clave: 4WQ9E	
5)	$\int\left(\dfrac{3\ln\frac{2}{x}}{x^2}\right)dx$	*Ninguna*	$-\dfrac{3}{x}\left(\ln\dfrac{2}{x}-1\right)+c$	$-\dfrac{2}{x}\left(\ln\dfrac{2}{x}-1\right)+c$	$\dfrac{3}{x}\left(\ln\dfrac{2}{x}-1\right)+c$	R: Correcta
		Clave: 5MY2T	Clave: 5KUHS	Clave: 5VGRE	Clave: 5MHGN	
6)	$\int\left(\dfrac{5sen\sqrt{x}}{3\sqrt{x}}\right)dx$	$-\dfrac{10}{3}\cos\sqrt{x}+c$	$\dfrac{10}{3}\cos\sqrt{x}+c$	*Ninguna*	$-\dfrac{5}{3}\cos\sqrt{x}+c$	R: Correcta
		Clave: 6KHUA	Clave: 6KMVN	Clave: 6TREM	Clave: 6ADOI	
7)	$\int\left(\dfrac{2\cos^3 4xsen4x}{3}\right)dx$	$-\dfrac{2}{3}\cos^4 4x+c$	*Ninguna*	$\dfrac{1}{24}\cos^4 4x+c$	$-\dfrac{1}{24}\cos^4 4x+c$	R: Correcta
		Clave: 7UGKH	Clave: 7RETP	Clave: 7HG0W	Clave: 7PULN	
8)	$\int\left(\dfrac{2\arctan 3x}{3}\right)dx$	*Ninguna*	$\dfrac{2x}{3}\arctan 3x-\dfrac{2}{9}\ln\sqrt{9x^2+1}+c$	$\dfrac{2x}{3}\arctan 3x-\dfrac{1}{9}\ln\sqrt{3x^2+1}+c$	$\dfrac{2x}{3}\arctan 3x-\dfrac{1}{9}\ln\sqrt{9x^2+1}+c$	R: Correcta
		Clave: 8RTEG	Clave: 8UJKA	Clave: 8REWQ	Clave: 8RT9T	
9)	$\int\left(2senh\dfrac{3x}{2}\right)dx$	$-\dfrac{4}{3}\cosh\dfrac{3x}{2}+c$	*Ninguna*	$\dfrac{3}{2}\cosh\dfrac{3x}{2}+c$	$\dfrac{4}{3}\cosh\dfrac{3x}{2}+c$	R: Correcta
		Clave: 9UGKH	Clave: 9RETK	Clave: 9HG2E	Clave: 9PULO	
10)	$\int\left(3x\coth\dfrac{x^2}{4}\right)dx$	$6\ln\left(senh\,\tfrac{x^2}{4}\right)+c$	$3\ln\left(senh\,\tfrac{x^2}{4}\right)+c$	*Ninguna*	$\dfrac{3}{4}\ln\left(senh\,\tfrac{x^2}{4}\right)+c$	R: Correcta
		Clave: 10H0S	Clave: 10DFR	Clave: 10ASRH	Clave: 10BNHM	

Evaluación parcial tipo: Unidad 1.				Fecha:		
EXAMEN DE CÁLCULO INTEGRAL				Hora:		
				Oportunidad: 1a 2a	No. de lista:	
Apellido paterno	Apellido materno		Nombre(s)	Unidad: 1. Tema: La integral indefinida		
Calificaciones:				Elab:	Clave: Evaluación parcial tipo 3	
Examen	Participaciones	Tareas	Examen sorpresa	Otras	Calificación final	

1) En la celda "RC" (Respuesta correcta) escriba con tinta la clave correspondiente a la solución del problema.
2) En el reverso de la hoja resuelva únicamente los problemas que contienen en la celda "RC" las siglas (SRD).
3) En caso de que asigne la clave correcta en celdas con siglas (SRD) sin haber resuelto el problema, este no tendrá valor.
4) Para tener derecho a puntos extras, deberá obtener como mínimo el 40% del examen aprobado.
5) Iniciada la evaluación no se permite el uso de celulares, internet, ni intercambiar información ó material.
6) Cualquier operación, actitud ó intento de fraude será sancionada con la no aprobación del examen.

1) $\int (2\ln x - 1)\,dx$	$2x\ln(x-1)-x+c$	$2\ln(x-1)-x+c$	$2x\ln(x-1)+c$	*Ninguna*	R: Correcta
	Clave: 1UGPJ	Clave: 1MH2P	Clave: 1ADWQ	Clave: 1RTDH	
2) $\int \left(\frac{1-4x}{4}\right)dx$	$-\frac{(1-4x)^3}{24}+c$	$-\frac{(1-4x)^3}{6}+c$	*Ninguna*	$-\frac{1-4x}{24}+c$	R: Correcta
	Clave: 2MHGH	Clave: 2FGRO	Clave: 2PL0B	Clave: 2GDRE	
3) $\int \left(\frac{4x}{2x-3}\right)dx$	$2x-3\ln(2x-3)+c$	$2x+6\ln(2x-3)+c$	$2x+3\ln(2x-3)+c$	*Ninguna*	R: Correcta
	Clave: 3MH0K	Clave: 3KLMG	Clave: 3HNMS	Clave: 3PUTR	
4) $\int \left(\frac{3e^x}{2x^2}\right)dx$	$-\frac{3}{4}e^x+c$	*Ninguna*	$\frac{3}{4}e^x+c$	$-\frac{3}{2}e^x+c$	R: Correcta
	Clave: 4RTHE	Clave: 4TRNH	Clave: 4TYHG	Clave: 4WQKL	
5) $\int \left(\frac{3x\sqrt{x^2+4}}{2}\right)dx$	*Ninguna*	$\frac{1}{2}(x^2+4)^3+c$	$\frac{3}{2}(x^2+4)^3+c$	$\frac{1}{2}\sqrt{x^2+4}+c$	R: Correcta
	Clave: 5MY2T	Clave: 5KUHS	Clave: 5VGRE	Clave: 5MHGN	
6) $\int \left(\frac{5\cos x}{3\,2x}\right)dx$	$\frac{10\,sen\,x}{3\,2}+c$	$\frac{5\,sen\,x}{3\,2}+c$	*Ninguna*	$\frac{5\,sen\,x}{6\,2}+c$	R: Correcta
	Clave: 6KHUA	Clave: 6KMVN	Clave: 6TREM	Clave: 6AD0I	
7) $\int \left(\frac{sen^2 3x\cos 3x}{3}\right)dx$	$\frac{1}{9}sen^3 3x+c$	*Ninguna*	$\frac{2}{27}sen^3 3x+c$	$\frac{1}{27}sen^3 3x+c$	R: Correcta
	Clave: 7UGKH	Clave: 7RETP	Clave: 7HG0W	Clave: 7PULN	
8) $\int \left(\frac{arcsen 3x}{2}\right)dx$	*Ninguna*	$\frac{x}{2}arcsen\,3x+\frac{3}{2}\sqrt{1-9x^2}+c$	$\frac{x}{6}arcsen\,3x+\frac{1}{6}\sqrt{1-9x^2}+c$	$\frac{x}{2}arcsen\,3x+\frac{1}{6}\sqrt{1-9x^2}+c$	R: Correcta
	Clave: 8RTEG	Clave: 8UJKA	Clave: 8REWQ	Clave: 8RT9T	
9) $\int \left(3senh\frac{x}{2}\right)dx$	$6\cosh\frac{x}{2}+c$	*Ninguna*	$2\cosh\frac{x}{2}+c$	$3\cosh\frac{x}{2}+c$	R: Correcta
	Clave: 9UGKO	Clave: 9RETK	Clave: 9HG2E	Clave: 9PULH	
10) $\int (5x\,sech^2 3x^2)\,dx$	$\frac{5}{3}\tanh 3x^2+c$	$\frac{5}{15}\tanh 3x^2+c$	*Ninguna*	$\frac{5}{6}\tanh 3x^2+c$	R: Correcta.
	Clave: 10H0M	Clave: 10DFR	Clave: 10ASRH	Clave: 10BNHS	

Evaluación parcial tipo: Unidad 1.				Fecha:	
EXAMEN DE CÁLCULO INTEGRAL				Hora:	
				Oportunidad: 1a 2a	No. de lista:
Apellido paterno	Apellido materno		Nombre(s)	Unidad: 1. Tema: La integral indefinida	
Calificaciones:				Elab:	Clave: Evaluación parcial tipo 4
Examen	Participaciones	Tareas	Examen sorpresa	Otras	Calificación final

1) En las dos primeras columnas de la izquierda aparecen las integrales con sus claves; Estas deben de correlacionarse con las respuestas correctas de la cuarta columna, asentando las claves correspondientes en la tercera columna.
2) En el reverso de la hoja resuelva únicamente las integrales que contienen en la celda las siglas (SRD).
3) En caso de que asigne la clave correcta en celdas con siglas (SRD) sin haber resuelto el problema, este no tendrá valor.
4) Para tener derecho a puntos extras, deberá obtener como mínimo el 40% del examen aprobado.
5) Iniciada la evaluación no se permite el uso de celulares, internet, ni intercambiar información ó material.
6) Cualquier operación, actitud ó intento de fraude será sancionada con la no aprobación del examen.

Pregunta:	Clave de la pregunta	Clave de la pregunta en la respuesta correcta	Respuesta correcta
$\int \left(\dfrac{x}{x} - 1 \right) dx$	ABT1		$x^2 + c$
$\int \dfrac{2x}{x+x} dx$ (SRD)	ACX2		$\dfrac{1}{x} + c$
$\int 2x\, dx$	OAD3		$2\,sen^2 2x + c$
$\int 2\, x\, dx$	AHE4		$\dfrac{1}{2}\,sen^2 2x + c$
$\int \dfrac{3x}{2x^2} dx$	AFU5		$0 + c$
$\int \dfrac{3}{1-2x} dx$ (SRD)	MAG6		$-\dfrac{3}{2}\ln(1-2x) + c$
$\int sen\,2x \cos 2x\, dx$	ANH7		$2\,sen\dfrac{x}{2} + c$
$\int 4\,sen\,2x \cos 2x\, dx$	TAE8		$-\dfrac{1}{2}\ln(\cos 2x) + c$
$\int \cos\dfrac{x}{2} dx$ (SRD)	RAZ9		$x + c$
$\int \dfrac{sen\,2x}{\cos 2x} dx$	AK10		$\dfrac{3}{2}\,tag\,x + c$
			$\dfrac{3}{2}\ln x + c$
			$\dfrac{3}{2}\ln(2x+1) + c$

Evaluación tipo: Unidad 1.				Fecha:	
EXAMEN DE CÁLCULO INTEGRAL				Hora:	
				Oportunidad: 1a 2a	No. de lista:
Apellido paterno	Apellido materno		Nombre(s)	Unidad: 1. Tema: La integral indefinida	
Calificaciones:				Elab:	Clave: Evaluación tipo 5
Examen	Participaciones	Tareas	Examen sorpresa	Otras	Calificación final

1) En la celda "RC" (Respuesta correcta) escriba con tinta la clave correspondiente a la solución del problema.
2) En el reverso de la hoja resuelva únicamente los problemas que contienen en la celda "RC" las siglas (SRD).
3) En caso de que asigne la clave correcta en celdas con siglas (SRD) sin haber resuelto el problema, este no tendrá valor.
4) Para tener derecho a puntos extras, deberá obtener como mínimo el 40% del examen aprobado.
5) Iniciada la evaluación no se permite el uso de celulares, internet, ni intercambiar información ó material.
6) Cualquier operación, actitud ó intento de fraude será sancionada con la no aprobación del examen.

1) $d\left(\frac{3x}{3}\right)$	$\frac{1}{6\ 3x}dx$	$\frac{1}{2\ 3x}dx$	*Ninguna*	$\frac{1}{6\ x}dx$	R. correcta
	Clave: 1OSWA	Clave: 1OYRJ	Clave: 1ONMX	Clave: 1OMCV	
2) $d\left(\frac{5-x}{2x}\right)$	*Ninguna*	$\frac{5}{2x^2}dx$	$\left(-\frac{5}{2x^2}-\frac{1}{2}\right)dx$	$-\frac{5}{2x^2}dx$	R. correcta
	Clave: 1BNGH	Clave: 1YURT	Clave: 1NHYK	Clave: 1LPIO	
3) $d\left(2e^{-\frac{x}{2}}\right)$	$-e^{-\frac{x}{2}}dx$	$e^{-\frac{x}{2}}dx$	$-2e^{-\frac{x}{2}}dx$	*Ninguna*	R. correcta
	Clave: 2MHNS	Clave: 2RTFH	Clave: 2PLUY	Clave: 2BNDP	
4) $d\,(arc\,tg\,3x)$	$\frac{1}{1+9x^2}dx$	*Ninguna*	$\frac{3}{1+3x^2}dx$	$\frac{3}{1+9x^2}dx$	R. correcta
	Clave: 3NMHO	Clave: 3BNML	Clave: 3CVBR	Clave: 3RTEE	
5) $\int\left(\frac{2x+5}{2}\right)^4 dx$	$\frac{(2x+5)^5}{32}+c$	$\frac{(2x+5)^5}{160}+c$	*Ninguna*	$\frac{(2x+5)^2}{2}+c$	R. correcta
	Clave: 4ASDI	Clave: 4TRES	Clave: 4LKUP	Clave: 4KHMU	
6) $\int\left(\frac{x}{3}-2\right)dx$	*Ninguna*	$6\left(\frac{x}{3}-2\right)^3+c$	$3\left(\frac{x}{3}-2\right)^3+c$	$2\left(\frac{x}{3}-2\right)^3+c$	R. correcta (SRD)
	Clave: 5ASDQ	Clave: 5OPUH	Clave: 5TREH	Clave: 5LKMA	
7) $\int\left(\frac{3x\ \ 2x^2}{5}\right)dx$	$\frac{(2x^2)^3}{10}+c$	$\frac{8x^6}{5}+c$	$\frac{(2x^2)^3}{5}+c$	*Ninguna*	R. correcta
	Clave: 6NHGN	Clave: 6NMGP	Clave: 6PLOH	Clave: 6RTEY	
8) $\int\left(\frac{\ln\frac{2}{3x}}{x^2}\right)dx$	$\frac{3\ln\left(\frac{2}{3x}-1\right)}{2x}+c$	*Ninguna*	$-\frac{\ln\left(\frac{2}{3x}-1\right)}{2x}+c$	$-\frac{\ln\left(\frac{2}{3x}-1\right)}{x}+c$	R. correcta
	Clave: 7MNBH	Clave: 7HYRA	Clave: 7POUL	Clave: 7TRET	
9) $\int\frac{\cos^3 3x\,sen 3x}{3}dx$	*Ninguna*	$-\frac{1}{12}\cos^4 3x+c$	$-\frac{1}{36}\cos^4 3x+c$	$\frac{1}{36}\cos^4 3x+c$	R. correcta
	Clave: 8UHKP	Clave: 8RGMH	Clave: 8BEQO	Clave: 8LMNV	
10) $\int\left(\frac{arcsen\ \ x}{x}\right)dx$	$xarcsen\ \ x + \ 1-x+c$	$2\ \ xarcsen\ \ x + 2\ \ 1-x+c$	$xarcsen\ \ x + \ 1-\ \ x+c$	*Ninguna*	R. correcta (SRD)
	Clave: 9TUTR	Clave: 9PLOS	Clave: 9WQPE	Clave: 9PLTH	

Formulario de la Unidad 1 (La integral indefinida)

Fórmulas de diferenciales de funciones que contienen xⁿ y u:

Propiedades:

1) $d\left(k\,f(x)\right)=k\,d\left(f(x)\right)$ 2) $d\left(f(x)\pm g(x)\right)=d\left(f(x)\right)\pm d\left(g(x)\right)$

Fórmula de diferenciación de funciones que contienen xⁿ   1) $d\left(x^{n}\right)=nx^{n-1}dx$

Fórmulas de diferenciación de funciones que contienen u:

Algebraicas:

1) $d\left(u^{n}\right)=nu^{n-1}du$ 2) $d\left(u\right)=du$ 3) $d\left(u\right)=\dfrac{u}{u}\,du$ 4) $d\left(\sqrt{u}\right)=\dfrac{1}{2\sqrt{u}}\,du$ 5) $d\left(\dfrac{1}{u}\right)=-\dfrac{1}{u^{2}}\,du$

Exponenciales:	Logarítmicas:
1) $d\left(e^{u}\right)=e^{u}\,du$ $\quad\forall e\approx 2.71828....$	1) $d\left(\ln u\right)=\dfrac{1}{u}\,du$ $\quad\forall a>0\neq 1$
2) $d\left(a^{u}\right)=a^{u}\ln a\,du$	2) $d\left(\log_{a} u\right)=\dfrac{1}{u\ln a}\,du$
3) $d\left(u^{v}\right)=u^{v}\ln u\,dv+vu^{v-1}du$	

Trigonométricas:	Trigonométricas inversas:
1) $d\left(sen\ u\right)=\cos u\,du$	1) $d\left(arc\ sen u\right)=\dfrac{1}{\sqrt{1-u^{2}}}\,du$
2) $d\left(\cos u\right)=-sen\ u\,du$	2) $d\left(arc\ \cos u\right)=-\dfrac{1}{\sqrt{1-u^{2}}}\,du$
3) $d\left(\tan u\right)=\sec^{2} u\,du$	3) $d\left(arc\ \tan u\right)=\dfrac{1}{1+u^{2}}\,du$
4) $d\left(\cot u\right)=-\csc^{2} u\,du$	4) $d\left(arc\ \cot u\right)=-\dfrac{1}{1+u^{2}}\,du$
5) $d\left(\sec u\right)=\tan u\sec u\,du$	5) $d\left(arc\ \sec u\right)=\dfrac{1}{u\sqrt{u^{2}-1}}\,du$
6) $d\left(\csc u\right)=-\cot u\csc u\,du$	6) $d\left(arc\ \csc u\right)=-\dfrac{1}{u\sqrt{u^{2}-1}}\,du$

Hiperbólicas:	Hiperbólicas inversas:
1) $d\left(senh\ u\right)=\cosh u\,du$	1) $d\left(arcsenh\ u\right)=\dfrac{1}{\sqrt{u^{2}+1}}\,du$
2) $d\left(\cosh u\right)=senh\ u\,du$	2) $d\left(arc\cos h\ u\right)=\dfrac{1}{\sqrt{u^{2}-1}}\,du$ $\quad\forall u>1$
3) $d\left(\tanh u\right)=\sec h^{2}u\,du$	3) $d\left(arc\tan h\ u\right)=\dfrac{1}{1-u^{2}}\,du$ $\quad\forall u<1$
4) $d\left(\coth u\right)=-\csc h^{2}u\,du$	4) $d\left(arc\ \coth u\right)=\dfrac{1}{1-u^{2}}\,du$ $\quad\forall u>1$
5) $d\left(\sec hu\right)=-\tanh u\sec hu\,du$	5) $d\left(arc\ \sec h\ u\right)=-\dfrac{1}{u\sqrt{1-u^{2}}}\,du$ $\quad\forall\ 0<u<1$
6) $d\left(\csc hu\right)=-\coth u\csc hu\,du$	6) $d\left(arc\ \csc h\ u\right)=-\dfrac{1}{u\sqrt{1+u^{2}}}\,du$ $\quad\forall u\neq 0$

Fórmulas de integración indefinida de funciones que contienen xⁿ y u:

Propiedades:

1) $\displaystyle\int k\,f(x)\,dx = k\int f(x)\,dx$ 2) $\displaystyle\int \big(f(x)\pm g(x)\big)\,dx = \int f(x)\,dx \pm \int g(x)\,dx$

Fórmula de integración indefinida de funciones algebraicas que contienen xⁿ: 1) $\displaystyle\int x^n\,dx = \frac{x^{n+1}}{n+1}+c$

Fórmulas de integración indefinida de funciones que contienen u:

Algebraicas:

1) $\displaystyle\int 0\,du = c$ 2) $\displaystyle\int du = u + c$ 3) $\displaystyle\int u^n\,du = \frac{u^{n+1}}{n+1}+c$ 4) $\displaystyle\int \frac{du}{u} = \ln u + c$

Exponenciales:

1) $\displaystyle\int e^u\,du = e^u + c$ 2) $\displaystyle\int a^u\,du = \frac{a^u}{\ln a}+c$

Logarítmicas:

1) $\displaystyle\int \ln u\,du = u\big(\ln u - 1\big)+c$ 2) $\displaystyle\int \log_a u\,du = u\left(\log_a \frac{u}{e}\right)+c$

Trigonométricas:

1) $\displaystyle\int sen\,u\,du = -\cos u + c$ 5) $\displaystyle\int \sec u\,du = \ln \sec u + \tan u + c$ 9) $\displaystyle\int \sec^2 u\,du = \tan u + c$

2) $\displaystyle\int \cos u\,du = sen\,u + c$ 6) $\displaystyle\int \csc u\,du = \ln \csc u - ctg\,u + c$ 10) $\displaystyle\int \csc^2 u\,du = -\cot u + c$

3) $\displaystyle\int tg\,u\,du = -\ln \cos u + c$ 7) $\displaystyle\int \tan u\sec u\,du = \sec u + c$ 11) $\displaystyle\int \sec^3 u\,du = \frac{1}{2}\sec u\tan u$

4) $\displaystyle\int ctg\,u\,du = \ln sen\,u + c$ 8) $\displaystyle\int \cot u\csc u\,du = -\csc u + c$ $+ \dfrac{1}{2}\ln \sec u + \tan u + c$

Trigonométricas inversas:

1) $\displaystyle\int arc\,sen\,u\,du = u\,arc\,sen\,u + \sqrt{1-u^2} + c$ 4) $\displaystyle\int arc\cot u\,du = u\,arc\cot u + \frac{1}{2}\ln u^2 + 1 + c$

2) $\displaystyle\int arc\cos u\,du = u\,arc\cos u - \sqrt{1-u^2} + c$ 5) $\displaystyle\int arc\sec u\,du = u\,arc\sec u - \ln u + \sqrt{u^2-1} + c$

3) $\displaystyle\int \arctan u\,du = u\arctan u - \frac{1}{2}\ln u^2 + 1 + c$ 6) $\displaystyle\int arc\csc u\,du = u\,arc\csc u + \ln u + \sqrt{u^2-1} + c$

Hiperbólicas:

1) $\displaystyle\int sen\,h\,u\,dx = \cosh u + c$

2) $\displaystyle\int \cosh u\,dx = sen\,h\,u + c$

3) $\displaystyle\int \tanh u\,du = \ln \cosh u + c$

4) $\displaystyle\int \coth u\,du = \ln sen\,h\,u + c$

5) $\displaystyle\int \sec h\,u\,du = 2\arctan\left(\tanh \frac{u}{2}\right)+c$

6) $\displaystyle\int \csc h\,u\,du = \ln \tanh \frac{u}{2} + c$

7) $\displaystyle\int \sec h^2 u\,du = \tanh u + c$

8) $\displaystyle\int \csc h^2 u\,du = -\coth u + c$

9) $\displaystyle\int \sec h\,u\tanh u\,du = -\sec h\,u + c$

10) $\displaystyle\int \csc h\,u\coth u\,du = -\csc h\,u + c$

Hiperbólicas inversas:

1) $\displaystyle\int arc\,sen\,hu\,du = u\,arc\,sen\,hu - \sqrt{u^2+1} + c$

2) $\displaystyle\int arc\cos hu\,du = u\,arc\cos hu - \sqrt{u^2-1} + c$

3) $\displaystyle\int \arctan hu\,du = u\arctan hu + \frac{1}{2}\ln u^2 - 1 + c$

4) $\displaystyle\int arc\coth u\,du = u\,arc\coth u + \frac{1}{2}\ln u^2 - 1 + c$

5) $\displaystyle\int arc\sec hu\,du = u\,arc\sec hu - \arctan\left(\frac{u}{u^2-1}\right)+c$

6) $\displaystyle\int arc\csc hu\,du = u\,arc\csc hu + \ln u + \sqrt{u^2+1} + c$

La lealtad solo es justa cuando se participa en lo que se compromete y el compromiso de hacer lo que es correcto.

El valor mas escaso de la naturaleza humana es la lealtad, ¡ Es ahí donde se encuentra lo mas interesante de las matemáticas ¡

José Santos Valdez Pérez

UNIDAD 2. TÉCNICAS DE INTEGRACIÓN.

Clases:

2.1   **Técnica de integración por uso de tablas de fórmulas que contienen las formas $u^2 \pm a^2$.**
2.2   **Técnica de integración por cambio de variable.**
2.3   **Técnica de integración por partes.**
2.4   **Técnica de integración del seno y coseno de m y n potencia.**
2.5   **Técnica de integración de la tangente y secante de m y n potencia.**
2.6   **Técnica de integración de la cotangente y cosecante de m y n potencia.**
2.7   **Técnica de integración por sustitución trigonométrica.**
2.8   **Técnica de integración de fracciones parciales con factores no repetidos.**
2.9   **Técnica de integración de fracciones parciales con factores repetidos.**
2.10   **Técnica de integración por series de potencia.**
2.11   **Técnica de integración por series de Maclaurin.**
2.12   **Técnica de integración por series de Taylor.**

- **Evaluaciones tipo de la unidad 2 (técnicas de integración).**
- **Formulario de de la unidad 2 (técnicas de integración).**

Clase: 2.1 Técnica de integración por uso de tablas de fórmulas que contienen las formas $u^2 \pm a^2$

2.1.1 Introducción a la técnica de integración por uso de tablas de fórmulas que contienen las formas $u^2 \pm a^2$.

2.1.2 Tabla: Fórmulas de integración que contienen las formas $u^2 \pm a^2 \quad \forall \quad a > 0$.

2.1.3 Método de integración por uso de tablas de fórmulas que contienen las formas $u^2 \pm a^2$.

- Ejemplos.
- Ejercicios.

2.1.1 Introducción a la técnica de integración por uso de tablas de fórmulas que contienen las formas $u^2 \pm a^2$.

Con el propósito de hacer más ágil la integración, existen tablas que contienen cientos y quizá miles de fórmulas. A continuación se presenta una tabla donde hemos seleccionado sólo diez fórmulas y forman parte de una muestra representativa que contienen en su estructura la característica común $u^2 \pm a^2$ y la finalidad es el aprendizaje en la identificación y aplicación de estas fórmulas a problemas concretos por lo que resulta útil para el ejercicio de la presente técnica y que servirá como base para la integración de problemas similares.

2.1.2 Tabla: Fórmulas de integración que contienen las formas: $u^2 \pm a^2 \quad \forall \quad a > 0$

1) $\displaystyle\int \frac{du}{u^2+a^2} = \frac{1}{a}\arctan\frac{u}{a} + c$

6) $\displaystyle\int \frac{du}{\sqrt{a^2-u^2}} = arcsen\frac{u}{a} + c$

2) $\displaystyle\int \frac{du}{u^2-a^2} = \frac{1}{2a}\ln\frac{u-a}{u+a} + c$

7) $\displaystyle\int \frac{du}{u\sqrt{u^2+a^2}} = -\frac{1}{a}\ln\frac{a+\sqrt{u^2+a^2}}{u} + c$

3) $\displaystyle\int \frac{du}{a^2-u^2} = \frac{1}{2a}\ln\frac{u+a}{u-a} + c$

8) $\displaystyle\int \sqrt{u^2+a^2}\,du = \frac{u}{2}\sqrt{u^2+a^2} + \frac{a^2}{2}\ln\left|u+\sqrt{u^2+a^2}\right| + c$

4) $\displaystyle\int \frac{du}{\sqrt{u^2+a^2}} = \ln\left|u+\sqrt{u^2+a^2}\right| + c$

9) $\displaystyle\int \sqrt{u^2-a^2}\,du = \frac{u}{2}\sqrt{u^2-a^2} - \frac{a^2}{2}\ln\left|u+\sqrt{u^2-a^2}\right| + c$

5) $\displaystyle\int \frac{du}{\sqrt{u^2-a^2}} = \ln\left|u+\sqrt{u^2-a^2}\right| + c$

10) $\displaystyle\int \sqrt{a^2-u^2}\,du = \frac{u}{2}\sqrt{a^2-u^2} + \frac{a^2}{2}arcsen\frac{u}{a} + c$

2.1.3 Método de integración por uso de tablas de fórmulas que contienen las formas $u^2 \pm a^2$:

1) Identifique el problema que se plantea con alguna de las fórmulas de la tabla.

2) Identifique u^2 y obtenga u y du ("u" es la parte que contiene la variable "x").

3) Identifique a^2 y obtenga "a" ("a" es la parte que contiene el número).

4) Sustituya el valor de du (y u de ser necesario) en una nueva integral y haga el ajuste correspondiente.

5) Integre aplicando la fórmula identificada.

Ejemplos:

1) $\displaystyle\int \frac{5dx}{4x^2+9} = 5\int \frac{dx}{4x^2+9} = \begin{array}{l} \displaystyle\int \frac{du}{u^2+a^2} = \frac{1}{a}arc\tan\frac{u}{a} + c \\ u^2 = 4x^2 \therefore u = 2x; \quad du = 2dx \\ a^2 = 9 \therefore \ a = 3 \end{array} = 5\left(\frac{1}{2}\right)\int \frac{(2dx)}{4x^2+9} = \frac{5}{2}\left(\frac{1}{3}\arctan\frac{2x}{3} + c\right)$

$= \dfrac{5}{6}\arctan\dfrac{2x}{3} + c$

2) $\displaystyle\int\frac{dx}{1-2x^2} =$

$\displaystyle\int\frac{du}{a^2-u^2}=\frac{1}{2a}\ln\frac{u+a}{u-a}+c$

$a^2=1 \therefore a=1$

$u^2=2x^2;\ u=\sqrt{2}\,x;\quad du=\sqrt{2}\,dx$

$\displaystyle =\frac{1}{2}\int\frac{(\sqrt{2}\,dx)}{1-2x^2}=\frac{1}{2}\left(\frac{1}{2(1)}\ln\frac{\sqrt{2}\,x+1}{\sqrt{2}\,x-1}+c\right)$

$\displaystyle =\frac{1}{2\sqrt{2}}\ln\frac{\sqrt{2}\,x+1}{\sqrt{2}\,x-1}+c$

---

3) $\displaystyle\int\frac{3dx}{2\sqrt{x^2-5}}=\frac{3}{2}\int\frac{dx}{\sqrt{x^2-5}}=$

$\displaystyle\int\frac{du}{\sqrt{u^2-a^2}}=\ln\left|u+\sqrt{u^2-a^2}\right|+c$

$u^2=x^2;\ u=x;\quad du=dx$

$a^2=5;\quad a=\sqrt{5}$

$\displaystyle =\frac{3}{2}\int\frac{(dx)}{\sqrt{x^2-5}}$

$\displaystyle =\frac{3}{2}\ln\left|x+\sqrt{x^2-5}\right|+c$

---

4) $\displaystyle\int\frac{dx}{4x\sqrt{2x^2+4}}=$

$\displaystyle\int\frac{1}{u\sqrt{u^2+a^2}}\,du=-\frac{1}{a}\ln\left|\frac{a+\sqrt{u^2+a^2}}{u}\right|+c$

$u^2=2x^2;\ u=x\sqrt{2};\quad du=\sqrt{2}\,dx$

$a^2=4;\quad a=2$

$\displaystyle =\frac{1(\sqrt{2})}{4(\sqrt{2})}\int\frac{1}{(x\sqrt{2})\sqrt{2x^2+4}}\left(\sqrt{2}\,dx\right)$

$\displaystyle =\frac{1}{4}\left(-\frac{1}{2}\ln\left|\frac{2+\sqrt{2x^2+4}}{x\sqrt{2}}\right|+c\right)$

$\displaystyle =-\frac{1}{8}\ln\left|\frac{2+\sqrt{2x^2+4}}{x\sqrt{2}}\right|+c$

---

5) $\displaystyle\int\sqrt{16-\frac{3x^2}{5}}\;dx=$

Integral tipo : $\displaystyle\int\sqrt{a^2-u^2}\,du$

$u^2=\frac{3x^2}{5};\quad u=x\sqrt{\frac{3}{5}}$

$du=\sqrt{\frac{3}{5}}\,dx$

$a^2=16;\quad a=4$

$\displaystyle =\sqrt{\frac{5}{3}}\int\sqrt{16-\frac{3x^2}{5}}\left(\sqrt{\frac{3}{5}}\,dx\right)$

$\displaystyle =\sqrt{\frac{5}{3}}\left(\frac{x\sqrt{\frac{3}{5}}}{2}\sqrt{16-\frac{3x^2}{5}}+\frac{16}{2}arcsen\frac{x\sqrt{\frac{3}{5}}}{4}+c\right)$

$\displaystyle =\frac{x}{2}\sqrt{16-\frac{3x^2}{5}}+8\sqrt{\frac{5}{3}}\,arcsen\frac{x}{4}\sqrt{\frac{3}{5}}+c$

---

6) $\displaystyle\int\frac{3dx}{x^2-2x+5}dx=$

$x^2-2x+5=(x-1)^2+?$

$\quad=x^2-2x+1+4$

$\quad=(x-1)^2+4$

$\displaystyle =3\int\frac{dx}{(x-1)^2+4}$

Integral tipo : $\displaystyle\int\frac{1}{\sqrt{u^2+a^2}}\,du$

$u^2=(x-1)^2;\quad u=x-1$

$du=dx;\quad a^2=4;\quad a=2$

$\displaystyle =3\left(\ln\left|(x-1)+\sqrt{(x-1)^2+4}\right|+c\right)=3\ln\left|x-1+\sqrt{x^2-2x+5}\right|+c$

$$2x^2 - 8x + 1 = 2\left(x^2 - 4x + \tfrac{1}{2}\right)$$

$$\text{Integral tipo}: \int \frac{1}{u^2 - a^2}\, du$$

$$7)\quad \int \frac{5dx}{2x^2 - 8x + 1}\, dx = \quad = 2\left((x-2)^2 + ?\right) \quad = \frac{5}{2}\int \frac{dx}{(x-2)^2 - \tfrac{7}{2}} \quad u^2 = (x-2)^2;\quad u = x-2$$

$$= 2\left(x^2 - 4x + 4 - \tfrac{7}{2}\right)$$

$$du = dx;\quad a^2 = \tfrac{7}{2};\quad a = \sqrt{\tfrac{7}{2}}$$

$$= 2\left((x-2)^2 - \tfrac{7}{2}\right)$$

$$= \frac{5}{2}\left(\frac{1}{2\left(\sqrt{\tfrac{7}{2}}\right)} \ln \frac{(x-2)-\left(\sqrt{\tfrac{7}{2}}\right)}{(x-2)+\left(\sqrt{\tfrac{7}{2}}\right)} + c\right) = \frac{5}{2\sqrt{14}}\ln \frac{x-2-\sqrt{\tfrac{7}{2}}}{x-2+\sqrt{\tfrac{7}{2}}} + c = \frac{5}{2\sqrt{14}}\ln \frac{x\sqrt{2}-2\sqrt{2}-\sqrt{7}}{x\sqrt{2}-2\sqrt{2}+\sqrt{7}} + c$$

Ejercicios:

2.1.3.1 Por la técnica de integración por catálogo de fórmulas que contienen las formas $a^2 \pm u^2$, obtener la integral indefinida de las siguientes funciones:

1) $\displaystyle\int \frac{5}{9x^2+2}\, dx$ 5) $\displaystyle\int \frac{2}{2x^2+16}\, dx$ 9) $\displaystyle\int \frac{1}{16-9x^2}\, dx$ 13) $\displaystyle\int \sqrt[3]{\frac{5x^2-9}{2}}\, dx$

2) $\displaystyle\int \frac{3}{4x^2+3}\, dx$ 6) $\displaystyle\int \frac{dx}{3x^2+9}$ 10) $\displaystyle\int \frac{2}{5x\sqrt{4x^2+1}}\, dx$ 14) $\displaystyle\int \sqrt{4-x^2}\, dx$

3) $\displaystyle\int \frac{2}{3x^2-8}\, dx$ 7) $\displaystyle\int \frac{3}{4x^2-5}\, dx$ 11) $\displaystyle\int \sqrt{x^2+9}\, dx$ 15) $\displaystyle\int \sqrt{x^2+2x+5}\, dx$

4) $\displaystyle\int \frac{6}{4-9x^2}\, dx$ 8) $\displaystyle\int \frac{dx}{3-4x^2}$ 12) $\displaystyle\int \sqrt{2x^2+4}\, dx$ 16) $\displaystyle\int \frac{2}{\sqrt[5]{3x-12x+18}}\, dx$

Clase: 2.2 Técnica de integración por cambio de variable.

2.2.1 Fundamentos de la técnica de integración por cambio de variable.
2.2.2 Método de integración por cambio de variable.
- Ejemplos.
- Ejercicios.

2.2.1 Fundamentos de la técnica de integración por cambio de variable:

Sí tenemos $\displaystyle\int f(x)dx$ y asignamos a u una parte de $f(x)$ ∴ $\displaystyle\int f(x)dx = \int f(u)du$

De otra forma: Sí $\displaystyle\int f(g(x)g'(x))dx = F(g(x))+c$ y   sí $u = g(x)$ y $du = g'(x)dx$

∴ $\displaystyle\int f(g(x)g'(x))dx = \int f(u)du = F(u)+c$

2.2.2 Método de integración por cambio de variable:

1) A una parte de la función darle el valor de $"u"$.
2) A partir de $"u"$ obtener $"x"$.
3) A partir de $"x"$ obtener $"dx"$.
4) Sustituir $"u"$; $"x"$; y $"dx"$ en la integral (Nota: toda la integral debe de estar en términos de $"u"$).
5) Integrar.
6) Sustituir $"u"$ por su valor original (Nota: Todo el resultado debe de estar en términos de $"x"$).

Ejemplos:

$\Rightarrow$ *Por la fórmula* $\quad = 3\left(\dfrac{1}{2}\right)\int \left(x^2+1\right)^4 \left(2x\,dx\right) = \dfrac{3}{10}\left(x^2+1\right)^5 + c$

de funciones que

1) $\int 3x\left(x^2+1\right)^4 dx =$ *contienen* "u"

$x^2+1=u$ $\qquad = 3\int \overline{u-1}(u)^4 \dfrac{du}{2\overline{u-1}} = \dfrac{3}{2}\int u^4\,du$

$= \quad x= \overline{u-1}$

$\Rightarrow$ *Por cambio* $\qquad\qquad\qquad\qquad = \dfrac{3}{10}u^5 + c = \dfrac{3}{10}\left(x^2+1\right)^5 + c$

de var *iable* $\qquad dx = \dfrac{du}{2\overline{u-1}}$

2) $\int \dfrac{3x}{2\,\overline{4x-1}}\,dx =$

$4x-1=u$
$x=\dfrac{u+1}{4}$
$dx=\dfrac{du}{4}$

$= \dfrac{3}{2}\int \dfrac{\frac{u+1}{4}}{\overline{u}}\dfrac{du}{4} = \dfrac{3}{32}\int \dfrac{u+1}{\overline{u}}\,du = \dfrac{3}{32}\int \overline{u}\,du + \dfrac{3}{32}\int u^{-\frac{1}{2}}\,du$

$= \dfrac{1}{16}\,\overline{(u)^3} + \dfrac{3}{16}\,\overline{u} + c = \dfrac{1}{16}\,\overline{(4x-1)^3} + \dfrac{3}{16}\,\overline{4x-1} + c$

3) $\int 5x\left(1-2x\right)^5 dx =$

$u=1-2x; \quad du=-2\,dx$
$x=\dfrac{1-u}{2}; \quad dx=\dfrac{du}{-2}$

$= \int 5\left(\dfrac{1-u}{2}\right)u^5\left(\dfrac{du}{-2}\right) = -\dfrac{5}{4}\int(1-u)u^5\,du$

$= -\dfrac{5}{4}\int\left(u^5-u^6\right)du = -\dfrac{5u^6}{4(6)} + \dfrac{5u^7}{4(7)} + c = -\dfrac{5\left(1-2x\right)^6}{24} + \dfrac{5\left(1-2x\right)^7}{28} + c$

4) $\int x\,\overline{2x-1}\,dx =$

$u=2x-1; \quad du=2\,dx$
$x=\dfrac{u+1}{2}; \quad dx=\dfrac{du}{2}$

$= \int\left(\dfrac{u+1}{2}\right)\overline{u}\left(\dfrac{du}{2}\right) = \dfrac{1}{4}\int(u+1)\overline{u}\,du$

$= \dfrac{1}{4}\int\left(u^{\frac{3}{2}}+u^{\frac{1}{2}}\right)du = \dfrac{1}{4}\dfrac{u^{\frac{5}{2}}}{\frac{5}{2}} + \dfrac{1}{4}\dfrac{u^{\frac{3}{2}}}{\frac{3}{2}} + c = \dfrac{\overline{u^5}}{10} + \dfrac{\overline{u^3}}{6} + c = \dfrac{\overline{(2x-1)^5}}{10} + \dfrac{\overline{(2x-1)^3}}{6} + c$

Ejercicios:

2.2.2.1 Por la técnica de integración por cambio de variable; obtener la integral indefinida de las siguientes
funciones:

1) $\int 3x\left(5x+2\right)^3 dx$ 3) $\int 8x\left(4-2x\right)^5 dx$ 5) $\int 2x\,\overline{4x^2-1}$ 7) $\int \dfrac{x}{\overline{2x-1}}\,dx$

2) $\int 5x\left(2x^2-4\right)dx$ 4) $\int 3x\,\overline{2x+1}\,dx$ 6) $\int 4x\,\overline{1-2x}\,dx$ 8) $\int \dfrac{2x}{5\,\overline{3-4x}}\,dx$

Clase: 2.3 Técnica de integración por partes.
2.3.1 Fundamentos de la técnica de integración por partes.
2.3.2 Requisitos para poder integrar por partes.
2.3.3 Recomendaciones en la integración por partes.
2.3.4 Aplicaciones de la técnica de integración por partes.
2.3.5 Método de integración por partes.
- Ejemplos.
- Ejercicios.

2.3.1 Fundamentos de la técnica de integración por partes:

Sean:
- u, v funciones de la misma variable independiente.

  Sí $d(uv) = udv + vdu$ es el diferencial del producto uv.

  $\therefore udv = d(uv) - vdu$

  Sí $\int udv = \int d(uv) - \int vdu$ $\therefore$ $\int udv = uv - \int vdu$ Llamada fórmula de integración por partes.

  Y por paráfrasis matemática: $\int v\,du = vu - \int u\,dv$

2.3.2 Requisitos para poder integrar por partes:

1) Siempre $"dx"$ debe ser una parte de $"dv"$.

2) Siempre debe ser posible integrar $"dv"$.

2.3.3 Recomendaciones en la integración por partes:

1) Si no hay producto $"u\,dv"$ entonces formarlo haciendo $"dv = dx"$.

2) Elegir como $"dv"$ a la función que tenga apariencia más complicada.

2.3.4 Aplicaciones de la técnica de integración por partes:

Se aplica en algunas integrales que contienen productos de funciones, como:

1) Algebraicas y algebraicas.
2) Algebraicas y trigonométricas.
3) Algebraicas y logarítmicas.
4) Algebraicas y exponenciales.
5) Trigonométricas inversas.

2.3.5 Método de integración por partes:

1) Identifique y asigne el valor de $"u"$ y $"dv"$ a cada una de las funciones.

2) A partir de $"u"$ obtener $"du"$.

3) A partir de $"dv"$ obtener $"v = \int dv"$.

4) Sustituir $"u"$; $"v"$ y $"du"$ en la fórmula $\int v\,du = vu - \int u\,dv$

5) Nuevamente integre; el proceso puede ser reiterativo.

Ejemplos:

$$\Rightarrow \text{Por la fórmula que contiene } x^n \qquad = \int x^{\frac{3}{2}}\,dx = \frac{2}{5}\sqrt{x^5} + c$$

1) $\int x\sqrt{x}\,dx =$

$$\Rightarrow \text{Por integración por partes}$$

$$\int u\,dv = uv - \int v\,du$$

$$u = x;\ dv = \sqrt{x}\,dx;\ du = dx \qquad = (x)\left(\frac{2}{3}\right)\sqrt{x^3} - \int \frac{2}{3}\sqrt{x^3}\,dx$$

$$v = \int dv = \int \sqrt{x}\,dx = \frac{2}{3}\sqrt{x^3}$$

$$= \frac{2}{3}\sqrt{x^5} - \frac{4}{15}\sqrt{x^5} + c = \frac{2}{5}\sqrt{x^5} + c$$

2) $\int 2x\cos x\,dx =$

$$\int u\,dv = uv - \int v\,du$$
$$u = 2x;\quad dv = \cos x\,dx$$
$$v = \int dv = \int \cos x\,dx = sen\,x + c \qquad = (2x)(sen\,x) - \int (sen\,x)(2dx)$$
$$du = 2dx$$

$$= 2x\,senx - 2\int sen\,x\,dx = 2x\,sen\,x - 2(-\cos x + c) = 2x\,sen\,x + 2\cos x + c$$

3) $\int 2x\ln 3x\,dx =$

$$\int u\,dv = uv - \int v\,du$$
$$u = 2x;\quad dv = \ln 3x\,dx;\quad du = 2dx$$
$$v = \int dv = \int \ln 3x\,dx = x\ln(3x - 1) + c \qquad = \int \ln 3x\,2x\,dx$$

$$\text{se sugiere cambio en orden de funciones}$$

$$u = \ln 3x;\quad dv = 2x\,dx$$
$$= \quad du = \tfrac{1}{x}dx \qquad = (\ln 3x)(x^2) - \int (x^2)\left(\frac{1}{x}\,dx\right) = x^2\ln 3x - \int x\,dx = x^2\ln 3x - \frac{x^2}{2} + c$$
$$v = \int 2x\,dx = x^2 + c$$

4) $\int xe^{2x}\,dx =$

$$\int u\,dv = uv - \int v\,du$$
$$u = x;\quad dv = e^{2x}dx;\quad du = dx \qquad = (x)\left(\frac{1}{2}e^{2x}\right) - \int\left(\frac{1}{2}e^{2x}\right)dx = \frac{1}{2}xe^{2x} - \frac{1}{4}e^{2x} + c$$
$$v = \int dv = \int e^{2x}dx = \frac{1}{2}e^{2x} + c$$

5) Por la técnica de integración por partes, integrar: $\int arcsen\, 2x\, dx$

$$\int u\, dv = uv - \int v\, du$$

estrategia :

$$\int arcsen\ 2x\, dx = \quad tome\ a\ dx\ como \quad = \quad u = arcsen\ 2x; \quad du = \frac{2}{1-4x^2}\, dx$$
$$una\ función$$

$$v = \int dv = \int dx = x + c$$

$$= (arcsen\ 2x)(x) - \int (x)\left(\frac{2}{1-4x^2}\, dx\right) = x\,arcsen\ 2x - 2\left(\frac{1}{-8}\right)\int (1-4x)^{-\frac{1}{2}}(-8x\, dx)$$

$$= x\,arcsen\ 2x + \frac{1}{4}\left(\frac{(1-4x^2)^{\frac{1}{2}}}{\frac{1}{2}} + c\right) = x\,arcsen\ 2x + \frac{1}{2}\ \sqrt{1-4x^2} + c$$

$$\int u\,dv = uv - \int v\,du$$

6) $\int 3e^x sen\, 2x\, dx = \quad u = 3e^x; \quad du = 3e^x dx$

$\qquad\qquad v = \int dv = \int sen\, 2x\, dx = -\frac{1}{2}\cos 2x + c$

$$= \left(3e^x\right)\left(-\frac{1}{2}\cos 2x\right) - \int\left(-\frac{1}{2}\cos 2x\right)\left(3e^x dx\right)$$

$$= -\frac{3}{2}e^x\cos 2x + \frac{3}{2}\int e^x\cos 2x\, dx$$

$= -\frac{3}{2}e^x\cos 2x + \int \frac{3}{2}e^x\cos 2x\, dx = \quad u = \frac{3}{2}e^x; \quad du = \frac{3}{2}e^x dx$

$\qquad\qquad\qquad\qquad\qquad v = \int\cos 2x\, dx = \frac{1}{2}sen\, 2x + c$

$$= \left(\frac{3}{2}e^x\right)\left(\frac{1}{2}sen\, 2x\right) - \int\left(\frac{1}{2}sen\, 2x\right)\left(\frac{3}{2}e^x dx\right)$$

$$Sí \int 3e^x sen\, 2x = -\frac{3}{2}e^x\cos 2x + \frac{3}{4}e^x sen\, 2x - \frac{3}{4}\int e^x sen\, 2x\, dx$$

$= -\frac{3}{2}e^x\cos 2x + \frac{3}{4}e^x sen\, 2x - \frac{3}{4}\int e^x sen\, 2x\, dx = \quad \therefore 3\int e^x sen\, 2x\, dx + \frac{3}{4}\int e^x sen\, 2x\, dx = -\frac{3}{2}e^x\cos 2x + \frac{3}{4}e^x sen\, 2x$

$$\therefore \ \frac{15}{4}\int e^x sen\, 2x\, dx = -\frac{3}{2}e^x\cos 2x + \frac{3}{4}e^x sen\, 2x$$

$= \quad Sí\ \frac{15}{4}\int e^x sen\, 2x\, dx = -\frac{3}{2}e^x\cos 2x + \frac{3}{4}e^x sen\, 2x$

$\qquad \therefore \int 3e^x sen\, 2x\, dx = \frac{4}{5}\left(-\frac{3}{2}e_x\cos 2x + \frac{3}{4}e^x sen\, 2x\right)$

$$= -\frac{6}{5}e^x\cos 2x + \frac{3}{5}e^x sen\, 2x + c$$

Ejercicios:

2.3.5.1 Por la técnica de integración por partes; obtener la integral indefinida de las siguientes funciones:

1) $\int 3xe^{2x}dx = ?$

2) $\int 4xe^{\frac{x}{2}}\, dx$

3) $\int 2x^2 e^{3x}dx$

4) $\int x\, sen\, 2x\, dx$

5) $\int \frac{2x}{3}sen\, 5x\, dx$

6) $\int 2x\cos 4x\, dx$

7) $\int \frac{3x\cos 2x}{5}\, dx$

8) $\int 3x\cos 2x\, dx$

9) $\int 2x\sec^2 x\, dx$

10) $\int 2x\ln 3x\, dx$

11) $\int 4\,arccos\, 2x\, dx$

12) $\int arctan\, 2x\, dx$

Clase: 2.4 Técnica de integración del seno y coseno de m y n potencia.
2.4.1 Método de integración del seno y coseno de m y n potencia.
2.4.2 Tabla: Técnica de integración del seno y coseno de m y n potencia.
- Ejemplos.
- Ejercicios.

2.4.1 Método de integración del seno y coseno de m y n potencia:

1) Analice la estructura de la tabla "Método de integración del seno y coseno de m y n potencia".

Estructura de la tabla "Método de integración del seno y coseno de m y n potencia".

TIPO		CASOS Para: m y n ε Z^+	RECOMENDACION SUSTITUIR, APLICAR Y/Ó DESARROLLAR
	FORMA		
I.	$\int sen^m u\,du$		
II.	$\int cos^n u\,du$		
III.	$\int sen^m u\,cos^n u\,du$		

Resultado del análisis:
A) Existen 3 tipos de integrales.
B) Cada forma de integral presenta casos que se caracterizan por las potencias de las funciones.
C) Para cada forma y caso se dan las recomendaciones de sustituir, aplicar y/ó desarrollar.

2) Identifique la integral del problema planteado con la forma y caso de la integral de la tabla.

3) Sustituya, aplique y/ó desarrolle las recomendaciones.

Notas:

a) Es posible, que en un mismo problema después de aplicar las recomendaciones de la forma identificada, el resultado nos lleve a otra integral, donde de nuevo tengamos que repetir el método.

b) Cuando se agotan las recomendaciones dadas, y el resultado es una nueva integral, se supone que ésta integral, ya es del dominio de quien aplica el método.

c) Si dos ó mas casos son aplicables a una integral, entonces use el caso de la función de menor potencia.

d) Cuando en una recomendación resultan sumas y/ó restas, primero se hacen las operaciones de suma y/ó resta y se separan las integrales antes de seguir adelante.

e) En un grupo de integrales se recomienda "no integrar hasta que todas las integrales sean directamente solucionables".

2.4.2 Tabla: Técnica de integración del seno y coseno de m y n potencia.

TIPO		RECOMENDACION
FORMA	CASOS Para: m y n ε Z^+	SUSTITUIR, APLICAR Y/Ó DESARROLLAR
I. $\int sen^m u\,du$	1) Sí $m=1$	Aplicar: $\quad \int sen\,u\,du = -\cos u + c$
	2) Sí $m=2$	Sustituir: $\quad sen^2 u = \dfrac{1}{2} - \dfrac{1}{2}\cos 2u$
	3) Sí $m>2$	Desarrollar: $\;1a.\;\; sen^m u = sen^{m-2}u\,sen^2 u$
		Sustituir: $\quad 2a.\;\; sen^2 u = (1-\cos^2 u)$
II. $\int \cos^n u\,du$	1) Sí $n=1$	Aplicar: $\quad \int \cos u\,du = sen\,u + c$
	2) Sí $n=2$	Sustituir: $\quad \cos^2 u = \dfrac{1}{2} + \dfrac{1}{2}\cos 2u$
	3) Sí $n>2$	Desarrollar: $\;1a.\;\; \cos^n u = \cos^{n-2}u\,\cos^2 u$
		Sustituir: $\quad 2a.\;\; \cos^2 u = (1-sen^2 u)$
III. $\int sen^m u \cos^n u\,du$	1) Sí m y/o $n=1$	Aplicar: $\quad \int u^n\,du = \dfrac{u^{n+1}}{n+1} + c$
	2) Sí $m=impar>1$ y $n>1$	Desarrollar: $\;1a.\;\; sen^m u = sen^{m-1}u\,sen\,u$
		Sustituir: $\quad 2a.\;\; sen^2 u = 1-\cos^2 u$
	3) Sí $n=impar>1$ y $m>1$	Desarrollar: $\;1a.\;\; \cos^n u = \cos^{n-1}u\,\cos u$
		Sustituir: $\quad 2a.\;\; \cos^2 u = 1-sen^2 u$
	4) Sí m y $n=par$ y $m=n$	Desarrollar: $\;1a.\;\; sen^m u\cos^n u = \left(sen\,u\cos u\right)^{m\,o\,n}$
		Sustituir: $\quad 2a.\;\; sen\,u\cos u = \dfrac{1}{2}sen\,2u$
	5) Sí m y $n=par$ y $m>n$	Desarrollar: $\;1a.\;\; sen^m u\cos^n u = \left(sen\,u\cos u\right)^n sen^{m-n}u$
		Sustituir: $\quad 2a.\;\; sen\,u\cos u = \dfrac{1}{2}sen\,2u$
		Sustituir: $\quad 3a.\;\; sen^2 u = \dfrac{1}{2} - \dfrac{1}{2}\cos 2u$
	6) Sí m y $n=par$ y $m<n$	Desarrollar: $\;1a.\;\; sen^m u\cos^n u = \left(sen\,u\cos u\right)^m \cos^{n-m}u$
		Sustituir: $\quad 2a.\;\; sen\,u\cos u = \dfrac{1}{2}sen\,2u$
		Sustituir: $\quad 3a.\;\; \cos^2 u = \dfrac{1}{2} + \dfrac{1}{2}\cos 2u$

Ejemplos:

1) $\displaystyle\int sen2x\,dx = \begin{array}{c} forma\ I;\ caso\,1 \\ Aplicar:\int senu\,du = -\cos u + c \end{array} = \frac{1}{(2)}\int sen2x\,(2dx) = -\frac{1}{2}\cos 2x + c$

2) $\displaystyle\int 3\cos^2 5x\,dx = \begin{array}{c} forma\ II;\ caso\,2 \\ recomendación: \\ \cos^2 u = \frac{1}{2} + \frac{1}{2}\cos 2u \end{array} = 3\int\left(\frac{1}{2} + \frac{1}{2}\cos 10x\right)dx = \frac{3}{2}\int dx + \frac{3}{2}\int\cos 10x\,dx = \frac{3x}{2} + \frac{3}{20}sen10x + c$

3) $\displaystyle\int\cos^3 2x\,dx = \begin{array}{c} forma\ II;\ caso\,3 \\ 1a.\,recomendación: \\ \cos^m u = \cos^{m-2}u\cos^2 u \end{array} = \int\left(\cos 2x\cos^2 2x\right)dx = \begin{array}{c} 2a.\,recomendación \\ \cos^2 u = 1 - sen^2 u \end{array} = \int\left(\cos 2x\right)\left(1 - sen^2 2x\right)dx$

$\displaystyle = \int\cos 2x\,dx - \int sen^2 2x\cos 2x\,dx = \begin{array}{c} \int sen^2 2x\cos 2x\,dx \\ forma\ III;\ caso\,1 \end{array} = \int\cos 2x\,dx - \int(sen\,2x)^2\cos 2x\,dx = \frac{1}{2}sen2x - \frac{1}{6}sen^3 2x + c$

4) $\displaystyle\int\frac{sen^3\frac{x}{2}}{5}\,dx = \begin{array}{c} forma\ I;\ caso\,3 \\ 1a.\,recomendación: \\ sen^m u = sen^{m-2}u\,sen^2 u \end{array} = \frac{1}{5}\int\left(sen\frac{x}{2}sen^2\frac{x}{2}\right)dx = \begin{array}{c} 2a.\,recomendación \\ sen^2 u = 1 - \cos^2 u \end{array} = \frac{1}{5}\int\left(sen\frac{x}{2}\right)\left(1 - \cos^2\frac{x}{2}\right)dx$

$\displaystyle = \frac{1}{5}\int sen\frac{x}{2}\,dx - \frac{1}{5}\int\cos^2\frac{x}{2}sen\frac{x}{2}\,dx = \begin{array}{c} \int\cos^2\frac{x}{2}sen\frac{x}{2}\,dx \\ forma\ III;\ caso\,1 \end{array} = \frac{1}{5}\int sen\frac{x}{2}\,dx - \frac{1}{5}\int\left(\cos\frac{x}{2}\right)^2 sen\frac{x}{2}\,dx = -\frac{2}{5}\cos\frac{x}{2} + \frac{2}{15}\cos^3\frac{x}{2} + c$

5) $\displaystyle\int\cos^4 2x\,dx = \int\cos^2 2x\,\cos^2 2x\,dx = \int\cos^2 2x\left(1 - sen^2 2x\right)dx = \int\cos^2 2x\,dx - \int\cos^2 2x\,sen^2 2x\,dx$

$\displaystyle = \int\left(\frac{1}{2} + \frac{1}{2}\cos 4x\right)dx - \int(\cos 2x\,sen\,2x)^2\,dx = \frac{1}{2}\int dx + \frac{1}{2}\int\cos 4x\,dx - \int\left(\frac{1}{2}sen\,4x\right)^2 dx$

$\displaystyle = \frac{1}{2}\int dx + \frac{1}{2}\int\cos 4x\,dx - \frac{1}{4}\int sen^2 4x\,dx = \frac{1}{2}\int dx + \frac{1}{2}\int\cos 4x\,dx - \frac{1}{4}\int\left(\frac{1}{2} - \frac{1}{2}\cos 8x\right)dx$

$\displaystyle = \frac{1}{2}\int dx + \frac{1}{2}\int\cos 4x\,dx - \frac{1}{8}\int dx + \frac{1}{8}\int\cos 8x\,dx = \frac{x}{2} + \frac{1}{8}sen\,4x - \frac{x}{8} + \frac{1}{64}sen\,8x + c$

6) $\displaystyle\int sen^4 x\cos^2 x\,dx = \int(senx\cos x)^2 sen^2 x\,dx = \int\left(\frac{1}{2}sen2x\right)^2 sen^2 x\,dx = \frac{1}{4}\int sen^2 2x\left(\frac{1}{2} - \frac{1}{2}\cos 2x\right)dx$

$\displaystyle = \frac{1}{8}\int sen^2 2x\,dx - \frac{1}{8}\int sen^2 2x\cos 2x\,dx = \frac{1}{8}\int\left(\frac{1}{2} - \frac{1}{2}\cos 4x\right)dx - \frac{1}{8}\int(sen\,2x)^2\cos 2x\,dx$

$\displaystyle = \frac{1}{16}\int dx - \frac{1}{16}\int\cos 4x\,dx - \frac{1}{8}\int(sen\,2x)^2\cos 2x\,dx = \frac{x}{16} - \frac{1}{64}sen4x - \frac{1}{48}sen^3 2x + c$

Ejercicios:

2.4.2.1 Por la técnica de integración del seno y coseno de m y n potencia; obtener la integral indefinida de las siguientes funciones:

1) $\displaystyle\int 3sen^2 2x\,dx$ 4) $\displaystyle\int 3sen^3\frac{2x}{5}\,dx$ 7) $\displaystyle\int\frac{1}{2}sen^3 2x\cos^4 2x\,dx$ 10) $\displaystyle\int 2sen^4 5x\,dx$

2) $\displaystyle\int\frac{1}{2}\cos^2\frac{x}{3}\,dx$ 5) $\displaystyle\int\cos^3\frac{3x}{2}\,dx$ 8) $\displaystyle\int sen^3 2x\cos^7 2x\,dx$ 11) $\displaystyle\int 3\cos^4 2x\,dx$

3) $\displaystyle\int sen^3 2x\,dx$ 6) $\displaystyle\int 3sen^2 x\cos^4 x\,dx$ 9) $\displaystyle\int 5sen^4 3x\cos^2 3x\,dx$ 12) $\displaystyle\int\cos^5\frac{x}{2}\,dx$

Clase: 2.5 Técnica de integración de la tangente y secante de m y n potencia.
2.5.1 Método de integración de la tangente y secante de m y n potencia.
2.5.2 Tabla: Técnica de integración de la tangente y secante de m y n potencia.
- Ejemplos.
- Ejercicios.

2.5.1 Método de integración de la tangente y secante de m y n potencia:

1) Analice la estructura de la tabla "Método de integración de la tangente y secante de m y n potencia".

Estructura de la tabla "Método de integración de la tangente y secante de m y n potencia".

TIPO		RECOMENDACION
FORMA	CASOS Para: m y n ε Z^+	SUSTITUIR, APLICAR Y/Ó DESARROLLAR
I. $\int tg^m u\, du$		
II. $\int sec^n u\, du$		
III. $\int tg^m u\, sec^n u\, du$		

Resultado del análisis:
A) Existen 3 tipos de integrales.
B) Cada forma de integral presenta casos que se caracterizan por las potencias de las funciones.
C) Para cada forma y caso se dan las recomendaciones de sustituir, aplicar y/ó desarrollar.

2) Identifique la integral del problema planteado con la forma y caso de la integral de la tabla.

3) Sustituya, aplique y/ó desarrolle las recomendaciones.

Notas:

a) Es posible, que en un mismo problema después de aplicar las recomendaciones de la forma identificada, el resultado nos lleve a otra integral, donde de nuevo tengamos que repetir el método.

b) Cuando se agotan las recomendaciones dadas, y el resultado es una nueva integral, se supone que ésta integral, ya es del dominio de quien aplica el método.

c) Si dos ó mas casos son aplicables a una integral, entonces use el caso de la función de menor potencia.

d) Cuando en una recomendación resultan sumas y/ó restas, primero se hacen las operaciones de suma y/ó resta y se separan las integrales antes de seguir adelante.

e) En un grupo de integrales se recomienda "no integrar hasta que todas las integrales sean directamente solucionables".

2.5.2 Tabla: Técnica de integración de la tangente y secante de m y n potencia.

TIPO		RECOMENDACIÓN
FORMA	**CASOS** Para: m y n ε Z$^+$	**SUSTITUIR, APLICAR Y/Ó DESARROLLAR**
I. $\int \tan^m u\, du$	1) Sí $m=1$	Aplicar: $\quad \int \tan u\, du = \ln\,\sec u\,+c$ ó $\quad \int \tan u\, du = -\ln\,\cos u\,+c$
	2) Sí $m=2$	Sustituir: $\quad \tan^2 u = \sec^2 u - 1$
	3) Sí $m>2$	Desarrollar: $\quad 1a.\quad \tan^m u = \tan^{m-2} u \tan^2 u$
		Sustituir: $\quad 2a.\quad \tan^2 u = \sec^2 u - 1$
		Aplicar: $\quad 3a.\quad \int u^n\, du = \dfrac{u^{n+1}}{n+1}+c$
II. $\int \sec^n u\, du$	1) Sí $n=1$	Aplicar: $\quad \int \sec u\, du = \ln\,\tan u + \sec u\,+c$
	2) Sí $n=2$	Aplicar: $\quad \int \sec^2 u\, du = \tan u + c$
	3) Sí $n=3$	Aplicar: $\int \sec^3 u\, du = \dfrac{1}{2}\tan u \sec u + \dfrac{1}{2}\ln\,\tan u + \sec u\,+c$
	4) Sí $n=par>2$	Desarrollar: $\quad 1a.\quad \sec^n u = \sec^{n-2} u \sec^2 u$
		Sustituir: $\quad 2a.\quad \sec^{n-2} u = (\tan^2 u + 1)^{\frac{n-2}{2}}$
	5) Sí $n=impar>3$	Aplicar: $\quad$ Técnica de integración por partes.
III. $\int \tan^m u \sec^n u\, du$	1) Sí $m=1$ y $n=1$	Aplicar: $\quad \int \tan u \sec u\, du = \sec u + c$
	2) Sí $n=2$	Aplicar: $\quad \int u^n\, du = \dfrac{u^{n+1}}{n+1}+c$
	3) Sí $n=par>2$	Desarrollar: $\quad 1a.\quad \sec^n u = \sec^{n-2} u \sec^2 u$
		Sustituir: $\quad 2a.\quad \sec^{n-2} u = (\tan^2 u + 1)^{\frac{n-2}{2}}$
	4) Sí $m=impar>1$	Desarrollar: $\quad 1a.\quad \tan^m u \sec^n u = \tan^{m-1} u \sec^{n-1} u \tan u \sec u$
		Sustituir: $\quad 2a.\quad \tan^2 u = \sec^2 u - 1$
		Aplicar: $\quad 3a.\quad \int u^n\, du = \dfrac{u^{n+1}}{n+1}+c$
	5) Sí $m=$ ó >2 y/ó $n=impar>1$	Aplicar: $\quad$ Técnica de integración por partes

Ejemplos:

$$forma\ I;\ caso\ 1$$

1) $\displaystyle\int \tan 2x\,dx =$ $Aplicar : \int \tan u\,du = \ln \sec u + c$ $= \dfrac{1}{(2)}\int \tan 2x\,(2dx) = \dfrac{1}{2}\ln\ \sec 2x\ + c$

   $ó \displaystyle\int \tan u\,du = -\ln\ \cos u + c$

$$forma\ I;\ \ caso\ 2$$

2) $\displaystyle\int 2\tan^2 \dfrac{x}{3}\,dx =$ $recomendación :$ $= 2\displaystyle\int\left(\sec^2 \dfrac{x}{3}-1\right)dx = 2\int \sec^2 \dfrac{x}{3}\,dx - 2\int dx = 6\tan \dfrac{x}{3} - 2x + c$

   $\tan^2 u = \sec^2 u - 1$

$$forma\ II;\ \ caso\ 3$$

3) $\displaystyle\int \dfrac{5\sec^3}{4}2x\,dx =$ $1a.\ recomendación;\ aplicar\ :$ $= \dfrac{5}{8}\left(\dfrac{1}{2}\tan 2x\sec 2x + \dfrac{1}{2}\ln\ \tan 2x + \sec 2x + c\right)$

   $\displaystyle\int \sec^3 u = \dfrac{1}{2}\tan u\sec u + \dfrac{1}{2}\ln\ \tan u + \sec u\ + c$ $= \dfrac{5}{16}\tan 2x\sec 2x + \dfrac{5}{16}\ln\ \tan 2x + \sec 2x\ + c$

$$1a.\ recomendación$$

4) $\displaystyle\int 3\tan^4 2x\sec^2 2x\,dx =$ $\displaystyle\int u^n\,du = \dfrac{u^{n+1}}{n+1}+c$ $= 3\displaystyle\int\left(\tan 2x\right)^4 \sec^2 2x\,dx = \dfrac{3}{10}\tan^5 2x + c$

$$1a.\ recomendación$$

5) $\displaystyle\int 2\tan^5 x\sec^3 x\,dx =$ $\tan^m u\sec^n u = \tan^{m-1}\sec^{n-1}u\tan u\sec u$ $= 2\displaystyle\int \tan^4 x\sec^2 x\tan x\sec x\,dx$

   $= \quad \dfrac{2a.\ recomendación}{\tan^2 u = \sec^2 u - 1 \therefore \tan^4 u = \left(\sec^2 u - 1\right)^2}$ $= 2\displaystyle\int\left(\sec^2 x - 1\right)^2 \sec^2 x\tan x\sec x\,dx$

   $= 2\displaystyle\int\left(\sec^4 x - 2\sec^2 x + 1\right)\sec^2 x\tan x\sec x\,dx$

   $3a.\ recomendación$

   $= 2\displaystyle\int \sec^6 x\tan x\sec x\,dx - 4\int \sec^4 x\tan x\sec x\,dx + 2\int \sec^2 x\tan x\sec x\,dx =$ $\displaystyle\int u^n\,du = \dfrac{u^{n+1}}{n+1}+c$

   $= 2\displaystyle\int\left(\sec x\right)^6 \tan x\sec x\,dx - 4\int\left(\sec x\right)^4 \tan x\sec x\,dx + 2\int\left(\sec x\right)^2 \tan x\sec x\,dx$

   $= \dfrac{2\sec^7 x}{7} - \dfrac{4\sec^5 x}{5} + \dfrac{2\sec^3 x}{3} + c$

Ejercicios:

2.5.2.1 Por la técnica de integración de la tangente y secante de $"m"\ y\ "n"$ potencia, obtener la integral indefinida por de las siguientes funciones:

1) $\displaystyle\int \tan 2x\,dx$	4) $\displaystyle\int 2\tan^3 5x\,dx$	7) $\displaystyle\int 4\sec^4 2x\,dx$	10) $\displaystyle\int \tan^3 2x\sec^4 2x\,dx$
2) $\displaystyle\int 3\tan^2 2x\,dx$	5) $\displaystyle\int \sec^3 3x\,dx$	8) $\displaystyle\int \tan^5 2x\,dx$	11) $\displaystyle\int \tan^5 2x\sec^4 2x\,dx$
3) $\displaystyle\int \sec^2 2x\,dx$	6) $\displaystyle\int \tan^4 3x\,dx$	9) $\displaystyle\int 4\tan 2x\sec 2x\,dx$	12) $\displaystyle\int \tan^8 2x\sec^4 2x\,dx$

Clase: 2.6 Técnica de integración de la cotangente y cosecante de m y n potencia.
2.6.1 Método de integración de la cotangente y cosecante de m y n potencia.
2.6.2 Tabla: Técnica de integración de la cotangente y cosecante de m y n potencia.
- Ejemplos.
- Ejercicios.

2.6.1 Método de integración de la cotangente y cosecante de m y n potencia:

1) Analice la estructura de la tabla "Método de integración de la cotangente y cosecante de m y n potencia".

Estructura de la tabla "Método de integración de la cotangente y cosecante de m y n potencia".

TIPO		RECOMENDACION
FORMA	CASOS Para: m y n ε Z^+	SUSTITUIR, APLICAR Y/Ó DESARROLLAR
I. $\int ctg^m u\, du$		
II. $\int csc^n u\, du$		
III. $\int ctg^m u\, csc^n u\, du$		

Resultado del análisis:
A) Existen 3 tipos de integrales.
B) Cada forma de integral presenta casos que se caracterizan por las potencias de las funciones.
C) Para cada forma y caso se dan las recomendaciones de sustituir, aplicar y/ó desarrollar.

1) Identifique la integral del problema planteado con la forma y caso de la integral de la tabla.

2) Sustituya, aplique y/ó desarrolle las recomendaciones.

Notas:

a) Es posible, que en un mismo problema después de aplicar las recomendaciones de la forma identificada, el resultado nos lleve a otra integral, donde de nuevo tengamos que repetir el método.

b) Cuando se agotan las recomendaciones dadas, y el resultado es una nueva integral, se supone que ésta integral, ya es del dominio de quien aplica el método.

c) Si dos ó mas casos son aplicables a una integral, entonces use el caso de la función de menor potencia.

d) Cuando en una recomendación resultan sumas y/ó restas, primero se hacen las operaciones de suma y/ó resta y se separan las integrales antes de seguir adelante.

e) En un grupo de integrales se recomienda "no integrar hasta que todas las integrales sean directamente solucionables".

2.6.2 Tabla: Técnica de integración de la cotangente y cosecante de m y n potencia:

TIPO		RECOMENDACIÓN	
FORMA	**CASOS** Para: m y n ε Z^+	**SUSTITUIR, APLICAR Y/Ó DESARROLLAR**	
I. $\int \cot^m u\, du$	1) $Sí\ m=1$	Aplicar:	$\int \cot u\, du = \ln\ sen\, u\ + c$
	2) $Sí\ m=2$	Sustituir:	$\cot^2 u = \csc^2 u - 1$
	3) $Sí\ m>2$	Desarrollar:	$1a.\quad \cot^m u = \cot^{m-2} u \cot^2 u$
		Sustituir:	$2a.\quad \cot^2 u = \csc^2 u - 1$
		Aplicar:	$3a.\quad \int u^n du = \dfrac{u^{n+1}}{n+1} + c$
II. $\int \csc^n u\, du$	1) $Sí\ n=1$	Aplicar:	$\int \csc u\, du = \ln\ \csc u - \cot u\ + c$
	2) $Sí\ n=2$	Aplicar:	$\int \csc^2 u\, du = -\cot u + c$
	3) $Sí\ n=impar>1$	Aplicar:	Técnica de integración por partes.
	4) $Sí\ n=par>2$	Desarrollar:	$1a.\quad \csc^n u = \csc^{n-2} u \csc^2 u$
		Sustituir:	$2a.\quad \csc^{n-2} u = (\cot^2 u + 1)^{\frac{n-2}{2}}$
III. $\int \cot^m u\, \csc^n u\, du$	1) $Sí\ m=1$ y $n=1$	Aplicar:	$\int \cot u \csc u\, du = -\csc u + c$
	2) $Sí\ n=2$	Aplicar:	$\int u^n du = \dfrac{u^{n+1}}{n+1} + c$
	3) $Sí\ n=par>2$	Desarrollar:	$1a.\quad \csc^n u = \csc^{n-2} u \csc^2 u$
		Sustituir:	$2a.\quad \csc^{n-2} u = (\cot^2 u + 1)^{\frac{n-2}{2}}$
	4) $Sí\ m=impar>1$	Desarrollar:	$1a.\ \cot^m u \csc^n u = \cot^{m-1} u \csc^{n-1} u \cot u \csc u$
		Sustituir:	$2a.\quad \cot^2 u = \csc^2 u - 1$
		Aplicar:	$\int u^n du = \dfrac{u^{n+1}}{n+1} + c$
	5) $m=par>2$ y/o $n=impar>1$	Aplicar:	Técnica de integración por partes

Ejemplos:

$$forma\ I;\ caso\,1$$

1) $\displaystyle\int \cot 2x\,dx =$ $\;\;Aplicar: \int \cot u\,du = \ln\ senu + c\;\; = \dfrac{1}{(2)}\int \cot 2x\,(2dx) = \dfrac{1}{2}\ln\ sen\,2x + c$

$\;\;\;\;\;\;\acute{o}\int \tan u\,du = -\ln\ \cos u + c$

$$forma\ I;\ \ \ caso\ 2$$

2) $\displaystyle\int 3\cot^2 \dfrac{x}{2}\,dx =$ $\;\;recomendac\,i\acute{o}n: \;\; = 3\int\left(\csc^2 \dfrac{x}{2} - 1\right)dx = 3\int \csc^2 \dfrac{x}{2}\,dx - 3\int dx = -6\cot\dfrac{x}{2} - 3x + c$

$\;\;\;\;\;\;\;\;\;\;\;\;\;\;\;\;\;\;\cot^2 u = \csc^2 u - 1$

$$forma\ II;\ \ \ caso\ 4 \qquad = \dfrac{1}{3}\int \csc^2 x\csc^2 x\,dx = \qquad\qquad 2a.\ recomendac\,i\acute{o}n$$

3) $\displaystyle\int \dfrac{\csc^4 x}{3}\,dx =$ $\;\;1a.\ recomendac\,i\acute{o}n \qquad\qquad\qquad\qquad\qquad \csc^{n-2} u = \left(\cot^2 u + 1\right)^{\frac{n-2}{2}}$

$\;\;\;\;\;\;\;\;\;\;\;\;\;\;\;\;\;\;\csc^2 u = \csc^{n-2} u\csc^2 u \quad = \dfrac{1}{3}\int \left(\cot^2 x + 1\right)\csc^2 x\,dx = \dfrac{1}{3}\int \cot^2 x\csc^2 x\,dx + \dfrac{1}{3}\int \csc^2 x\,dx$

$= \dfrac{1}{3}\int (\cot x)^2 \csc^2 x\,dx + \dfrac{1}{3}\int \csc^2 x\,dx = -\dfrac{1}{9}\cot^3 x - \dfrac{1}{3}\cot x + c$

$$\qquad\qquad\qquad\qquad\qquad\qquad\qquad\qquad = \int \cot^4 x\csc^2 x\cot x\csc x\,dx$$

$$forma\ III;\ \ \ caso\ 4 \qquad\qquad\qquad\qquad 2a.\ recomendaci\acute{o}n$$

4) $\displaystyle\int \cot^5 x\csc^3 x\,dx =$ $\;\;1a.\ recomendaci\acute{o}n: \qquad\qquad = \;\; \cot^2 u = \csc^2 u - 1$

$\;\;\;\;\;\;\;\;\;\;\;\;\;\;\;\;\cot^m u\csc^n u = \cot^{m-1} u\csc^{n-1} u\cot u\csc u \qquad \therefore \cot^4 u = \left(\csc^2 u - 1\right)^2$

$= \int \left(\csc^2 x - 1\right)^2 \csc^2 x\cot x\csc x\,dx = \int \left(\csc^4 x - 2\csc^2 x + 1\right)\csc^2 x\cot x\csc x\,dx$

$= \int \csc^6 x\cot x\csc x\,dx - 2\int \csc^4 x\cot x\csc x\,dx + \int \csc^2 x\cot x\csc x\,dx = -\dfrac{\csc^7 x}{7} + \dfrac{2\csc^5 x}{5} - \dfrac{\csc^3 x}{3} + c$

Ejercicios:

2.6.2.1 Por la técnica de integración de la cotangente y cosecante m y n potencia, obtener la integral indefinida de las siguientes funciones:

1) $\displaystyle\int \dfrac{1}{2}\cot\dfrac{x}{3}\,dx$ 3) $\displaystyle\int 5\cot^3 x\,dx$ 5) $\displaystyle\int 3\csc^4 2x\,dx$ 7) $\displaystyle\int \cot^3 2x\csc^2 2x\,dx$

2) $\displaystyle\int \csc^2 3x\,dx$ 4) $\displaystyle\int \cot^4 5x\,dx$ 6) $\displaystyle\int 2\cot^5 3x\,dx$ 8) $\displaystyle\int \cot^3 x\csc^4 x\,dx$

Clase: 2.7 Técnica de integración por sustitución trigonométrica.
2.7.1 Aplicaciones de la técnica de integración por sustitución trigonométrica.
2.7.2 Método de integración por sustitución trigonométrica.
- Ejemplos.
- Ejercicios.

2.7.1 Aplicaciones de la técnica por sustitución trigonométrica:

Se aplica en integrales que contienen alguna de las siguientes formas:

$$u^2 + a^2 \; ; \quad u^2 - a^2 \; ; \quad a^2 - u^2$$

2.7.2 Método de integración por sustitución trigonométrica:

1) Haga cambio de variable (todo debe de quedar en términos de "u" y de "a").

	Sustituir:	Sustituir:	Sustituir:
a) Sí se tiene: $\int \sqrt{u^2 + a^2}\, du$	$du \; por \; a\sec^2 z\, dz\,;$	$\sqrt{u^2 + a^2} \; por \; a\sec z$	y $u \; por \; a\tan z$
b) Sí se tiene: $\int \sqrt{u^2 - a^2}\, du$	$du \; por \; a\sec z \tan z\, dz\,;$	$\sqrt{u^2 - a^2} \; por \; a\tan z$	y $u \; por \; a\sec z$
c) Sí se tiene: $\int \sqrt{a^2 - u^2}\, du$	$du \; por \; a\cos z\, dz\,;$	$\sqrt{a^2 - u^2} \; por \; a\cos z$	y $u \; por \; a\,sen\, z$

3) Integrar la función.

4) Haga sustitución triangular, cambiando las funciones trigonométrica del resultado de la integral por las funciones trigonométrica que se obtengan del triángulo que se muestra:

a) Sí se tuvo: $\int \sqrt{u^2 + a^2}\, du$	Sustituir las funciones trigonométricas (del resultado de la integral) por las funciones trigonométrica que se obtengan del triángulo con hipotenusa: $\sqrt{u^2 + a^2}$		$z = arc \; \tan \dfrac{u}{a}$
b) Sí se tuvo: $\int \sqrt{u^2 - a^2}\, du$	Sustituir las funciones trigonométricas (del resultado de la integral) por las funciones trigonométrica que se obtengan del triángulo con cateto opuesto: $\sqrt{u^2 - a^2}$		$z = arc \; \sec \dfrac{u}{a}$
c) Sí se tuvo: $\int \sqrt{a^2 - u^2}\, du$	Sustituir las funciones trigonométricas (del resultado de la integral) por las funciones trigonométrica que se obtengan del triángulo con cateto adyacente: $\sqrt{a^2 - u^2}$		$z = arc \; sen \dfrac{u}{a}$

5) Restituir la variable original.

Ejemplos:

1) $\int \dfrac{3}{4x^2+1}\,dx =$

Paso 1
$u^2 = 4x^2;\quad u = 2x;\quad a^2 = 1;\quad a = 1$
$du = 2dx;\quad dx = \dfrac{du}{2}$

$= 3\int \dfrac{1}{u^2+a^2}\left(\dfrac{du}{2}\right) = \dfrac{3}{2}\int \dfrac{1}{u^2+a^2}\,du$

Paso 2   *Paso 3*

sustituir

$= \dfrac{du}{u^2+a^2}$ *por* $a\sec^2 z\,dz$ *por* $a\sec z$ $= \dfrac{3}{2}\int \dfrac{1}{a\sec z}\left(a\sec^2 z\,dz\right) = \dfrac{3}{2}\int \sec z\,dz = \dfrac{3}{2}\ln\left|\sec z + \tan z\right| + c$

Paso 4   El triángulo es:

como se tuvo :
$= \int \sqrt{u^2+a^2}\,du$

$\sec z = \dfrac{\sqrt{u^2+a^2}}{a}$

$\tan z = \dfrac{u}{a}$

$= \dfrac{3}{2}\ln\left|\dfrac{\sqrt{u^2+a^2}}{a} + \dfrac{u}{a}\right| + c = \dfrac{3}{2}\ln\left|\dfrac{\sqrt{u^2+a^2}+u}{a}\right| + c = $ *como* $\ln\dfrac{x}{y} = \ln x - \ln y$ $= \dfrac{3}{2}\ln\left|u + \sqrt{u^2+a^2}\right| - \ln|a| + c$

$= $ *como* $(-\ln|a| + c) = c$ $= \dfrac{3}{2}\ln\left|u + \sqrt{u^2+a^2}\right| + c = $ *Paso 5* $= \dfrac{3}{2}\ln\left|2x + \sqrt{4x^2+1}\right| + c$

2) $\int \dfrac{5}{2\left(9x^2+1\right)^2}\,dx =$

Paso 1
$u^2 = 9x^2;\quad u = 3x;\quad a^2 = 1$
$a = 1\quad du = 3dx;\quad dx = \dfrac{du}{3}$

$= \dfrac{5}{2}\int \dfrac{1}{\left(\sqrt{u^2+a^2}\right)^4}\left(\dfrac{du}{3}\right) = \dfrac{5}{6}\int \dfrac{1}{\left(\sqrt{u^2+a^2}\right)^4}\,du$

Paso 2   *Paso 3*

sustituir

$= \dfrac{du}{u^2+a^2}$ *por* $a\sec^2 z\,dz$ *por* $a\sec z$

$= \dfrac{5}{6}\int \dfrac{1}{(a\sec)^4}\left(a\sec^2 z\,dz\right) = \dfrac{5}{6a^3}\int \dfrac{1}{\sec^2 z}\,dz = \dfrac{5}{6a^3}\int \cos^2 z\,dz$

$= \dfrac{5}{6a^3}\int \left(\dfrac{1}{2} + \dfrac{1}{2}\cos 2z\right)dz = \dfrac{5}{12a^3}\int dz + \dfrac{5}{12a^3}\int \cos 2z\,dz$

$= \dfrac{5}{12a^3}z + \dfrac{5}{24a^3}\,sen\,2z + c$

Paso 4   El triángulo es:

como se tuvo :
$= \int \sqrt{u^2+a^2}\,du$

$sen\,2z = 2\,senz\cos z$ (identidad trigonométrica)

$sen\,2z = (2)\dfrac{u}{\sqrt{u^2+a^2}}\dfrac{a}{\sqrt{u^2+a^2}}\,;\quad z = \arctan\dfrac{u}{a}$

$= \dfrac{5}{12a^3}\left(\arctan\dfrac{u}{a}\right) + \dfrac{5}{24a^3}\left((2)\dfrac{u}{\sqrt{u^2+a^2}}\dfrac{a}{\sqrt{u^2+a^2}}\right) + c = \dfrac{5}{12a^3}\left(\arctan\dfrac{u}{a}\right) + \dfrac{5u}{12a^2\left(u^2+a^2\right)} + c$

$= $ *Paso 5* $= \dfrac{5}{12\,(1)^3}\arctan\left(\dfrac{3x}{1}\right) + \dfrac{5\,(3x)}{12\,(1)^2\left(9x^2+1\right)} + c = \dfrac{5}{12}\arctan 3x + \dfrac{5x}{4\left(9x^2+1\right)} + c$

Paso 2

sustituir

Paso 1

3) $\displaystyle\int \frac{2x^3}{x^2-5}\,dx =$ $\quad u^2 = x^2;\ u = x;\ du = dx;\ dx = du$ $\quad = 2\displaystyle\int \frac{u^3}{u^2-a^2}\,du =$ $\quad$ *du por* $a\sec z\tan z\,dz$

$\qquad\qquad\qquad\qquad a^2 = 5;\quad a = \sqrt{5}$ $\qquad\qquad\qquad\qquad\qquad\qquad \sqrt{u^2-a^2} = a\tan z$

$\qquad\qquad\qquad\qquad\qquad\qquad\qquad\qquad\qquad\qquad\qquad\qquad\qquad u = a\sec z$

$\displaystyle = 2\int \frac{(a\sec z)^3}{(a\tan z)}(a\sec z\tan z\,dz) = 2a^3\int \sec^4 z\,dz =$ *Paso 3* $= 2a^3\int \sec^2 z\sec^2 z\,dx$

$\displaystyle = 2a^3\int(\tan^2 z+1)\sec^2 z\,dz = 2a^3\int(\tan z)^2\sec^2 z\,dz + 2a^3\int \sec^2 z\,dz = \frac{2a^3}{3}\tan^3 z + 2a^3\tan z + c$

Paso 4

como se tuvo :

$= \displaystyle\int \sqrt{u^2-a^2}\,du$

El triángulo es:

$\tan z = \dfrac{\sqrt{u^2-a^2}}{a}$ $\quad = \dfrac{2a^3}{3}\left(\dfrac{\sqrt{u^2-a^2}}{a}\right)^3 + 2a^3\left(\dfrac{\sqrt{u^2-a^2}}{a}\right) + c$

$\qquad\qquad\qquad\qquad\qquad\qquad = \dfrac{2}{3}\sqrt{(u^2-a^2)^3} + 2a^2\sqrt{u^2-a^2} + c$

$= $ *Paso 5* $= \dfrac{2}{3}\sqrt{(x^2-5)^3} + 10\sqrt{x^2-5} + c$

Paso 1

$u^2 = 4x^2;\ u = 2x;\quad a^2 = 2;\ a = \sqrt{2}$

4) $\displaystyle\int \frac{1}{(4x^2-2)^{\frac{3}{2}}}\,dx =$ $\quad du = 2dx;\quad dx = \dfrac{du}{2}$ $\quad = \displaystyle\int \frac{1}{(\sqrt{u^2-a^2})^3}\left(\frac{du}{2}\right) = \frac{1}{2}\int \frac{1}{(\sqrt{u^2-a^2})^3}\,du$

.*Paso 2*

Paso 3

sustituir

$= $ *du por* $a\sec z\tan z\,dz$ $\quad = \dfrac{1}{2}\displaystyle\int \frac{1}{(a\tan z)^3}(a\sec z\tan z\,dz) = \frac{1}{2a^2}\int \frac{1}{\tan^2 z}\sec z\,dz = \frac{1}{2a^2}\int ctg^2 z\sec z\,dz$

$\quad \sqrt{u^2-a^2}$ *por* $a\tan z$ $\quad = \dfrac{1}{2a^2}\displaystyle\int \frac{\cos^2 z}{sen^2 z}\frac{1}{\cos z}\,dz = \frac{1}{2a^2}\int (sen z)^{-2}\cos z\,dz = -\frac{1}{2a^2 sen z} + c$

Paso 4

como se tuvo :

$= \displaystyle\int \sqrt{u^2-a^2}\,du$

El triángulo es:

$sen z = \dfrac{\sqrt{u^2-a^2}}{u}$

$= -\dfrac{1}{2a^2\left(\dfrac{\sqrt{u^2-a^2}}{u}\right)} + c = -\dfrac{u}{2a^2\sqrt{u^2-a^2}} + c =$ *paso 5* $= -\dfrac{(2x)}{2(2)(\sqrt{4x^2-2})} + c = -\dfrac{x}{2\sqrt{4x^2-2}} + c$

Paso 1

$u^2 = 9x^2;\ u = 3x;\quad a^2 = 2;\ a = \sqrt{2}$

5) $\displaystyle\int \frac{5}{3(2-9x^2)^{\frac{3}{2}}}\,dx =$ $\quad du = 3dx;\quad dx = \dfrac{du}{3}$ $\quad = \dfrac{5}{3}\displaystyle\int \frac{1}{(\sqrt{a^2-u^2})^3}\left(\frac{du}{3}\right) = \frac{5}{9}\int \frac{1}{(\sqrt{a^2-u^2})^3}\,du$

Paso 2   Paso 3

Sustituir

$$= \quad du \ por \ a\cos z \, dz \qquad = \frac{5}{9}\int \frac{1}{(a\cos z)^3}(a\cos z \, dz) = \frac{5}{9a^2}\int \frac{1}{\cos^2 z}\, dz = \frac{5}{9a^2}\int \sec^2 z \, dz = \frac{5}{9a^2}\tan z + c$$

$$\sqrt{a^2 - u^2} \ por \ a\cos z$$

Paso 4   El triángulo es:

como se tuvo :

$$= \int \sqrt{a^2 - u^2}\, du$$

$$\tan z = \frac{u}{\sqrt{a^2 - u^2}} \qquad = \frac{5}{9a^2}\left(\frac{u}{\sqrt{a^2 - u^2}}\right) + c$$

$$= \frac{5u}{9a^2 \sqrt{a^2 - u^2}} + c$$

$$= \ paso \ 5 \ = \frac{5(3x)}{9(2)\left(\sqrt{2-9x^2}\right)} + c = \frac{5x}{6\sqrt{2-9x^2}} + c$$

Paso 1

6) $\displaystyle\int \frac{4x^3}{\sqrt{1-x^2}}\,dx = \begin{array}{l} u^2 = x^2; \quad u = x; \quad a^2 = 1; \quad a = 1 \\ du = dx; \quad dx = du \end{array} = 4\int \frac{u^3}{\sqrt{a^2 - u^2}}(du) = 4\int \frac{u^3}{\sqrt{a^2 - u^2}}\,du$

Paso 2   Paso 3

sustituir

$$= \quad du \ por \ a\cos z \, dz$$

$$\sqrt{a^2 - u^2} \ por \ a\cos z$$

$$u = a \, sen\, z$$

$$= 4\int \frac{(a\,senz)^3}{a\cos z}(a\cos z \, dz) = 4a^3\int sen^3 z \, dz = 4a^3\int sen^2 z \, senz \, dz$$

$$= 4a^3\int(1 - \cos^2 z)senz \, dz = 4a^3\int senz \, dz - 4a^3\int (\cos z)^2 \, senz \, dz$$

$$= -4a^3 \cos z + \frac{4a^3}{3}\cos^3 z + c$$

Paso 4   El triángulo es:

como se tuvo :

$$= \sqrt{a^2 - u^2}$$

$$\cos z = \frac{\sqrt{a^2 - u^2}}{a} \qquad = -4a^3\left(\frac{\sqrt{a^2 - u^2}}{a}\right) + \frac{4a^3}{3}\left(\frac{\sqrt{a^2 - u^2}}{a}\right)^3 + c$$

$$= -4a^2 \sqrt{a^2 - u^2} + \frac{4}{3}\sqrt{(a^2 - u^2)^3} + c$$

$$= \ paso \ 5 \ = -4\,(1)^2\left(\sqrt{1-x^2}\right) + \frac{4}{3}\left(\sqrt{(1-x^2)^3}\right) + c = 4\sqrt{1-x^2} + \frac{4}{3}\sqrt{(1-x^2)^3} + c$$

Ejercicios:

2.7.2.1 Por la técnica de integración por sustitución trigonométrica; obtener la integral indefinida de las siguientes funciones:

1) $\displaystyle\int \frac{2}{4x^2 + 1}\,dx$ 4) $\displaystyle\int \frac{1}{x\sqrt{3-4x^2}}\,dx$ 7) $\displaystyle\int \frac{5x^3}{2\sqrt{2-9x^2}}\,dx$ 10) $\displaystyle\int \frac{x^2}{2\sqrt{4-3x^2}}\,dx$

2) $\displaystyle\int \frac{3}{\sqrt{1-4x^2}}\,dx$ 5) $\displaystyle\int \frac{x^2}{\sqrt{9x^2 - 1}}\,dx$ 8) $\displaystyle\int \frac{2}{x^3\sqrt{x^2 - 9}}\,dx$ 11) $\displaystyle\int \frac{2}{(4x^2 + 3)^{\frac{3}{2}}}\,dx$

3) $\displaystyle\int \frac{4}{3x\sqrt{4x^2 + 5}}\,dx$ 6) $\displaystyle\int \frac{2}{x^2\sqrt{x^2 - 4}}\,dx$ 9) $\displaystyle\int \frac{\sqrt{9 - x^2}}{5x^2}\,dx$ 12) $\displaystyle\int \frac{2}{(x^2 + 4)^{\frac{3}{2}}}\,dx$

Clase: 2.8 Técnica de integración de fracciones parciales con factores no repetidos.
2.8.1 Aplicaciones de la técnica de integración de fracciones parciales con factores no repetidos.
2.8.2 Método de integración de fracciones parciales con factores no repetidos.
- Ejemplos.
- Ejercicios.

2.8.1 Aplicaciones de la técnica de integración de fracciones parciales con factores no repetidos:

Se aplica en integrales del tipo $\int \dfrac{p(x)}{g(x)}\,dx$ donde $\dfrac{p(x)}{g(x)}$ es una fracción parcial; $p(x) < g(x)$ en grado y

$g(x)$ sea factorizable y tenga factores no repetidos.

2.8.2 Método de integración de fracciones parciales con factores no repetidos:

1) Factorice el denominador: $\displaystyle\int \frac{p(x)}{g(x)}\,dx = \int \frac{p(x)}{(f_1)(f_2)\cdots}\,dx$

2) Sustituya la fracción parcial por la integral como se indica:

$$\int \frac{p(x)}{g(x)} = \int \frac{p(x)}{(f_1)(f_2)\cdots}\,dx = \int \left(\frac{A}{f_1} + \frac{B}{f_2} + \cdots \right) dx$$

3) Separe las fracción parciales y obtenga los valores de $A;\ B;\ C;\cdots$ y compruebe la igualdad si lo desea.

$$\frac{P(x)}{(f_1)(f_2)\cdots} = \frac{A}{f_1} + \frac{B}{f_2} + \cdots$$

Ejemplo: Para $p(x) = ax + b$; y $g(x) = (f_1)(f_2)$ $\dfrac{ax+b}{f_1 \cdot f_2} = \dfrac{A}{f_1} + \dfrac{B}{f_2}$;

$\Rightarrow$ $ax + b = A(f_2) + B(f_1) = x(A+B) + A + B$

$\therefore\quad a = A + B$

$\qquad b = A + B \qquad De\ donde: \quad A = ?$

$\qquad\qquad\qquad\qquad\qquad\qquad\qquad B = ?$

4) Sustituya los valores de $A;\ B;\ C;\cdots$ en la integral.

5) Integre.

Ejemplos:

$\qquad\qquad\qquad\qquad\qquad\qquad\qquad\qquad$ *Paso* 2); *Identificación*:

$\qquad\qquad\qquad\qquad\qquad\qquad\qquad\qquad g(x) = f_1 \cdot f_2$

1) $\displaystyle\int \frac{2x-3}{x^2+x}\,dx = \begin{array}{l}Paso\,1):\\ x^2+x = x(x+1)\end{array} = \int \frac{2x-3}{x(x+1)}\,dx = \begin{array}{l}f_1 = x;\ \ f_2 = x+1\\ Sustituir:\end{array} = \int \left(\frac{A}{x} + \frac{B}{x+1} \right) dx$

$$\int \frac{p(x)}{g(x)}\,dx\ por\ \int \left(\frac{A}{f_1} + \frac{B}{f_2} \right)$$

$Paso\ 3):$

$$\dfrac{2x-3}{x(x+1)}=\dfrac{A}{x}+\dfrac{B}{x+1}$$

$= \quad \therefore 2x-3 = A(x+1)+B(x)$
$$= Ax+A+Bx$$

$\therefore 2x = Ax+Bx \rightarrow 2 = A+B$

$\therefore -3 = A \;\; \rightarrow A = -3$

$\therefore 2 = (-3)+B \rightarrow B = 5$

$$=\int\left(\dfrac{-3}{x}+\dfrac{5}{x+1}\right)dx=$$

$Comprobación:$

$$\dfrac{2x-3}{x(x+1)}=\dfrac{-3}{x}+\dfrac{5}{x+1}$$
$$=\dfrac{(-3)(x+1)+5(x)}{x(x+1)}$$
$$=\dfrac{-3x-3+5x}{x(x+1)}$$
$$=\dfrac{2x-3}{x(x+1)}$$

$Paso\ 4):$
$sustituya\ valores$
$de\ "A"\ y\ de\ "B"$

$\begin{array}{c}Paso\ 5): \\ Integre\end{array} = -3\int\dfrac{dx}{x}+5\int\dfrac{dx}{x+1} = -3\ln x + 5\ln x+1 + c$

---

2) $\displaystyle\int\dfrac{1}{2x^2+4x}dx=$

$\begin{array}{l}Paso\ 1): \\ 2x^2+4x= \\ 2x(x+2)\end{array}$

$=\displaystyle\int\dfrac{1}{2x(x+2)}dx=$

$Paso\ 2)\ Identificación:$
$$g(x)=f_1\cdot f_2$$
$$f_1=2x;\quad f_2=x+2$$
$Sustitir:\displaystyle\int\dfrac{p(x)}{g(x)}dx\ por$
$$\int\left(\dfrac{A}{f_1}+\dfrac{B}{f_2}\right)dx$$

$=\displaystyle\int\left(\dfrac{A}{2x}+\dfrac{B}{x+2}\right)dx$

$Paso\ 3):$

$$\dfrac{1}{2x(x+2)}=\dfrac{A}{2x}+\dfrac{B}{x+2}$$
$\therefore 1 = A(x+2)+B(2x)$
$$= Ax+2A+2Bx = x(A+2B)+2A$$
$\therefore 0 = x(A+2B) \rightarrow 0 = A+2B \rightarrow A = -2B$
$\therefore 1 = 2A \rightarrow A = \dfrac{1}{2}$

$= \quad \therefore B = \dfrac{A}{-2} = \dfrac{\tfrac{1}{2}}{-2} = -\dfrac{1}{4}$

$Demostracŏn:$

$$\dfrac{1}{2x(x+2)}=\dfrac{\tfrac{1}{2}}{2x}+\dfrac{-\tfrac{1}{4}}{x+2}$$
$$=\dfrac{\left(\tfrac{1}{2}\right)(x+2)-\left(\tfrac{1}{4}\right)2x}{2x(x+2)}$$
$$=\dfrac{4x+8-4x}{(8)2x(x+2)}$$
$$=\dfrac{1}{2x(x+2)}$$

$Paso\ 4):$
$sustituyavalores$
$de\ "A"\ y\ de\ "B"$

$=\displaystyle\int\left(\dfrac{\tfrac{1}{2}}{2x}+\dfrac{-\tfrac{1}{4}}{x+2}\right)dx=$ $\begin{array}{l}Paso\ 5): \\ Integre\end{array}$ $=\dfrac{1}{4}\displaystyle\int\dfrac{dx}{x}-\dfrac{1}{4}\int\dfrac{dx}{x+2}=\dfrac{1}{4}\ln x -\dfrac{1}{4}\ln x+2 + c$

$$Paso\ 2)\ Identificación:$$

$$g(x) = f_1 \cdot f_2$$

$$f_1 = x+1; \quad f_2 = x-1$$

$$3)\quad \int \frac{x-5}{x^2-1}dx = \quad \begin{array}{l} Paso\ 1): \\ x^2-1 = \\ (x+1)(x-1) \end{array} \quad = \int \frac{x-5}{(x+1)(x-1)}dx = \quad Sustituir: \int \frac{p(x)}{g(x)}dx\ por \int\left(\frac{A}{f_1}+\frac{B}{f_2}\right)dx$$

$$Paso\ 3):$$

$$\frac{x-5}{(x+1)(x-1)} = \frac{A}{x+1}+\frac{B}{x-1}$$

$$\therefore x-5 = A(x-1)+B(x+1)$$

$$= Ax-A+Bx+B$$

$$= \int\left(\frac{A}{x+1}+\frac{B}{x-1}\right)dx = \quad \therefore x = x(A+B) \to 1 = A+B$$

$$\therefore -5 = -A+B$$

$$1 = A+B$$

$$-5 = -A+B$$

$$\to \quad -4 = 2B \to B = -2$$

$$1 = A-2 \to A = 3$$

$$Demostración:$$

$$\frac{x-5}{(x+1)(x-1)} = \frac{3}{x+1}+\frac{-2}{x-1}$$

$$= \frac{(3)(x-1)-2(x+1)}{(x+1)(x-1)}$$

$$= \frac{3x-3-2x-2}{(x+1)(x-1)}$$

$$= \frac{x-5}{(x+1)(x-1)}$$

$$\begin{array}{l} Paso\ 4): \\ = \quad sustituya\ valores \\ \quad de\ "A"\ y\ de\ "B" \end{array} \quad = \int\left(\frac{3}{x+1}+\frac{-2}{x-1}\right)dx = \quad \begin{array}{l} Paso\ 5): \\ Integre \end{array} \quad \begin{array}{l} = 3\int\frac{dx}{x+1}-2\int\frac{dx}{x-1} \\ = 3\ln x+1-2\ln x-1+c \end{array}$$

Ejercicios:

2.8.2.1 Por la técnica de integración de fracciones parciales con factores no repetidos; obtener la integral indefinida de las siguientes funciones:

1) $\int \frac{x-1}{x^2+2x}dx$ 3) $\int \frac{2x+1}{x^2-3x}dx$ 5) $\int \frac{x+2}{-2x^2+x}dx$ 7) $\int \frac{3-2x}{4x^2-1}dx$

2) $\int \frac{x-1}{x^2+3x}dx$ 4) $\int \frac{x-2}{x^2-5x}dx$ 6) $\int \frac{2-x}{x^2+2x}dx$ 8) $\int \frac{x+2}{2x^2+x}dx$

Clase: 2.9 Técnica de integración de fracciones parciales con factores repetidos.
2.9.1 Aplicaciones de la técnica de integración de fracciones parciales con factores repetidos.
2.9.2 Método de integración de fracciones parciales con factores repetidos-
- Ejemplos.
- Ejercicios.

2.9.1 Aplicaciones de la técnica de integración de fracciones parciales con factores repetidos:

Esta técnica se aplica en integrales del tipo $\int \dfrac{p(x)}{g(x)}\,dx$ donde $\dfrac{p(x)}{g(x)}$ es una fracción parcial; $p(x) < g(x)$

en grado; $g(x)$ sea factorizable y con factores repetidos.; es decir:

$$g(x) = f^n \quad donde \quad f^n = (f)(f)^2(f)^3 \cdots (f)^n$$

2.9.2 Método de integración de fracciones parciales con factores repetidos:

1) Factorice el denominador: $\quad \int \dfrac{p(x)}{g(x)}\,dx = \int \dfrac{p(x)}{f^n}\,dx$

2) Sustituya la fracción parcial por la integral como se indica:

$$\int \frac{p(x)}{g(x)}\,dx = \int \frac{p(x)}{f^n}\,dx = \int \left(\frac{A}{f} + \frac{B}{f^2} + \frac{C}{f^3} + \cdots \right) dx$$

3) Separe la fracción parcial y obtenga los valores de $A;\ B;\ C; \cdots$ y compruebe la igualdad si lo desea:

$$\frac{p(x)}{f^n} = \frac{A}{f} + \frac{B}{f^2} + \frac{B}{f^3} + \cdots$$

Ejemplo: Para $p(x) = ax + b$; y $g(x) = f^2$ $\qquad \dfrac{ax+b}{f^2} = \dfrac{A}{f^1} + \dfrac{B}{f^2}$

$$\Rightarrow \qquad ax + b = A(f^1) + B = x(cA) + A + B$$
$$\therefore \quad a = cA$$
$$b = A + B \qquad De\,donde: \quad A = ?$$
$$B = ?$$

4) Sustituya los valores de $A;\ B;\ C; \cdots$ en la integral.

5) Integre.

Ejemplos:

1) $\int \dfrac{x+2}{x^2 + 2x + 1}\,dx = \begin{array}{l} Paso\ 1) \\ x^2 + 2x + 1 = (x+1)^2 \end{array} = \int \dfrac{x+2}{(x+1)^2}\,dx = \begin{array}{l} Paso\ 2) \\ f = x+1;\quad f^2 = (x+1)^2 \end{array}$

$Paso$ 3)

$$\frac{x+3}{(x+1)^2}=\frac{A}{x+1}+\frac{B}{(x+1)^2}$$

$Demostración$:

$$\frac{x+3}{(x+1)^2}=\frac{1}{x+1}+\frac{2}{(x+1)^2}$$

$$=\int\left(\frac{A}{x+1}+\frac{B}{(x+1)^2}\right)dx=$$

$$\Rightarrow x+3=A(x+1)+B=Ax+A+B$$

$$\Rightarrow x=Ax \quad \therefore \ A=1$$

$$\Rightarrow 3=A+B \quad \therefore \quad B=2$$

$$=\frac{(1)(x+1)^2+(2)(x+1)}{(x+1)(x+1)^2}$$

$$=\frac{(x+1)+2}{(x+1)^2}=\frac{x+3}{(x+1)^2}$$

$$= \ Paso \ 4) \ =\int\left(\frac{1}{x+1}+\frac{2}{(x+1)^2}\right)dx=\int\frac{1}{x+1}\ dx+2\int(x+1)^{-2}dx=\ln\ x+1-\frac{2}{x+1}+c$$

2) $\displaystyle\int\frac{1-3x}{4x^2-4x+1}\ dx=$

$Paso$ 1) :

$$4x_2-4x+1=(2x-1)^2$$

$$=\int\frac{1-3x}{(2x-1)^2}\ dx=$$

$Paso$ 2) :

$$f=2x-1; \quad f^2=(2x-1)^2$$

$Paso$ 3) : $\dfrac{1-3x}{(2x-1)^2}$

$$=\frac{A}{2x-1}+\frac{B}{(2x-1)^2}$$

$$\therefore 1-3x=A(2x-1)+B$$

$$=2Ax-A+B$$

$$\therefore -3x=x(2A)\rightarrow-3=2A$$

$$\rightarrow A=-\frac{3}{2}$$

$$\therefore 1=-A+B$$

$$\rightarrow B=-\frac{1}{2}$$

$$=\int\left(\frac{A}{2x-1}+\frac{B}{(2x-1)^2}\right)dx=$$

$Demostracŏn$:

$$\frac{1-3x}{(2x-1)^2}=\frac{-\frac{3}{2}}{2x-1}+\frac{-\frac{1}{2}}{(2x-1)^2}$$

$$=\frac{\left(-\frac{3}{2}\right)(2x-1)^2+\left(-\frac{1}{2}\right)(2x-1)}{(2x-1)(2x-1)^2}$$

$$=\frac{\left(-\frac{3}{2}\right)(2x-1)-\frac{1}{2}}{(2x-1)^2}=\frac{-6(2x-1)-2}{4(2x-1)}$$

$$=\frac{-12x+6-2}{4(2x-1)^2}=\frac{1-3x}{(2x-1)^2}$$

$Paso$ 4)

$=$ $Sustituya\ valores$
$de\ "A"\ y\ de\ "B"$
$\displaystyle=\int\left(\frac{-\frac{3}{2}}{(2x-1)}+\frac{-\frac{1}{2}}{(2x-1)^2}\right)dx=$

$Paso$ 5) : $\displaystyle=-\frac{3}{2}\int\frac{dx}{2x-1}-\frac{1}{2}\int\frac{dx}{(2x-1)^2}$

$Integre$ $\displaystyle=-\frac{3}{2}\int\frac{dx}{2x-1}-\frac{1}{2}\int(2x-1)^{-2}dx$

$$=-\frac{3}{2}\left(\frac{1}{2}\right)\int\frac{2dx}{2x-1}-\frac{1}{2}\left(\frac{1}{2}\right)\int(2x-1)^{-2}(2dx)=-\frac{3}{4}\ln 2x-1-\frac{1}{4}\left(\frac{(2x-1)^{-1}}{-1}\right)+c=-\frac{3}{4}\ln 2x-1+\frac{1}{8x-4}+c$$

Ejercicios:

2.9.2.1 Por la técnica de integración de fracciones parciales con factores repetidos; obtener la integral indefinida de las siguientes funciones:

1) $\displaystyle\int\frac{x+2}{x^2+2x+1}\ dx$

3) $\displaystyle\int\frac{4x+5}{x^2-2x+1}\ dx$

5) $\displaystyle\int\frac{1-2x}{x^2-2x+1}\ dx$

7) $\displaystyle\int\frac{x+2}{4x^2-4x+1}\ dx$

2)   2) $\displaystyle\int\frac{2x-5}{(x-4)^2}\ dx$

4) $\displaystyle\int\frac{x+4}{(3x-2)^2}\ dx$

6) $\displaystyle\int\frac{x+2}{(x-1)^2}\ dx$

8) $\displaystyle\int\frac{2x}{(2-x)^2}\ dx$

Clase: 2.10 Técnica de integración indefinida por series de potencias.
2.10.1 Aplicaciones de la técnica de integración indefinida por series de potencia.   - Ejemplos.
2.10.2 Fundamentos de la técnica de integración indefinida por series de potencia.   - Ejercicios.
2.10.3 Método de integración por series de potencias.

2.10.1 Aplicaciones de la técnica de integración: Integra funciones del tipo: $\displaystyle\int \frac{1}{1-f(x)}\,dx$

2.10.2 Fundamentos de la técnica de integración indefinida por series de potencia:

Sí la representación de la función $y = \dfrac{1}{1-f(x)}$ en función elemental es: $y = \dfrac{1}{1-x}$ puesto que $f(x) = x$;

y si hacemos la división algebraica obtenemos la representación de la función elemental en serie de potencia:

$$\frac{1}{1-x} = 1 + x + x^2 + x^3 + \cdots \quad \forall\,(-1,1) \quad \therefore \quad \int \frac{1}{1-x}\,dx = \int \left(1 + x + x^2 + x^3 + \cdots\right)dx \quad \forall\,(-1,1) \text{ que}$$

aplicada a otras formas mas complejas tenemos: $\displaystyle\int \frac{1}{1-f(x)}\,dx = \int \left(1 + f(x) + \left(f(x)\right)^2 + \left(f(x)\right)^3 + \cdots\right)dx$

2.10.3 Método de integración indefinida por series de potencia:

1) Acople la función a integrar en el modelo $\frac{1}{1-f(x)}$.

2) Identifique el valor de $f(x)$.

3) Sustituya el valor de $f(x)$ en la serie: $1 + f(x) + \left(f(x)\right)^2 + \left(f(x)\right)^3 + \cdots$ hasta 4 términos no nulos.

4) Integre.

Ejemplos :   *Paso* 1)   *Paso* 2)   *Paso* 3)

1) $\displaystyle\int \frac{2}{1-2x}\,dx = 2\int \frac{1}{1-(2x)}\,dx = \begin{array}{l} el\ valor\ de \\ f(x)\ es\ "2x" \end{array} \begin{array}{l} = 2\int \left(1 + (2x) + (2x)^2 + (2x)^3 + \cdots\right)dx \\ = 2\int \left(1 + 2x + 4x^2 + 8x^3 + \cdots\right)dx \end{array}$

$= Paso\ 4) = 2\left(x + \dfrac{2x^2}{2} + \dfrac{4x^3}{3} + \dfrac{8x^4}{4} + \cdots + c\right) = 2x + \dfrac{(2)(2)x^2}{(2)} + \dfrac{(2)(4)x^3}{(3)} + \dfrac{(2)(8)x^4}{(4)} + \cdots + c$

2) $\displaystyle\int \frac{10}{1+3x^3}\,dx = 10\int \frac{1}{1-(-3x^3)}\,dx = 10\int \left(1 + (-3x^3) + (-3x^3)^2 + (-3x^3)^3 + \cdots\right)dx$

$= 10\int \left(1 - 3x^3 + 9x^6 - 27x^9 \pm \cdots\right)dx = 10\left(x - \dfrac{3x^4}{4} + \dfrac{9x^7}{7} - \dfrac{27x^{10}}{10} + \cdots + c\right)$

$= (10)x - \dfrac{(10)(3)x^4}{(4)} + \dfrac{(10)(9)x^7}{(7)} - \dfrac{(10)(27)x^{10}}{(10)} \pm \cdots + c$

3) $\displaystyle\int \frac{x^3}{2-x}\,dx = \frac{1}{2}\int x^3\left(\frac{1}{1-\frac{x}{2}}\right)dx = \frac{1}{2}\int x^3\left(1 + \left(\frac{x}{2}\right) + \left(\frac{x}{2}\right)^2 + \left(\frac{x}{2}\right)^3 + \cdots\right)dx$

$= \dfrac{1}{2}\int \left(x^3 + \dfrac{x^4}{(2)} + \dfrac{x^5}{(2)^2} + \dfrac{x^6}{(2)^3} + \cdots\right)dx = \dfrac{x^4}{(2)(4)} + \dfrac{x^5}{(2)(2)(5)} + \dfrac{x^6}{(2)(2)^2(6)} + \dfrac{x^7}{(2)(2)^3(7)} + \cdots + c$

Ejercicios:

2.10.3.1 Por la técnica de integración por series de potencia; obtener la integral indefinida de las siguientes
funciones:

1) $\displaystyle\int \frac{2}{1-x^2}\,dx$ 2) $\displaystyle\int \frac{3}{1+2x}\,dx$ 3) $\displaystyle\int \frac{2}{3-x^3}\,dx$ 4) $\displaystyle\int \frac{2x^2}{3+x^4}\,dx$

Clase: 2.11 Técnica de integración indefinida por series de Maclaurin.
2.11.1 Fundamentos de la técnica de integración por series de Maclaurin.   - Ejemplos.
2.11.2 Método de integración indefinida por series de Maclaurin.   - Ejercicios.

2.11.1 Fundamentos de la técnica de integración indefinida por series de Maclaurin:

Definición: Es una función $y = f(x)$ representada por la serie de potencia $\sum_{n=0}^{\alpha} a_n x^n$ donde $a_n = \dfrac{f^{(n)}(0)}{n!}$;

"n" es el orden de la derivada de la función y además $f^{(0)}(0) = f(0) = R$ por lo tanto se concluye que:

$$f(x) = \sum_{n=0}^{\alpha} \frac{f^{(n)}(0)\, x^n}{n!} = \frac{f(0)}{0!} + \frac{f'(0)\,x}{1!} + \frac{f''(0)\,x^2}{2!} + \frac{f'''(0)\,x^3}{3!} + \cdots \text{ (llamada serie de Maclaurin) y como}$$

prueba de que la igualdad se cumple observemos lo siguiente: Aplicar la serie de Maclaurin para $f(x) = x^2$

$$f(x) = x^2 = \sum_{n=0}^{\alpha} \frac{\left(x^2\right)^{(n)}(0)\, x^n}{n!} = \frac{(0^2)}{0!} + \frac{2(0)x}{1!} + \frac{2x^2}{2!} + \cdots = \frac{0}{1} + \frac{0}{1} + \frac{2x^2}{2} = x^2$$

de lo anterior podemos inferir que:

Sí $y = f(x)$ y se cumplen las siguientes condiciones:

1) $f(0) = R$

2) Existen $f'(0);\ f''(0);\ f'''(0) \cdots$

3) $f(x) = \dfrac{f(0)}{0!} + \dfrac{f'(0)\,x}{1!} + \dfrac{f''(0)\,x^2}{2!} + \dfrac{f'''(0)\,x^3}{3!} + \cdots$

4) La serie sea integrable.

Entonces: $\displaystyle \int f(x)\,dx = \int \left(\frac{f(0)}{0!} + \frac{f'(0)\,x}{1!} + \frac{f''(0)\,x^2}{2!} + \frac{f'''(0)\,x^3}{3!} + \cdots \right) dx$

2.11.2 Método de integración indefinida por series de Maclaurin:

1) Represente la serie de Maclaurin de la función elemental, tomada de la función a integrar.
   1.1) Identifique la función elemental de la función a integrar
   1.2) Obtenga $f(0);\ f'(0);\ f''(0);\ f'''(0) \cdots$ (al menos los primeros cuatro términos no nulos)
   2.3) Sustituya $f(0);\ f'(0);\ f''(0);\ f'''(0) \cdots$ en la serie de Maclaurin.

   $$\frac{f(0)}{0!} + \frac{f'(0)\,x}{1!} + \frac{f''(0)\,x^2}{2!} + \frac{f'''(0)\,x^3}{3!} + \cdots$$

   (esta es la función elemental representada en serie de Maclaurin).

2) Represente la serie de Maclaurin de la función a integrar:
   2.1) Identifique el nuevo valor de "x" en la función a integrar.
   2.2) Sustituya el nuevo valor de "x" en la serie de Maclaurin de la función elemental.

   $$\frac{f(0)}{0!} + \frac{f'(0)\,(Nuevo\ valor\ de\ x)}{1!} + \frac{f''(0)\,(Nuevo\ valor\ de\ x)^2}{2!} + \frac{f'''(0)\,(Nuevo\ valor\ de\ x)^3}{3!} + \cdots$$

   (Esta es la función a integrar representada en serie de Maclaurin).

3) Sustituya la serie de Maclaurin de la función a integrar por la función a integrar.

4) Integre.

Ejemplo 1) Resolver la integral $\int e^{-x}dx$

Paso 1)

1.1) *La función elemental de* $y = e^{-x}$ *es* $y = e^{x}$

1.2) $f(0) = e^{(0)} = 1 \quad f'(0) = \left(e^{x}\right)_{x=0} = e^{(0)} = 1$

$\int e^{-x}dx =$ $\qquad f''(0) = \left(e^{x}\right)_{x=0} = e^{(0)} = 1 \quad f'''(0) = \left(e^{0}\right)_{x=0} = e^{(0)} = 1 \quad =$

1.3) $\quad \dfrac{1}{0!} + \dfrac{1x}{1!} + \dfrac{1x^2}{2!} + \dfrac{1x^3}{3!} = \dfrac{1}{0!} + \dfrac{x}{1!} + \dfrac{x^2}{2!} + \dfrac{x^3}{3!}$

Esta es la serie de Maclaurin de la función elemental

Paso 2)

2.1) *el nuevo valor de* " x " *es* $-x$

2.2) $\dfrac{1}{0!} + \dfrac{\left(-x\right)}{1!} + \dfrac{\left(-x\right)^2}{2!} + \dfrac{\left(-x\right)^3}{3!} + \cdots$

$= \dfrac{1}{0!} + \dfrac{-x}{1!} + \dfrac{x}{2!} + \dfrac{-x^3}{3!} + \cdots$

Paso 3) **Paso 4)**

$= \int\left(\dfrac{1}{0!} + \dfrac{-x}{1!} + \dfrac{x}{2!} + \dfrac{-x^3}{3!} + \cdots \right) dx = \dfrac{-x}{0!} + \dfrac{2-x^3}{(1!)(3)} + \dfrac{x^2}{(2!)(2)} + \dfrac{2-x^5}{(3!)(5)} + \cdots + c$

Ejemplo 2) Integrar la función: $\int \dfrac{\cos x^2}{3}dx$

Paso 1) La función elemental de $y = \cos x^2$ *es* $y = \cos x$

$f(0) = \cos(0) = 1 \quad f'(0) = \left(-senx\right)_{x=0} = -sen(0) = 0$

$f''(0) = \left(-\cos x\right)_{x=0} = -\cos(0) = -1$

$f'''(0) = \left(senx\right)_{x=0} = sen(0) = 0$

$\int \dfrac{\cos x^2}{3}dx = \qquad f^4(0) = \left(\cos x\right)_{x=0} = \cos(0) = 1$

$f^5(0) = \left(-senx\right)_{x=0} = -sen(0) = 0$

$f^6(0) = \left(-\cos x\right)_{x=0} = -\cos(0) = -1$

$\therefore$ *la serie de Maclaurin de la función elemental es :*

$\dfrac{1}{0!} + \dfrac{(0)x}{1!} + \dfrac{-1x^2}{2!} + \dfrac{(0)x^3}{3!} + \dfrac{(1)x^4}{4!} - \dfrac{(0)x^5}{5!} + \dfrac{(-1)x^6}{6!} + \cdots$

$= \dfrac{1}{0!} - \dfrac{x^2}{2!} + \dfrac{x^4}{4!} - \dfrac{x^6}{6!} \pm \cdots$

Paso 2)

El nuevo valor de " x " *es* " x^2 "

$= \dfrac{1}{0!} - \dfrac{\left(x^2\right)^2}{2!} + \dfrac{\left(x^2\right)^4}{4!} - \dfrac{\left(x^2\right)^6}{6!} \pm \cdots$

$= \dfrac{1}{0!} - \dfrac{x^4}{2!} + \dfrac{x^8}{4!} - \dfrac{x^{12}}{6!} \pm \cdots$

Paso 3) **Paso 4)**

$= \dfrac{1}{3}\int\left(\dfrac{1}{0!} - \dfrac{x^4}{2!} + \dfrac{x^8}{4!} - \dfrac{x^{12}}{6!} \pm \cdots \right) dx = \dfrac{x}{(3)(0!)} - \dfrac{x^5}{(3)(2!)(5)} + \dfrac{x^9}{(3)(4!)(9)} - \dfrac{x^{13}}{(3)(6!)(13)} \pm \cdots + c$

Ejercicios:

2.11.2.1 Por la técnica de integración por series de Maclaurin; obtener la integral indefinida de las siguientes funciones:

1) $\int e^{2x^2}dx$ 2) $\int sen\, x^2 dx$ 3) $\int \cos\, \sqrt{x}\, dx$ 4) $\int arctag\, \sqrt{x}\, dx$

Clase: 2.12 Técnica de integración indefinida por series de Taylor.

2.12.1 Fundamentos de la técnica de integración indefinida por series de Taylor. - Ejemplos.
2.12.2 Método de integración indefinida por series de Taylor. - Ejercicios.

2.12.1 Fundamentos de la técnica de integración indefinida por series de Taylor.

Definición: Es una función $y = f(x)$ representada por la serie de potencia centrada en c $\displaystyle\sum_{n=0}^{\alpha} a_n x^n$ donde

$a_n = \dfrac{f^{(n)}(c)}{n!}$; "$n$" es el orden de la derivada de la función y además $f^{(0)}(c) = f(c) = R$ de donde:

$$f(x) = \sum_{n=0}^{\alpha} \frac{f^{(n)}(c)(x-c)^n}{n!} = \frac{f(c)}{0!} + \frac{f'(c)(x-c)}{1!} + \frac{f''(c)(x-c)^2}{2!} + \frac{f'''(c)(x-c)^3}{3!} + \cdots$$

(llamada serie de Taylor) y como prueba de que la igualdad se cumple, observemos lo siguiente: Aplicar la serie de Taylor para $f(x) = 2x \quad \forall\, c = 1$

$$f(x) = 2x \;\forall\, c = 1 = \sum_{n=0}^{\alpha} \frac{(2x)(x-1)^n}{n!} = \frac{2(1)}{0!} + \frac{2(x-1)}{1!} + \cdots = \frac{2}{1} + \frac{2x-2}{1} = 2 + 2x - 2 = 2x$$

Notas:
1) Es de observarse que la serie de Maclaurin es un caso particular de la serie de Taylor donde $c = 0$.
2) Al abordar un problema de integración por series se inicia generalmente con la aplicación de la serie de Maclaurin, y la serie de Taylor tiene su utilidad cuando al evaluar el primer término de la serie de Maclaurin el resultado es indefinido, y cuando esto pasa se busca un número (el mas censillo para efectos de cálculos) donde la función al ser evaluada en ese número el resultado es definido.

Ejemplo 1) $f(x) = \cos x \quad f(0) = 1$ (la función es definida y por lo tanto se aplica la serie de Maclaurin).

Ejemplo 2) $f(x) = \dfrac{1}{x} \quad f(0) = \dfrac{1}{0} = Indefinido$ (la función es indefinida y por lo tanto se aplica la serie de Taylor; entonces se busca un número que resulta ser el 1 ó sea $c = 1 \quad ya\ que\ f(1) = \dfrac{1}{1} = 1$)

De lo anterior podemos inferir que:
Sí $y = f(x)$ y se cumplen las siguientes condiciones:

1) $f(0) = Indefinido$

2) Exista un número "c" tal que $f(c) = R$;

3) Existan $f'(c);\ f''(c);\ f'''(c) \cdots$

4) $f(x) = \dfrac{f(c)}{0!} + \dfrac{f'(c)(x-c)}{1!} + \dfrac{f''(c)(x-c)^2}{2!} + \dfrac{f'''(c)(x-c)^3}{3!} + \cdots$

5) La serie sea integrable.

Entonces: $\displaystyle\int_a^b f(x)\,dx = \int_a^b \left(\frac{f(c)}{0!} + \frac{f'(c)(x-c)}{1!} + \frac{f''(c)(x-c)^2}{2!} + \frac{f'''(c)(x-c)^3}{3!} + \cdots \right) dx$

2.12.2 Método de integración indefinida por series de Taylor:

1) Represente la serie de Taylor de la función elemental, tomada de la función a integrar.
  1.1) Identifique la función elemental de la función a integrar.
  1.2) Busque un número $"c"$ fácil de evaluar de tal forma que $f(c) = R$ (ya que $f(0) = Indefinido$)
  1.3) Obtenga $f(c)$; $f'(c)$; $f''(c)$; $f'''(c) \cdots$ (al menos los primeros cuatro términos no nulos)
  1.4) Sustituya $f(c)$; $f'(c)$; $f''(c)$; $f'''(c) \cdots$ en la serie de Taylor de la función elemental.

$$\frac{f(c)}{0!} + \frac{f'(c)(x-c)}{1!} + \frac{f''(c)(x-c)^2}{2!} + \frac{f'''(x-c)^3}{3!} + \cdots$$

(Esta es la función elemental representada en serie de Taylor)

2) Represente la serie de Taylor de la función a integrar:
  2.1) Identifique el nuevo valor de $"x"$ en la función a integrar.
  2.2) Sustituya el nuevo valor de $"x"$ en la serie de Taylor de la función elemental.

$$\frac{f(c)}{0!} + \frac{f'(0)(Nuevo\ valor\ de\ x-c)}{1!} + \frac{f''(c)(Nuevo\ valor\ de\ x-c)^2}{2!} + \frac{f'''(c)(Nuevo\ valor\ de\ x-c)^3}{3!} + \cdots$$

(Esta es la función a integrar representada en serie de Taylor).

3) Sustituya la serie de Taylor de la función a integrar por la función a integrar.

4) Integre.

Ejemplo 1) Resolver la integral $\displaystyle\int 3\ln x \, dx$

Paso 1)   *La función elemental de* $y = \ln x$ *es* $y = \ln x$

$f(0) = \ln(0) = inefinido \therefore c = 1 \quad f(1) = \ln(1) = 0$

$f'(1) = \left(\frac{1}{x}\right)_{x=1} = 1 \quad f''(1) = \left(-\frac{1}{x^2}\right)_{x=1} = -\frac{1}{(1)^2} = -1$

$f'''(1) = \left(\frac{2}{x^3}\right)_{x=1} = \frac{2}{(1)^3} = 2 \quad f^4(1) = \left(-\frac{6}{x^4}\right)_{x=1} = -\frac{6}{(1)^4} = -6$

$\displaystyle\int 3\ln x \, dx = \quad \therefore$ *la serie de Taylor es* :

$$\frac{1(x-1)}{1!} + \frac{-1(x-1)^2}{2!} + \frac{2(x-1)^3}{3!} + \frac{-6(x-1)^4}{4!} + \cdots$$

$$= \frac{(x-1)}{0!} - \frac{(x-1)^2}{2!} + \frac{2(x-1)^3}{3!} - \frac{6(x-1)^4}{4!} \pm \cdots$$

$$= \frac{x}{0!} - \frac{1}{0!} - \frac{x^2}{2!} + \frac{2x}{2!} - \frac{1}{2!} \pm \cdots$$

Paso 2)

El nuevo valor de $"x"$ *es* $" x "$

$$= \frac{(x)}{0!} - \frac{1}{0!} - \frac{(x)^2}{2!} + \frac{2(x)}{2!} - \frac{1}{2!} \pm \cdots$$

$$= \frac{x}{0!} - \frac{1}{0!} - \frac{x}{2!} + \frac{2x}{2!} - \frac{1}{2!} \pm \cdots$$

Paso 3)   *Paso* 4)

$$= 3\int\left(\frac{x}{0!} - \frac{1}{0!} - \frac{x}{2!} + \frac{2x}{2!} - \frac{1}{2!} \pm \cdots\right)dx = \frac{(3)(2)x^3}{(0!)(3)} - \frac{(3)x}{0!} - \frac{(3)x^2}{(2!)(2)} + \frac{(3)(2)(2)x^3}{(2!)(3)} - \frac{(3)x}{2!} \pm \cdots + c$$

Ejercicios:

2.12.2.1 Por la técnica de integración por series de Taylor obtener la integral indefinida de las siguientes
  funciones:

1) $\displaystyle\int 2\ln x^2 dx$ 2) $\displaystyle\int \frac{2}{3}\ln^3 x \, dx$ 3) $\displaystyle\int arc\sec x \, dx$ 4) $\displaystyle\int 2arc\sec x^2 \, dx$

Evaluaciones tipo de la Unidad 2 (Técnicas de integración).

	E X A M E N	Número de lista:
Cálculo Integral	Unidad: 2	Clave: Evaluación tipo 1

1) $\int \dfrac{5dx}{9x^2+2}\,dx$ Técnica: Uso de tablas de fórmulas. Valor: 30 puntos.

2) $\int \cos^5 \dfrac{x}{2}\,dx$ Técnica: Integración del seno y coseno de "m" y "n" potencia. Valor: 30 puntos.

3) $\int \dfrac{x-2}{x^2-5x}\,dx$ Técnica: Integración de fracciones parciales con factores no repetidos. Valor: 40 puntos.

	E X A M E N	Número de lista:
Cálculo Integral	Unidad: 2	Clave: Evaluación tipo 2

1) $\int \dfrac{xdx}{2x-1}=?$ Técnica: Integración por cambio de variable. Valor: 30 puntos.

2) $\int sen^4 2x\,dx=?$ Técnica: Integración del seno y coseno de "m" y "n" potencia. Valor: 40 puntos.

3) $\int \dfrac{5}{2-x^3}\,dx$ Técnica: Integración por series de potencia. Valor: 30 puntos.

	E X A M E N	Número de lista:
Cálculo Integral	Unidad: 2	Clave: Evaluación tipo 3

1) $\int sen^3 2x\cos^7 2x\,dx$ Técnica: Integración del seno y coseno de "m" y "n" potencia. Valor: 30 puntos.

2) $\int \dfrac{2dx}{(x^2+4)^{\frac{3}{2}}}$ Técnica: Integración por sustitución trigonométrica. Valor: 40 puntos.

3) $\int 3\cos x\,dx$ Técnica: Integración por series de Maclaurin. Valor: 30 puntos.

	E X A M E N	Número de lista:
Cálculo Integral	Unidad: 2	Clave: Evaluación tipo 4

1) $\int 2x\ln x\,dx=?$ Técnica: de integración por partes. Valor: 30 puntos.

2) $\int ctg^5 2x\,dx=?$ Técnica: Integración de la cotangente y cosecante de "m" y "n" potencia. Valor: 30 puntos.

3) $\int \dfrac{x+2}{2x^2+x}\,dx=?$ Técnica: Integración de fracciones parciales. Valor: 40 puntos.

Formulario de la unidad 2 (técnicas de integración).

Contenido:

1. Fórmulas de integración de funciones que contienen las formas: $u^2 \pm a^2 \quad \forall \quad a > 0$

1)	$\displaystyle\int \frac{du}{u^2 + a^2} = \frac{1}{a} arc\tan\frac{u}{a} + c$	6)	$\displaystyle\int \frac{du}{\sqrt{a^2 - u^2}} = arcsen\frac{u}{a} + c$
2)	$\displaystyle\int \frac{du}{u^2 - a^2} = \frac{1}{2a}\ln\left|\frac{u-a}{u+a}\right| + c$	7)	$\displaystyle\int \frac{du}{u\sqrt{u^2 + a^2}} = -\frac{1}{a}\ln\left|\frac{a + \sqrt{u^2 + a^2}}{u}\right| + c$
3)	$\displaystyle\int \frac{du}{a^2 - u^2} = \frac{1}{2a}\ln\left|\frac{u+a}{u-a}\right| + c$	8)	$\displaystyle\int \sqrt{u^2 + a^2}\, du = \frac{u}{2}\sqrt{u^2 + a^2} + \frac{a^2}{2}\ln\left|u + \sqrt{u^2 + a^2}\right| + c$
4)	$\displaystyle\int \frac{du}{\sqrt{u^2 + a^2}} = \ln\left|u + \sqrt{u^2 + a^2}\right| + c$	9)	$\displaystyle\int \sqrt{u^2 - a^2}\, du = \frac{u}{2}\sqrt{u^2 - a^2} - \frac{a^2}{2}\ln\left|u + \sqrt{u^2 - a^2}\right| + c$
5)	$\displaystyle\int \frac{du}{\sqrt{u^2 - a^2}} = \ln\left|u + \sqrt{u^2 - a^2}\right| + c$	10)	$\displaystyle\int \sqrt{a^2 - u^2}\, du = \frac{u}{2}\sqrt{a^2 - u^2} + \frac{a^2}{2} arcsen\frac{u}{a} + c$

2. Técnica de integración por cambio de variable: $\quad \displaystyle\int f(g(x)g'(x))dx = \int f(u)du = F(u) + c$

3. Técnica de integración por partes: $\quad \displaystyle\int u\,dv = uv - \int v\,du$

   Forman parte de este contenido los siguientes métodos:

4. Método de integración del seno y coseno de m y n potencia.
5. Método de integración de la tangente y secante de m y n potencia.
6. Método de integración de la cotangente y cosecante de m y n potencia.
7. Método de integración por sustitución trigonométrica.
8. Método de integración de fracciones parciales con factores no repetidos.
9. Método de integración de fracciones parciales con factores no repetidos.
10. Método de integración indefinida por series de potencia.
11. Método de integración indefinida por series de Maclaurin.
12. Método de integración indefinida por series de Taylor.

Las Grandes Naciones, se formaron por hombres y mujeres que tuvieron buenos principios y a los cuales fueron fieles toda su vida.

José Santos Valdez Pérez

UNIDAD 3. LA INTEGRAL DEFINIDA.

Clases:

3.1   **Principios de graficación de funciones.**
3.2   **La integral definida.**
3.3   **Teoremas de cálculo integral.**
3.4   **Integración definida de funciones elementales:**
3.5   **Integración definida de funciones algebraicas que contienen x^n.**
3.6   **Integración definida de funciones que contienen u.**
3.7   **Integración definida de funciones que contienen las formas $u^2 \pm a^2$**
3.8   **Integrales impropias.**

- **Evaluaciones tipo de la Unidad 3 (la integral definida)**
- **Formulario de la Unidad 3 (la integral definida)**

Clase: 3.1 Principios de graficación de funciones.
3.1.1 Graficas de funciones elementales.
3.1.2 Punto medio de graficación de una función básica; (inversas, raíz y logarítmicas).
3.1.3 Método de graficación de funciones básicas; (inversas, raíz y logarítmicas).
3.1.4 Tarea: Gráficas de funciones elementales.
3.1.5 Reglas fundamentales de graficación de funciones.
Ejemplos.
Ejercicios.

3.1.1 Graficas de funciones elementales.

Introducción:

Antes de iniciar el proceso de aprendizaje de integración definida de funciones, vamos a tocar un tema de utilidad fundamental en el proceso de evaluación de funciones, es así como iniciaremos a recordar las gráficas de funciones elementales que son el punto de partida necesario para el aprendizaje de las trazas de funciones con un grado de dificultad mayor.

Funciones elementales algebraicas:

Las funciones elementales algebraicas más representativas para nuestro estudio, son:

Función	Estructura	Dominio	Recorrido	Gráfica
Constante	$y = k$	$(-\alpha, \alpha)$	(k, k)	
Identidad	$y = x$	$(-\alpha, \alpha)$	$(-\alpha, \alpha)$	
Valor absoluto	$y = |x|$	$(-\alpha, \alpha)$	$[0, \alpha)$	
Raíz	$y = \sqrt{x}$	$[0, \alpha)$	$[0, \alpha)$	
Racional	$y = \dfrac{1}{x}$	$(-\alpha, 0) \cup (0, \alpha)$	$(-\alpha, 0) \cup (0, \alpha)$	
Racional raíz	$y = \dfrac{1}{\sqrt{x}}$	$(0, \alpha)$	$(0, \alpha)$	

Funciones elementales exponenciales:

Función	Estructura	Dominio	Recorrido	Gráfica representativa
De base "e"	$y = e^x$	$(-\alpha, \alpha)$	$(0, \alpha)$	$y = e^x$
De base "a"	$y = a^x \ \forall\, a \in R^+$	$(-\alpha, \alpha)$	$(0, \alpha)$	

Funciones elementales logarítmicas:

Función	Estructura	Dominio	Recorrido	Gráfica representativa
De base "e"	$y = \ln x$	$(0, \alpha)$	$(-\alpha, \alpha)$	$y = \ln x$
De base "a"	$y = \log_a x \ \forall\, a \in R^+$	$(0, \alpha)$	$(-\alpha, \alpha)$	

Funciones elementales trigonométricas:

Función	Estructura	Dominio	Recorrido	Gráfica
Seno	$y = sen\ x$	$(-\alpha, \alpha)$	$[-1, 1]$	
Coseno	$y = \cos x$	$(-\alpha, \alpha)$	$[-1, 1]$	
Tangente	$y = \tan x$	$x \neq \pm\pi\ 2, \pm 3\pi\ 2, \cdots$	$(-\alpha, \alpha)$	
Cotangente	$y = \cot x$	$x \neq 0, \pm\pi, \pm 2\pi, \cdots$	$(-\alpha, \alpha)$	
Secante	$y = \sec x$	$x \neq \pm\pi\ 2, \pm 3\pi\ 2, \cdots$	$(-\alpha, -1)$ $\cup (1, \alpha)$	
Cosecante	$y = \csc x$	$x \neq 0, \pm\pi, \pm 2\pi, \cdots$	$(-\alpha, -1)$ $\cup (1, \alpha)$	

Funciones elementales trigonométricas inversas:

Función	Estructura	Dominio	Recorrido	Gráfica
Seno inverso	$y = arc\ sen\ x$	$[-1,1]$	$[-\pi\ 2, \pi\ 2]$	
Coseno inverso	$y = arc\ \cos\ x$	$[-1,1]$	$[0, \pi]$	
Tangente inversa	$y = arc\ \tan\ x$	$(-\alpha, \alpha)$	$(-\pi\ 2, \pi\ 2)$	
Cotangente inversa	$y = arc\ \cot\ x$	$(-\alpha, 0) \cup (0, \alpha)$	$(-\pi\ 2, \pi\ 2)$	
Secante inversa	$y = arc\ \sec\ x$	$(-\alpha, -1] \cup [1, \alpha)$	$[0, \pi\ 2) \cup (\pi\ 2, \pi]$	
Cosecante inversa	$y = arc\ \csc\ x$	$(-\alpha, -1] \cup [1, \alpha)$	$[-\pi\ 2, 0) \cup (0, \pi\ 2]$	

Funciones elementales hiperbólicas:

Función	Estructura	Dominio	Recorrido	Gráfica
Seno Hiperbólico	$y = senh\,x = \dfrac{e^x - e^{-x}}{2}$	$(-\alpha, \alpha)$	$(-\alpha, \alpha)$	
Coseno hiperbólico	$y = \cosh x = \dfrac{e^x + e^{-x}}{2}$	$(-\alpha, \alpha)$	$[1, \alpha)$	
Tangente hiperbólica	$y = \tanh x = \dfrac{senh\,x}{\cosh x}$	$(-\alpha, \alpha)$	$(-1, 1)$	
<u>Cotangente</u> <u>hiperbólica</u>	$y = \coth x = \dfrac{1}{\tanh x}$ $\forall x \neq 0$	$(-\alpha, 0) \cup (0, \alpha)$	$(-\alpha, -1) \cup (1, \alpha)$	
<u>Secante</u> <u>hiperbólica</u>	$y = \sec h\,x = \dfrac{1}{\cosh x}$	$(-\alpha, \alpha)$	$(0, 1)$	
<u>Cosecante</u> <u>hiperbólica</u>	$y = \csc h\,x = \dfrac{1}{senh\,x}$ $\forall x \neq 0$	$(-\alpha, 0) \cup (0, \alpha)$	$(-\alpha, 0) \cup (0, \alpha)$	

Funciones elementales hiperbólicas inversas:

Función	Estructura	Dominio	Recorrido	Gráfica
Seno hiperbólico inverso	$y = arcsenh\, x = \ln\left(x + \sqrt{x^2 + 1}\right)$	$(-\alpha, \alpha)$	$(-\alpha, \alpha)$	
Coseno hiperbólico inverso	$y = \arccos h\, x = \ln\left(x + \sqrt{x^2 - 1}\right)$	$[1, \alpha)$	$[0, \alpha)$	
Tangente hiperbólica inversa	$y = \arctan h\, x = \dfrac{1}{2}\ln\dfrac{1+x}{1-x}$	$(-1, 1)$	$(-\alpha, \alpha)$	
Cotangente hiperbólica inversa	$y = arc\coth x = \dfrac{1}{2}\ln\dfrac{x+1}{x-1}$	$(-\alpha, -1)$ $\cup (1, \alpha)$	$(-\alpha, 0)$ $\cup (0, \alpha)$	
Secante hiperbólica inversa	$y = arc\sec h\, x = \ln\left(\dfrac{1+\sqrt{1-x^2}}{x}\right)$	$(0, 1]$	$[0, \alpha)$	
Cosecante hiperbólica inversa	$y = arc\csc h\, x = \ln\left(\dfrac{1}{x} + \dfrac{\sqrt{1+x^2}}{|x|}\right)$	$(-\alpha, 0)$ $\cup (0, \alpha)$	$(-\alpha, 0)$ $\cup (0, \alpha)$	

3.1.2 Punto medio de graficación de una función básica; (inversas, raíz y logarítmica):

El punto medio de graficación "Pmg" de una función, es la coordenada $(x, 0)$ en donde se presume sea el centro de la traza de la función a graficar; obteniendo el valor de "x" al ser despejada de la ecuación $ax + b = 0$.

Ejemplo: Obtener el punto medio de graficación de la función $y = \sqrt{x - 4}$

Solución: $ax + b = x - 4$ $\therefore$ $x + 4 = 0$ $\therefore$ $x = -4$ de donde el punto medio de graficación es: $Pmg = -4$

3.1.3 Método de graficación de funciones básicas; (inversas, raíz y logarítmicas):

1) Obtenga el Pmg.
2) Identifique la función elemental y su traza que puede obtenerse a partir de la función básica.
3) Identifique la orientación de la traza de la gráfica evaluando un punto antes y otro punto después del Pmg
4) Haga la traza de la gráfica.

Ejemplos:

1) Graficar la función $y = \dfrac{2}{x-3}$

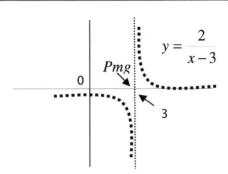

2) Graficar la función $y = \overline{x+4}$

   Paso 1) $x + 4 = 0$ $\therefore$ $Pmg = -4$

   Paso 2) $y = \overline{x}$ y su traza es:

   Paso 3) $f(-5) = \overline{(-5)+4} = indefinido$
              $f(-3) = \overline{(-3)+4} = 1$

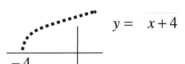

   Paso 4)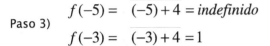

3) Graficar la función

   $y = \dfrac{1}{x+2}$

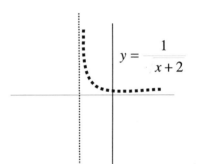

5) Graficar la función
   $y = \ln(2-x)$

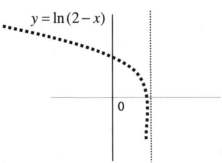

Ejercicios:

3.1.3.1 Dada una función, hacer el bosquejo de la gráfica.

1) $y = \dfrac{3}{x+4}$ 3) $y = \overline{x+4}$ 5) $y = \dfrac{1}{x+3}$ 7) $y = \ln(5x+4)$

2) $y = \dfrac{2}{5-x}$ 4) $y = 2\ \overline{3-x}$ 6) $y = \dfrac{2}{5-x}$ 8) $y = \ln(3x-2)$

3.1.4 Tarea: Gráficas de funciones elementales: Funciones a graficar:

Clasificación	Función	Nombre	Función	Nombre
Algebraicas	1) $y=4$	Constante	4) $y=\sqrt{x}$	Raíz
	2) $y=x$	Identidad	5) $y=\dfrac{1}{x}$	Racional
	3) $y=|x|$	Valor absoluto	6) $y=\dfrac{1}{\sqrt{x}}$	Racional raíz
Exponenciales	7) $y=10^x$	Exponencial de base diez	8) $y=e^x$	Exponencial de base e
Logarítmicas:	9) $y=\log_{10} x$	Logaritmo de base diez	10) $y=\ln x$	logaritmo natural
Trigonométricas	11) $y=sen\,x$	Seno	14) $y=arc\,sen\,x$	Inversa del seno
	12) $y=\cos x$	Coseno	15) $y=arc\cos x$	Inversa del coseno
	13) $y=tg\,x$	Tangente	16) $y=arc\,tg\,x$	Inversa de la tangente
Hiperbólicas	17) $y=senh\,x$	Seno hiperbólico	20) $y=arc\,senh\,x$	Inversa del seno hiperbólico
	18) $y=\cosh x$	Coseno hiperbólico	21) $y=arc\cosh x$	Inversa del coseno hiperbólico
	19) $y=tgh\,x$	Tangente hiperbólica	22) $y=arc\,tgh\,x$	Inversa de la tangente hiperbólica

Formato de la tarea:

Función	Gráfica por computadora	Tabulador a lápiz	Gráfica a lápiz
No Ecuación Nombre Clasificación			

INDICADORES:

Fecha de entrega: La que el maestro indique.

Material:
Hojas blancas tamaño carta; en un solo lado; engrapadas.
Elaboración:
En computadora, y a mano con lápiz; 4 gráficas por hoja.
Hoja de presentación:
Vea el formato de la hoja de presentación; es la información mínima requerida; se permite hoja de color y elaborada en computadora.
Evaluación:
- Tarea obligatoria para tener derecho a examen de la unidad.
- De 0 a 20 puntos extras en la unidad.
Valoración:
NA = No acredita la unidad;

$T_0=0$ puntos; $T_1=5$ puntos; $T_2=10$ puntos;

$T_3=15$ puntos; $T_4=20$ puntos;

Las 3 mejores tareas exentan examen de la unidad y reconsideración al final del curso.

HOJA DE PRESENTACIÓN

Grapa
NOMBRE DE LA INSTITUCIÓN EDUCATIVA
Cálculo Integral

Tarea: Gráficas de funciones elementales.

Libre a su imaginación

Alumno:

A. Paterno   A. Materno   Nombre   NL

Maestro:

Grupo: _____ horas   Fecha: _____

3.1.5 Reglas fundamentales de graficación de funciones

1) De la ecuación constante:

    Sí $x = k$ ∴ la gráfica es una recta que toca al eje "X" en $(k, 0)$;
                  y es paralela al eje "Y".

      Ejemplo: Trazar la gráfica cuya ecuación es: $x = 2$

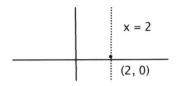

2) De la función constante:

    Sí $y = k$ ∴ la gráfica es una recta que toca al eje "Y" en $(0, k)$;
                  y es paralela al eje "X",

      Ejemplo: Trazar la gráfica cuya ecuación es: $y = 3$

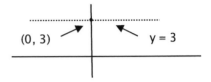

3) De la función lineal:

    Sí $y = ax + b$ ∴ la gráfica es una recta que toca al eje "Y" en $(0, b)$;
                         y además es creciente si "a" es positiva "+"
                         y decreciente si "a" es negativa "-")

      Ejemplo: Trazar la gráfica cuya ecuación es: $y = 2x - 1$

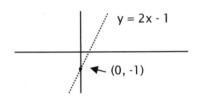

4) De la función cuadrática y binómica:

    Sí $y = ax^2 + b$ ∴ la gráfica es una parábola que toca al eje "Y" en $(0, b)$;
                       y es cóncava hacia arriba sí "a" es positiva "+"
                       y cóncava hacia abajo sí "a" es negativa "-".

      Ejemplo: Trazar la gráfica cuya ecuación es: $y = 2x^2 + 1$

      Extensión: Todas las gráficas de la forma $ax^n + b$
                  donde n es par, presentan este bosquejo.

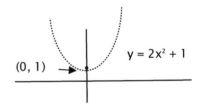

5) Regla de la función cuadrática y trinómica del tipo $x^2 + bx + c$:

$$\text{Sí }\ y = x^2 + bx + c = \left(x + \tfrac{b}{2}\right)^2 + d$$

∴ la gráfica es una parábola que toca el punto $\left(-\tfrac{b}{2}, d\right)$; y es cóncava hacia arriba sí "x" es positiva "+"; y cóncava hacia abajo sí "x" es negativa "-".

  Ejemplo 1. Trazar la gráfica cuya ecuación es: $y = x^2 + 6x + 11$

$$y = x^2 + 6x + 11 = (x + 3)^2 + ? = x^2 + 6x + 9 + 2 = (x + 3)^2 + 2$$

De donde $\left(-\tfrac{b}{2a}, d\right) = (-3, 2)$

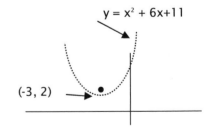

6) Regla de la función cuadrática y trinómica del tipo $ax^2 + bx + c$:

Sí $y = ax^2 + bx + c = a\left(x + \frac{b}{2a}\right)^2 + ad$

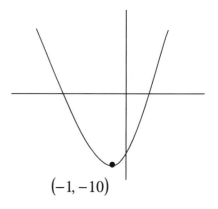

$\therefore$ la gráfica es una parábola que toca el punto $\left(-\frac{b}{2a}, ad\right)$; y es cóncava hacia arriba sí "a" es positiva "+" ; y cóncava hacia abajo sí "a" es negativa "-".

Ejemplo 1. Trazar la gráfica cuya ecuación es: $y = 2x^2 + 4x - 8$

$$y = 2x^2 + 4x - 8 = 2\left(x^2 + 2x - 4\right) = 2\left((x+1)^2 + ?\right)$$

$$= 2(x^2 + 2x + 1 - 5) = 2\left((x+1)^2 - 5\right) = 2(x+1)^2 - 10$$

De donde: $\left(-\frac{b}{2a}, ad\right) = (-1, -10)$

$(-1, -10)$

7) Reglas de los desplazamientos:

Para   y = f(x)   y   k > 0   se cumple lo siguiente:

6.1) Sí   y = f(x) + k $\therefore$ la gráfica y = f(x)   se desplaza k unidades hacia arriba.
6.2) Sí   y = f(x) - k $\therefore$ la gráfica y = f(x)   se desplaza k unidades hacia abajo.

Ejemplo 1): Sea: $y = x^2$ para k = 2 bosquejar a) y = f(x) + k;   b) y = f(x) – k;   c) y = f(x + k);   d) y = f(x - k).

a) y = f(x) + k = x² + 2   c) y = f(x + k) = (x + 2)² = x² + 4x + 4
b) y = f(x) – k = x² - 2   d) y = f(x - k) = (x - 2)² = x² - 4x + 4

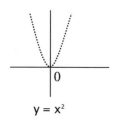

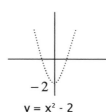

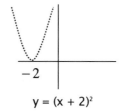

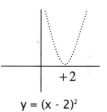

y = x²   y = x² + 2   y = x² - 2   y = (x + 2)²   y = (x - 2)²

Ejemplo 2): Sea: y = x² + 1 para k = 2 bosquejar a) y = f(x) + k; b) y = f(x) – k; c) y = f(x + k); d) y = f(x - k).

a) y = f(x) + k = (x² + 1) + 2 = x² + 3   c) y = f(x + k) = (x + 2)² +1 = x² + 4x + 5
b) y = f(x) – k = (x² +1) - 2 = x² - 1   d) y = f(x - k) = (x - 2)² + 1 = x² - 4x + 1

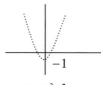

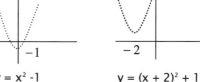

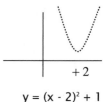

y = x² + 1   y = x² + 3   y = x² -1   y = (x + 2)² + 1   y = (x - 2)² + 1

3.1.5.1 Dada una ecuación, hacer el bosquejo de la gráfica.

1) $x = -5$ 3) $y = -4$ 5) $y = x^2 - 2x + 4$ 7) $y = x^2 - 4$

2) $y = 5 - 3x$ 4) $y = -2 - \dfrac{x^2}{4}$ 6) $y = 2x^2 - 8x + 6$ 8) $y = \ x - 2$

Clase 3.2 La integral definida.

3.2.1 Medición aproximada de figuras amorfas
3.2.2 Notación sumatoria,
3.2.3 Sumas de Riemann.
3.2.4 Definición de la integral definida
3.2.5 Teorema de existencia de la integral.

3.2.6 propiedades de la integral definida.
3.2.7 Función primitiva.
3.2.8 teorema fundamental del cálculo.
3.2.9 Interpretación del resultado de la integral definida
- Ejemplos.
- Ejercicios.

3.2.1 Medición aproximada de figuras amorfas:

Sea

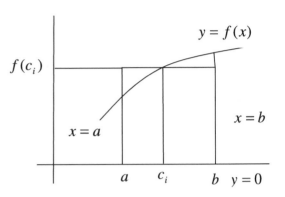

1) R^2 un plano rectangular.

2) $[a, b]$ un intervalo cerrado en el eje "X".

3) $y = f(x)$ una función no negativa y continua en $[a, b]$.

4) $y = 0; \quad x = a; \quad y \quad x = b$ gráficas de ecuaciones.

5) c_i un iésimo punto en $[a, b]$

6) $f(c_i)$ la imagen de c_i

7) Δx_i un iésimo subintervalo en $[a, b]$ que incluye a c_i

8) A el área limitada por las gráficas cuyas
ecuaciones son: $y = f(x); \; y = 0; \quad x = a; \quad y \quad x = b$

9) Sí $\Delta x_i = [a, b]$ entonces:

A' es el área limitada por el rectángulo de
altura $f(c_i)$ y anchura Δx_i o sea $A_i = f(c_i)\Delta x_i$

Inferencia 1) Sí en lugar de elegir un solo punto c_i se eligieran varios puntos $c_1, c_2, \cdots c_n$ entonces tendríamos tantos rectángulos como puntos elegidos y por consecuencia tantas áreas y concluiríamos que:

$$A' \approx A_1 + A_2 + \cdots A_n$$

Inferencia 2) $A' \approx A$

Inferencia 3) Entre mas puntos se elijan más rectángulos se forman y el área $"A'"$
es mas aproximada al área $"A"$

Conclusión: Es así como se miden aproximadamente las áreas de las figuras amorfas.

3.2,2 Notación sumatoria:

Si tenemos una suma de números reales representados por $c_1 + c_2 + c_3 + \cdots + c_n$ estos los podemos representar con la notación:

$$\sum_{i=1}^{n} c_i \quad \text{donde } i \text{ inicia en } 1 \text{ y termina en } n$$

3.2.3 Suma de Riemann:

Volviendo a la inferencia 2) del tema 3.2.1 (medición aproximada de figuras amorfas) y a la notación sumatoria

del tema 3.2.2 podemos inferir que $A_1 + A_2 + \cdots + A_n = \sum_{i=1}^{n} A_i$ llamada Suma de Riemann.

3.2.4 Definición de la integral definida:

Sean:

R^2 un plano rectangular

$[a,b]$ un intervalo cerrado en el eje de las "X".

f la gráfica de una función $y = f(x)$ no negativa
    y continua en $[a,b]$

A el área limitada por las gráficas cuyas ecuaciones son:
$y = f(x)$; $y = 0$ ó   el eje X ; $x = a$; y $x = b$.

$n = 1,2,3,\cdots n$ las particiones del intervalo $[a,b]$ de tal
    forma que $x_0 = a$; $x_0 < x_1 < x_2 < \cdots < x_n$;   y $x_n = b$

$\Delta x_i = x_i - x_{i-1}$ un iésimo subintervalo de $[a,b]$

c_i un iésimo punto en Δx_i ; $f(c_i)$ la imagen de c_i ;   y $f(c_i)\Delta x_i$ la iésima área de A .

$\therefore \displaystyle\sum_{i=1}^{n} f(c_i)\Delta x_i$ Es el área " A " aproximada bajo la gráfica en el intervalo $[a,b]$; llamada **Suma de Riemann.**

$Sí$ $\Delta x_i \to 0$ $\therefore$ $n \to \alpha$ y $A = \displaystyle\lim_{\Delta x \to 0}\sum_{n=1}^{\alpha} f(c_i)\Delta x_i = \int_a^b f(x)\,dx$ es el área exacta bajo la curva $\in [a,b]$

Más adelante veremos que esta integral también es aplicable para muchos casos en la solución de problemas de las ciencias. También es recomendable señalar, que durante la estructuración de fórmulas en problemas específicos el proceso es generalmente repetitivo; y como nuestro propósito en hacer del cálculo integral una ciencia más amigable entenderemos esta integral de la forma siguiente:

Sí $\displaystyle\int_a^b f(x)\,dx$ es la integral definida, entonces definiremos a:

$b - a = \displaystyle\int_a^b dx$ como el intervalo de cálculo y a: $f(x)$ como la función.

3.2.5 Teorema de existencia de la integral:

El teorema de existencia de la integral afirma que "Si la función $y = f(x)$ es continua en un intervalo cerrado $[a,b]$ entonces la función $y = f(x)$ es integrable en dicho intervalo; esto nos sugiere que antes de integrar una función primero debemos verificar que la función sea continua al menos en el intervalo de integración.

3.2.6 Propiedades de la integral definida:

Sí f y g son funciones continuas e integrables en $[a,b]$ y k es una constante; se cumplen las siguientes propiedades:

1) $\displaystyle\int_a^b f(x)\,dx = 0$ $\Leftrightarrow a = b$	Del intervalo cero.
2) $\displaystyle\int_a^b f(x)\,dx = -\int_b^a f(x)\,dx$	Del cambio de intervalos.
3) $\displaystyle\int_a^b k\,f(x)\,dx = k\int_a^b f(x)\,dx$	Del producto constante y función.
4) $\displaystyle\int_a^c f(x)\,dx = \int_a^b f(x)\,dx + \int_b^c f(x)\,dx$ $\forall\, a < b < c$	De la suma de intervalos.
5) $\displaystyle\int_a^b \big(f(x) \pm g(x)\big)dx = \int_a^b f(x)\,dx \pm \int_a^b g(x)\,dx$	De la suma y/o diferencia de funciones.

3.2.7 Función primitiva:

Una función primitiva es la antiderivada de una función; así tenemos que si $y = f(x)$ y $y' = f'(x)$ entonces la antiderivada de $f'(x)$ denotada por $F'(x)$ es $f(x)$ por lo tanto $F'(x) = f(x)$

3.2.8 Teorema fundamental del cálculo integral:

El teorema fundamental del cálculo integral afirma que:

$$\int_a^b f(x)dx = F(b) - F(a) \quad \forall F' = f(x)$$ De donde podemos inferir que su propósito es evaluar las integrales definidas

3.2.9 Interpretación del resultado de la integral definida:

Retomando la definición, hemos afirmado que el valor de la integral definida de una función es el valor del área bajo la curva, entendida ésta de signo positivo; sin embargo, es necesario reafirmar que uno de los objetivos esenciales de esta unidad es el desarrollo de las habilidades de cálculo sin limitar la creatividad del proceso pedagógico que se cumple al implementar problemas creados en el instante, aunque éstos no nos den resultados con signo positivos e incluso estos resultados sean falsos.

Desde luego en la Unidad 4 durante la aplicación del cálculo integral en el análisis de áreas, haremos una evaluación precisa de las mismas; por lo pronto se recomienda dar por inferencia la interpretación del resultado de la integral de la forma siguiente:

Resultado	Posibilidades	Ejemplo	Gráfica
Resultado con signo (+)	1ª. El área limitada de la gráfica de la función en su intervalo dado se sitúa en la parte positiva del eje de las "Y".	$\int_{-1}^{1}(x^2 + 1)\,dx$	
	2ª. El área limitada de la gráfica de la función en su intervalo dado se sitúa en las partes positiva y negativa del eje de las "Y"; pero el área de la parte positiva es mayor que el área de la parte negativa.	$\int_{-1}^{2} x\,dx$	
Resultado cero	1ª. Los límites superior e inferior del intervalo son iguales.	$\int_{3}^{3} 2\,dx$	
	2ª. El área limitada de la gráfica de la función en su intervalo dado, se sitúa en las partes positiva y negativa del eje de las "Y"; y además ambas áreas de las partes positiva y negativa son iguales.	$\int_{-\pi}^{\pi} sen\,x\,dx$	

Resultado con signo (-)	1ª. El área limitada de la gráfica de la función en su intervalo dado se sitúa en la parte negativa del eje de las "Y".	$\int_0^4 - x\, dx$	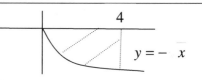
	2ª. El área limitada de la gráfica de la función en su intervalo dado se sitúa en las partes positiva y negativa del eje de las "Y"; pero el área de la parte positiva es menor que el área de la parte negativa.	$\int_{-2}^1 x\, dx$	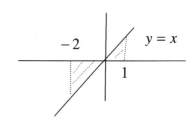
Resultado indefinido	1ª. Al menos uno de los límites superior e inferior es indefinido.	$\int_{-2}^3 x\, dx$	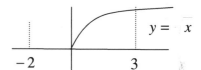
Resultado falso	1ª. Existe al menos un punto de discontinuidad en la gráfica dentro del intervalo.	$\int_{-1}^1 \dfrac{1}{x^2}\, dx$	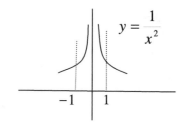

Ejercicios:

3.2.9.1 Dada una integral definida:
   a) Hacer el bosquejo de la gráfica con su intervalo.
   b) Predecir el resultado (signo (+); ó signo (-); ó valor 0; ó Indefinido; ó resultado falso).

1) $\int_{-1}^1 \left(1 - x^2\right) dx$ 3) $\int_{-\frac{\pi}{2}}^{\pi} \cos x\, dx$ 5) $\int_{-1}^0 \dfrac{1}{x}\, dx$ 7) $\int_0^4 \dfrac{5}{x-6}\, dx$

2) $\int_0^{2\pi} sen\, x\, dx$ 4) $\int_0^4 \left(1 - x\right) dx$ 6) $\int_{-1}^1 \dfrac{1}{x}\, dx$ 8) $\int_{-5}^0 \dfrac{2}{x+3}\, dx$

Clase: 3.3 Teoremas de cálculo integral.
3.3.1 Tarea: Teoremas de cálculo integral.

3.3.1 TAREA: TEOREMAS DE CÁLCULO INTEGRAL.

Título: Teoremas de Cálculo Integral.

Fecha de entrega: La que el Maestro indique.

Participación: Por equipos (máximo 3 alumnos).

Material: Hojas blancas tamaño carta; impresas en un solo lado; engrapadas.

Elaboración: En computadora: Un teorema por hoja; más hoja de presentación; más hoja de bibliografía que hacen un total de 5 hojas, que se entregarán engrapadas más el CD con identificación (Primer apellido de los integrantes del equipo, título de la tarea y hora de clase).

Formato:
- Nombre del teorema.
- Lo que el teorema afirma (con sus propias palabras).
- Trazar gráficas cuando se requieran.
- Para las ecuaciones usar editor de fórmulas.
- Un ejemplo de aplicación.

Evaluación:
- Tarea obligatoria para tener derecho a examen de la unidad.
- De 0 a 20 puntos extras en la unidad; más reconsideración al final del curso.
- El equipo que presente la mejor tarea exenta la unidad con 80.

Valoración:
NA = No acredita la unidad;

$T_0 = 0$ *puntos.*

$T_1 = 5$ *puntos.*

$T_2 = 10$ *puntos.*

$T_3 = 15$ *puntos.*

$T_4 = 20$ *puntos* y reconsideración al final del Curso.

Hoja de presentación:
Información mínima requerida; (vea el formato); se permite hoja de color.

Grapa:

NOMBRE DE LA INSTITUCIÒN EDUCATIVA
Cálculo Integral

Tarea: Teoremas de Cálculo Integral.

- Teorema de existencia para integrales definidas.
- Teorema fundamental del cálculo integral.
- Teorema del valor medio para integrales.

Libre a tu imaginación

Alumno: _____
　　　　　A. paterno　A. materno　Nombre (s) Nl

Alumno: _____
　　　　　A. paterno　A. materno　Nombre (s) Nl

Maestro:_____Hora de clase_____

Clase: 3.4 Integración definida de funciones elementales.

3.4.1 Integración definida de funciones elementales algebraicas   - Ejemplos.
3.4.2 Integración definida de funciones exponenciales.   - Ejercicios.
3.4.3 Integración definida de funciones logarítmicas.
3.4.4 Integración definida de funciones trigonométricas.
3.4.5 Integración definida de funciones trigonométricas inversas.
3.4.6 Integración definida de funciones hiperbólicas.
3.4.7 Integración definida de funciones hiperbólicas inversas.

3.4.1 Integración definida de funciones elementales algebraicas:

Las funciones elementales algebraicas de interés a considerar son:

Función	Nombre	Dominio	Recorrido	Gráfica
$y = 0$	Constante cero	$(-\alpha, \alpha)$	$(0, 0)$	$y = 0$
$y = 1$	Constante uno	$(-\alpha, \alpha)$	$(1, 1)$	$y = 1$
$y = k$	Constante	$(-\alpha, \alpha)$	(k, k)	$y = k$
$y = x$	Identidad	$(-\alpha, \alpha)$	$(-\alpha, \alpha)$	$y = x$
$y = \dfrac{1}{x}$	Racional	$(-\alpha, 0) \cup (0, \alpha)$	$(-\alpha, 0) \cup (0, \alpha)$	$y = \dfrac{1}{x}$

Nota: Antes de iniciar el proceso de cálculo de las integrales definidas y con el propósito didáctico, presentaremos los resultados de la siguiente forma: Cuando existan resultados fraccionarios, de números irracionales ó decimales y a menos que otra cosa se diga ajustaremos la solución aproximada al menos a cuatro dígitos decimales ó bien a 5 dígitos cuando existan dígitos no nulos antes del punto decimales: Ejemplos:
$\frac{1}{3} \approx 0.3333 \qquad \overline{2} \approx 1.4142$.

Fórmulas de integración definida de funciones elementales algebraicas:

1) $\displaystyle\int_a^b 0\, dx = 0$	2) $\displaystyle\int_a^b dx = x\Big]_a^b$	3) $\displaystyle\int_a^b k\, dx = kx\Big]_a^b$	4) $\displaystyle\int_a^b x\, dx = \dfrac{x^2}{2}\Big]_a^b$	5) $\displaystyle\int_a^b \dfrac{1}{x}\, dx = \ln x\Big]_a^b$

Ejemplos:

1) $\displaystyle\int_0^5 2\,dx = \begin{array}{c}\displaystyle\int_a^b k\,f(x)\,dx = k\int_a^b f(x)\,dx \\ k=2; \quad f(x)=1\end{array} = 2\int_a^b dx = \begin{array}{c}\displaystyle\int_a^b dx = x\big]_a^b \\ a=0; \quad b=5\end{array} = 2(x)\;\Big]_0^5 = 2(5)-2(0)=10$

2) $\displaystyle\int_1^3 (2x)\,dx = \begin{array}{c}\displaystyle\int_a^b kx\,dx = k\,\frac{x^2}{2}\Big]_a^b \\ k=2 \\ a=1; \quad b=3\end{array} = 2\,\frac{x^2}{2}\Big]_1^3 = x^2\;\Big]_1^3 = (3)^2 - (1)^2 = 9-1=8$

3) $\displaystyle\int_1^3 \frac{1}{3x}\,dx = \begin{array}{c}\displaystyle\int_a^b k\,f(x)\,dx = k\int_a^b f(x)\,dx \\ k=\dfrac{1}{3}; \quad f(x)=\dfrac{1}{x}\end{array} = \frac{1}{3}\int_1^3 \frac{1}{x}\,dx = \begin{array}{c}\displaystyle\int_a^b \frac{1}{x}\,dx = \ln\ x\;\Big]_a^b \\ a=1; \quad b=3\end{array}$

$= \frac{1}{3}\ln\ x\;\Big]_1^3 = \left(\frac{1}{3}\ln\ 3\right) - \left(\frac{1}{3}\ln\ 1\right) \approx 0.3662 - 0 \approx 0.3662$

Ejercicios:

3.4.1.1 Por las fórmulas de integración definida de funciones elementales algebraicas; Calcular el valor de las integrales realizando los siguientes pasos: a) Hacer el bosquejo de la gráfica; b) Hacer el cálculo.

1) $\displaystyle\int_{-2}^3 dx$

2) $\displaystyle\int_{-1}^1 4\,dx$

3) $\displaystyle\int_{-2}^1 x\,dx$

4) $\displaystyle\int_0^4 2x\,dx$

5) $\displaystyle\int_{-2}^1 \frac{x}{2}\,dx$

6) $\displaystyle\int_1^2 \frac{2x}{3}\,dx$

7) $\displaystyle\int_{-2}^{-1} \frac{2}{x}\,dx$

8) $\displaystyle\int_{-3}^{-1} \frac{2}{3x}\,dx$

9) $\displaystyle\int_{-1}^2 (x+1)\,dx$

10) $\displaystyle\int_2^4 (x-2)\,dx$

11) $\displaystyle\int_0^3 (3-x)\,dx$

12) $\displaystyle\int_{-2}^1 \frac{2x+4}{7}\,dx$

3.4.2 Integración definida de funciones elementales exponenciales:

Funciones elementales exponenciales:

Función	Nombre	Dominio	Recorrido	Gráfica representativa
$y=e^x$	De base "e"	$(-\alpha,\alpha)$	$(0,\alpha)$	$y=e^x$
$y=a^x \quad \forall\, a \in R^+$	De base "a"	$(-\alpha,\alpha)$	$(0,\alpha)$	

Fórmulas de integración definida de funciones elementales exponenciales:

1) $\displaystyle\int_a^b e^x\,dx = e^x\;\Big]_a^b$	2) $\displaystyle\int_a^b a^x\,dx = \frac{a^x}{\ln a}\Big]_a^b$

Ejemplos:

1) $\displaystyle\int_{-1}^{0} 2e^x\,dx = (2)\int_{-1}^{0} e^x\,(dx) = 2e^x\Big]_{-1}^{0} = \left(2e^{(0)}\right)-\left(2e^{(-1)}\right) \approx 2-0.7357 \approx 1.2643$

2) $\displaystyle\int_{0}^{1} \frac{3e^x}{4}\,dx = \frac{3e^x}{4}\Bigg]_{0}^{1} = \left(\frac{3e^{(1)}}{4}\right)-\left(\frac{3e^{(0)}}{4}\right) = \frac{3e-3}{4} \approx 1.2887$

3) $\displaystyle\int_{0}^{2} \frac{3^x}{2}\,dx = \left(\frac{1}{2}\right)\int_{0}^{2} 3^x\,dx = \frac{3^x}{2\ln 3}\Bigg]_{0}^{2} = \left(\frac{3^{(2)}}{2\ln 3}\right)-\left(\frac{3^{(0)}}{2\ln 3}\right) = \frac{9-1}{2\ln 3} \approx 3.6409$

Ejercicios:

3.4.2.1 Por las fórmulas de integración definida de funciones elementales exponenciales; Calcular el valor de las integrales realizando los siguientes pasos: a) Hacer el bosquejo de la gráfica; Hacer el cálculo.

1) $\displaystyle\int_{0}^{2} 5e^x\,dx$

2) $\displaystyle\int_{2}^{4} \frac{e^x}{8}\,dx$

3) $\displaystyle\int_{-1}^{1} \frac{3e^x}{5}\,dx$

4) $\displaystyle\int_{-2}^{0} \frac{e^x-1}{2}\,dx$

5) $\displaystyle\int_{1}^{2} \frac{2xe^x-3x}{4x}\,dx$

6) $\displaystyle\int_{-4}^{0} \frac{3(5)^x}{10}\,dx$

7) $\displaystyle\int_{1}^{2} \frac{2^x}{3}\,dx$

8) $\displaystyle\int_{0}^{4} 2(3)^x\,dx$

3.4.3 Integración definida de funciones elementales logarítmicas:

Funciones elementales logarítmicas:

Función	Nombre	Dominio	Recorrido	Gráfica representativa
$y = \ln x$	De base "e"	$(0,\alpha)$	$(-\alpha,\alpha)$	$y = \ln x$
$y = \log_a x \;\forall\, a \in R^{+}$	De base "a"	$(0,\alpha)$	$(-\alpha,\alpha)$	

Fórmulas de integración definida de funciones elementales logarítmicas:

1) $\displaystyle\int_{a}^{b}\ln x\,dx = x(\ln x - 1)\Big]_{a}^{b}$	2) $\displaystyle\int_{a}^{b}\log_a x\,dx = x\left(\log_a \frac{x}{e}\right)\Bigg]_{a}^{b}$

Ejemplos:

1) $\displaystyle\int_{1}^{2} 3\ln x\,dx = 3x(\ln x - 1)\Big]_{1}^{2} = \left(3(2)(\ln 2 - 1)\right)-\left(3(1)(\ln 1 - 1)\right) \approx \left(6(-0.3068)\right)-\left(3(-1)\right) \approx 1.1592$

2) $\displaystyle\int_{2}^{4} \frac{\log_{10} x}{3}\,dx = \frac{x}{3}\left(\log_{10}\frac{x}{e}\right)\Bigg]_{2}^{4} = \left(\frac{(4)}{3}\left(\log_{10}\frac{(4)}{e}\right)\right)-\left(\frac{(2)}{3}\left(\log_{10}\frac{2}{e}\right)\right) = \frac{4}{3}\left(\log_{10}\frac{4}{e}\right)-\frac{2}{3}\left(\log_{10}\frac{2}{e}\right)$

$\approx \frac{4}{3}\log_{10} 1.4715 - \frac{2}{3}\log_{10} 0.7357 \approx 0.2236 - (-0.0888) \approx 0.3124$

Ejercicios:

3.4.3.1 Por las fórmulas de integración definida de funciones elementales logarítmicas; Calcular el valor de las integrales realizando los siguientes pasos: a) Hacer el bosquejo de la gráfica; b) Hacer el cálculo.

1) $\displaystyle\int_{1}^{2} 5\ln x\, dx$ 3) $\displaystyle\int_{3}^{4} \frac{\ln x}{8}\, dx$ 5) $\displaystyle\int_{1}^{5} \frac{2x-3x\ln x}{8x}\, dx$ 7) $\displaystyle\int_{1}^{4} \frac{\log_{10} x}{3}\, dx$

2) $\displaystyle\int_{1}^{2} \frac{3\ln x}{5}\, dx$ 4) $\displaystyle\int_{1}^{2} \frac{\ln x-2}{8}\, dx$ 6) $\displaystyle\int_{5}^{6} 2\log_{10} x\, dx$ 8) $\displaystyle\int_{7}^{8} \frac{3\log_{10} x}{10}\, dx$

3.4.4 Integración definida de funciones elementales trigonométricas:

Funciones elementales trigonométricas:

Función	Nombre	Dominio	Recorrido	Gráfica
$y = sen\ x$	Seno	$(-\alpha, \alpha)$	$[-1,1]$	
$y = \cos x$	Coseno	$(-\alpha, \alpha)$	$[-1,1]$	
$y = \tan x$	Tangente	$x \neq \pm\pi\ 2, \pm 3\pi\ 2, \cdots$	$(-\alpha, \alpha)$	
$y = \cot x$	Cotangente	$x \neq 0, \pm\pi, \pm 2\pi, \cdots$	$(-\alpha, \alpha)$	
$y = \sec x$	Secante	$x \neq \pm\pi\ 2, \pm 3\pi\ 2, \cdots$	$(-\alpha, -1) \cup (1, \alpha)$	
$y = \csc x$	Cosecante	$x \neq 0, \pm\pi, \pm 2\pi, \cdots$	$(-\alpha, -1) \cup (1, \alpha)$	

Fórmulas de integración definida de funciones elementales trigonométricas:

1) $\displaystyle\int_a^b sen\,x\,dx = -\cos x \ \Big]_a^b$	4) $\displaystyle\int_a^b \cot x\,dx = \ln\ sen\,x \ \Big]_a^b$
2) $\displaystyle\int_a^b \cos x\,dx = sen\,x \ \Big]_a^b$	5) $\displaystyle\int_a^b \sec x\,dx = \ln\ \sec x + \tan x \ \Big]_a^b$
3) $\displaystyle\int_a^b \tan x\,dx = -\ln\ \cos x \ \Big]_a^b$	6) $\displaystyle\int_a^b \csc x\,dx = \ln\ \csc x - \cot x \ \Big]_a^b$

Ejemplos:

1) $\displaystyle\int_0^\pi 2\,sen\,x\,dx = -2\cos x \ \Big]_0^\pi = (-2\cos\pi)-(-2\cos 0) = -2(-1)+2(1) = 4$

2) $\displaystyle\int_{\frac{\pi}{4}}^{\frac{\pi}{2}} \frac{2\cot x}{3}\,dx = \frac{2}{3}\ln\,sen\,x \ \Big]_{\frac{\pi}{4}}^{\frac{\pi}{2}} = \left(\frac{2}{3}\ln\,sen\,\frac{\pi}{2}\right)-\left(\frac{2}{3}\ln\,sen\,\frac{\pi}{4}\right) \approx \frac{2}{3}\ln(1)-\frac{2}{3}\ln(0.7071) \approx 0.2308$

Ejercicios:

3.4.4.1 Por las fórmulas de integración definida de funciones elementales trigonométricas; Calcular el valor de las integrales realizando los siguientes pasos: a) Hacer el bosquejo de la gráfica; b) Hacer el cálculo.

1) $\displaystyle\int_0^\pi 5\,sen\,x\,dx$ 3) $\displaystyle\int_{-\frac{\pi}{2}}^{\frac{\pi}{2}} \frac{\cos x}{2}\,dx$ 5) $\displaystyle\int_0^{\frac{\pi}{4}} \frac{7\tan x}{2}\,dx$ 7) $\displaystyle\int_0^{\frac{\pi}{6}} \frac{3\sec x}{10}\,dx$

2) $\displaystyle\int_0^\pi \frac{Sen\,x}{4}\,dx$ 4) $\displaystyle\int_{-\pi}^{\frac{\pi}{2}} \frac{2\cos x}{3}\,dx$ 6) $\displaystyle\int_{\frac{\pi}{3}}^{\pi} 2\cot x\,dx$ 8) $\displaystyle\int_{\frac{\pi}{4}}^{\frac{\pi}{2}} 5\csc x\,dx$

3.4.5 Integración definida de funciones elementales trigonométricas inversas:

Funciones elementales trigonométricas inversas:

Función	Nombre	Dominio	Recorrido	Gráfica
$y = arc\ sen\ x$	Seno inverso	$[-1,1]$	$[-\pi\,2,\pi\,2]$	
$y = arc\ \cos\ x$	Coseno inverso	$[-1,1]$	$[0,\pi]$	
$y = arc\ \tan\ x$	Tangente inversa	$(-\alpha,\alpha)$	$(-\pi\,2,\pi\,2)$	
$y = arc\ \cot\ x$	Cotangente inversa	$(-\alpha,\alpha)$	$\left(-\dfrac{\pi}{2},\dfrac{\pi}{2}\right]$	

| $y = arc\ \sec\ x$ | Secante inversa | $(-\alpha, -1] \cup [1, \alpha)$ | $[0, \pi\ 2) \cup (\pi\ 2, \pi]$ | |
| $y = arc\ \csc\ x$ | Cosecante inversa | $(-\alpha, -1] \cup [1, \alpha)$ | $[-\pi\ 2, 0) \cup (0, \pi\ 2]$ | |

Fórmulas de integración definida de funciones elementales trigonométricas inversas:

1)	$\displaystyle\int_a^b arcsen\,x\,dx = x\,arcsen\,x + \overline{1-x^2}\ \Big]_a^b$	4)	$\displaystyle\int_a^b arc\cot x\,dx = x\,arc\cot x + \frac{1}{2}\ln\overline{x^2+1}\ \Big]_a^b$
2)	$\displaystyle\int_a^b \arccos x\,dx = x\arccos x - \overline{1-x^2}\ \Big]_a^b$	5)	$\displaystyle\int_a^b arc\sec x\,dx = x\,arc\sec x - \ln\overline{x + \overline{x^2-1}}\ \Big]_a^b$
3)	$\displaystyle\int_a^b \arctan x\,dx = x\arctan x - \frac{1}{2}\ln\overline{x^2+1}\ \Big]_a^b$	6)	$\displaystyle\int_a^b arc\csc x\,dx = x\,arc\csc x + \ln\overline{x + \overline{x^2-1}}\ \Big]_a^b$

Ejemplos:

1) $\displaystyle\int_{-1}^1 2\arccos x\,dx = 2\left(x\arccos x - \overline{1-x^2}\right)\Big]_{-1}^1 = 2x\arccos x - 2\overline{1-x^2}\ \Big]_{-1}^1$

$= \left(2(1)\arccos(1) - 2\overline{1-(1)^2}\right) - \left(2(-1)\arccos(-1) - 2\overline{1-(-1)^2}\right) \approx (0-0) - (-6.2831-0) \approx 6.2831$

2) $\displaystyle\int_1^2 \frac{3\,arc\sec x}{5}\,dx = \frac{3}{5}\left(x\,arc\sec x - \ln\overline{x + \overline{x^2-1}}\right)\Big]_1^2 = \frac{3}{5}x\,arc\sec x - \frac{3}{5}\ln\overline{x + \overline{x^2-1}}\ \Big]_1^2$

$= \left(\frac{3}{5}(2)arc\sec(2) - \frac{3}{5}\ln(2) + \overline{(2)^2-1}\right) - \left(\frac{3}{5}(1)arc\sec(1) - \frac{3}{5}\ln(1) + \overline{(1)^2+1}\right)$

$\approx (1.2566 - 0.7901) - (0 - 0) \approx 0.4665$

Ejercicios:

3.4.5.1 Por las fórmulas de integración definida de funciones elementales trigonométricas inversas; obtener:

1) $\displaystyle\int_{-1}^1 \frac{3\arccos x}{5}\,dx$

2) $\displaystyle\int_0^3 \frac{\arctan x}{2}\,dx$

3) $\displaystyle\int_1^2 \frac{arc\csc x}{6}\,dx$

3.4.6 Integración definida de funciones elementales hiperbólicas:

Funciones elementales hiperbólicas:

Función	Nombre	Dominio	Recorrido	Gráfica
$y = senh\, x$	Seno Hiperbólico	$(-\alpha, \alpha)$	$(-\alpha, \alpha)$	
$y = \cosh x$	Coseno hiperbólico	$(-\alpha, \alpha)$	$[1, \alpha)$	
$y = \tanh x$	Tangente hiperbólica	$(-\alpha, \alpha)$	$(-1, 1)$	
$y = \coth x$	Cotangente Hiperbólica	$(-\alpha, 0) \cup (0, \alpha)$	$(-\alpha, -1) \cup (1, \alpha)$	
$y = \sec h\, x$	Secante hiperbólica	$(-\alpha, \alpha)$	$(0, 1)$	
$y = \csc h\, x$	Cosecante hiperbólica	$(-\alpha, 0) \cup (0, \alpha)$	$(-\alpha, 0) \cup (0, \alpha)$	

Fórmulas de integración definida de funciones elementales hiperbólicas:

1) $\displaystyle\int_a^b senh\, x\, dx = \cosh x \,\Big]_a^b$	4) $\displaystyle\int_a^b \coth x\, dx = \ln\, senh\, x \,\Big]_a^b$
2) $\displaystyle\int_a^b \cosh x\, dx = senh\, x \,\Big]_a^b$	5) $\displaystyle\int_a^b \sec h\, x\, dx = 2\arctan\left(\tanh\frac{x}{2}\right)\Big]_a^b$
3) $\displaystyle\int_a^b \tanh x\, dx = \ln \cosh x \,\Big]_a^b$	6) $\displaystyle\int_a^b \csc h\, x\, dx = \ln \tanh \frac{x}{2}\,\Big]_a^b$

Ejemplos:

1) $\displaystyle\int_{-1}^{1} 2\cosh x\, dx = 2\,senh\, x\big]_{-1}^{1} = \left(2\,senh(1)\right) - \left(2\,senh(-1)\right) \approx (2.3504) - (-2.3504) \approx 4.7008$

2) $\displaystyle\int_{1}^{2} 2\csc h\, x\, dx = 2\ln \tanh \frac{x}{2}\Big]_{1}^{2} = \left(2\ln \tanh \frac{2}{2}\right) - \left(2\ln \tanh \frac{1}{2}\right) \approx (-0.5446) - (-1.5438) \approx 0.9992$

Ejercicios:

3.4.6.1 Por las fórmulas de integración definida de funciones elementales hiperbólicas; obtener:

1) $\displaystyle\int_0^1 5\,senh\,x\,dx$ 2) $\displaystyle\int_{-1}^0 \frac{\tanh x}{2}\,dx$ 3) $\displaystyle\int_{-3}^3 \frac{3\sec h\,x}{4}\,dx$

3.4.7 Integración definida de funciones elementales hiperbólicas inversas:

Funciones elementales hiperbólicas inversas:

Función	Nombre	Dominio	Recorrido	Gráfica
$y = arcsenh\,x$	Seno hiperbólico Inverso	$(-\alpha, \alpha)$	$(-\alpha, \alpha)$	
$y = \arccos h\,x$	Coseno hiperbólico inverso	$[1, \alpha)$	$[0, \alpha)$	
$y = \arctan h\,x$	Tangente hiperbólica inversa	$(-1, 1)$	$(-\alpha, \alpha)$	
$y = arc\coth x$	Cotangente hiperbólica inversa	$(-\alpha, -1) \cup (1, \alpha)$	$(-\alpha, 0) \cup (0, \alpha)$	
$y = arc\sec h\,x$	Secante hiperbólica inversa	$(0, 1]$	$[0, \alpha)$	
$y = arc\csc h\,x$	Cosecante hiperbólica inversa	$(-\alpha, 0) \cup (0, \alpha)$	$(-\alpha, 0) \cup (0, \alpha)$	

Fórmulas de integración definida de funciones elementales hiperbólicas inversas:

1) $\displaystyle\int_a^b arcsenh\,x\,dx = x\,arcsenh\,x - \sqrt{x^2+1}\;\Big]_a^b$	4) $\displaystyle\int_a^b arc\coth x\,dx = x\,arc\coth x + \frac{1}{2}\ln\sqrt{x^2-1}\;\Big]_a^b$
2) $\displaystyle\int_a^b \arccos h\,x\,dx = x\arccos h\,x - \sqrt{x^2-1}\;\Big]_a^b$	5) $\displaystyle\int_a^b arc\sec h\,x\,dx = x\,arc\sec h\,x - \arctan\frac{-x}{1-x^2}\;\Big]_a^b$
3) $\displaystyle\int_a^b \arctan h\,x\,dx = x\arctan h\,x + \frac{1}{2}\ln\sqrt{x^2-1}\;\Big]_a^b$	6) $\displaystyle\int_a^b arc\csc h\,x\,dx = x\,arc\csc h\,x + \ln x + \sqrt{x^2+1}\;\Big]_a^b$

Ejemplos:

1) $\int_0^1 3\,arcsenh\,x\,dx = 3x\,arcsenh\,x - 3\overline{\sqrt{x^2+1}}\Big]_0^1$

$= \big(3(1)arcsenh(1) - 3\overline{\sqrt{(1)^2+1}}\big) - \big(3(0)arcsenh(0) - 3\overline{\sqrt{(0)^2+1}}\big) \approx (2.6441 - 4.2426) - (0 - 3) \approx 1.4015$

2) $\int_1^2 \dfrac{arc\,csc\,h\,x}{2}\,dx = \dfrac{1}{2}x\,arc\,csc\,h\,x + \dfrac{1}{2}\ln x + \overline{\sqrt{x^2+1}}\Big]_1^2$

$= \left(\dfrac{1}{2}(2)arc\,csc\,h(2) + \dfrac{1}{2}\ln(2) + \overline{\sqrt{(2)^2+1}}\right) - \left(\dfrac{1}{2}(1)arc\,csc\,h(1) + \dfrac{1}{2}\ln(1) + \overline{\sqrt{(1)^2+1}}\right)$

$\approx (0.4812 + 0.7218) - (0.4406 + 0.4406) \approx 0.3218$

Ejercicios:

3.4.7.1 Por las fórmulas de integración definida de funciones elementales hiperbólicas inversas; obtener:

1) $\int_1^2 \dfrac{3\,arccos\,h\,x}{5}\,dx$

2) $\int_2^3 2\,arc\,coth\,x\,dx$

3) $\int_{-2}^{-1} \dfrac{arc\,csc\,h\,x}{2}\,dx$

Clase: 3.5 Integración definida de funciones algebraicas que contienen x^n.

3.5.1 Integración definida de funciones algebraicas que contienen x^n.   - Ejemplos.
  - Función algebraica que contiene x^n.   - Ejercicios.
  - Fórmula de integración de funciones algebraicas que contienen x^n.

3.5.1 Integración definida de funciones algebraicas que contienen x^n.

Función algebraica que contienen x^n.

Función	Nombre	Dominio	Recorrido	Gráficas representativas
$y = x^n$	Algebraica que contiene x^n	A obtenerse	A obtenerse	$y=x^2$ $y=x^3$

Fórmula de integración de funciones algebraicas que contienen x^n.

1) $\int_a^b x^n dx = \dfrac{x^{n+1}}{n+1}\Bigg]_a^b \quad \forall\, n+1 \neq 0$

Ejemplos:

1) $\int_1^3 \sqrt{x}\,dx = \int_1^3 x^{\frac{1}{2}}dx = \qquad \int_a^b x^n dx = \dfrac{x^{n+1}}{n+1}\Bigg]_a^b \qquad = \dfrac{x^{\frac{3}{2}}}{\frac{3}{2}}\Bigg]_a^3 = \dfrac{2\overline{\sqrt{x^3}}}{3}\Bigg]_1^3$

$a = 1; \quad b = 3; \quad n = \dfrac{1}{2}; \quad n+1 = \dfrac{3}{2} \quad = \left(\dfrac{2\overline{\sqrt{(3)^3}}}{3}\right) - \left(\dfrac{2\overline{\sqrt{(1)^3}}}{3}\right) \approx 2.7974$

2) $\displaystyle\int_2^5 3x^4\,dx =$ $\displaystyle\int_a^b k\,f(x)dx = k\int_a^b f(x)\,dx$ $= 3\displaystyle\int_2^5 x^4\,dx =$ $\displaystyle\int_a^b x^n dx = \frac{x^{n+1}}{n+1}\Big]_a^b$ $= (3)\left(\dfrac{x^5}{5}\right)\Big]_2^5 = \dfrac{3x^5}{5}\Big]_2^5$

$k = 3;\quad f(x) = x^4$

$\qquad = \left(\dfrac{3(5)^5}{5}\right) - \left(\dfrac{3(2)^5}{5}\right) \approx 1855.8$

3) $\displaystyle\int_1^2 \frac{2}{x^3}\,dx =$ $\displaystyle\int_a^b k\,f(x)dx = k\int_a^b f(x)\,dx$ $= 2\displaystyle\int_1^2 \frac{1}{x^3}\,dx =$ $2\displaystyle\int_1^2 x^{-3}\,dx =$ $\displaystyle\int_a^b x^n dx = \frac{x^{n+1}}{n+1}\Big]_a^b$

$k = 2;\quad f(x) = \frac{1}{x^3}$ $\qquad a = 1;\quad b = 2$

$\qquad = \left(2\right)\left(\dfrac{x^{-2}}{-2}\right)\Big]_1^2 = -\dfrac{1}{2\,x^2}\Big]_1^2 = \left(-\dfrac{1}{2(2)^2}\right) - \left(-\dfrac{1}{2(1)^2}\right) \approx 0.5303$

4) $\displaystyle\int_2^3 (2x-1)\,dx =$ $\displaystyle\int_a^b [f(x)\pm g(x)]dx = \int_a^b f(x)\,dx \pm \int_a^b g(x)\,dx$ $= \displaystyle\int_2^3 2x\,dx - \int_2^3 dx = \left(x^2 - x\right)\Big]_2^3$

$f(x) = 2x;\quad g(x) = 1$

$\qquad = [(3)^2 - (3)] - [(2)^2 - (2)] = 4$

5) $\displaystyle\int_1^4 \left(\frac{x^2}{2} + x\right)dx = \int_1^4 \frac{x^2}{2}\,dx + \int_1^4 x\,dx = \left[\dfrac{x^3}{6} + \dfrac{2\,x^3}{3}\right]_1^4 = \left[\dfrac{(4)^3}{6} + \dfrac{2}{3}(4)^3\right] - \left[\dfrac{(1)^3}{6} + \dfrac{2}{3}(1)^3\right]$

$\qquad = \dfrac{32}{3} + \dfrac{16}{3} - \dfrac{1}{6} - \dfrac{2}{3} = \dfrac{46}{3} - \dfrac{1}{6} = \dfrac{91}{6} \approx 15.1667$

6) $\displaystyle\int_1^4 \frac{x+1}{x}\,dx = \int_1^4 x\,dx + \int_1^4 x^{-\frac{1}{2}}\,dx = \left[\dfrac{2\,x^3}{3} + 2\,x\right]_1^4 = \left[\dfrac{2}{3}(4)^3 + 2(4)\right] - \left[\dfrac{2}{3}(1)^3 + 2(1)\right]$

$\qquad = \dfrac{16}{3} + 4 - \dfrac{2}{3} - 2 \approx 6.6666$

Ejercicios:

3.5.1.1 Por la fórmula de integración definida de funciones algebraicas que contienen x^n; obtener:

1) $\displaystyle\int_0^4 x\,dx$

4) $\displaystyle\int_1^2 \frac{4}{x}\,dx$

7) $\displaystyle\int_{-2}^0 \left(2x^2 - x\right)dx$

10) $\displaystyle\int_0^1 \left(x - x^2\right)dx$

2) $\displaystyle\int_0^2 2x\,dx$

5) $\displaystyle\int_{-1}^2 \left(x^2 + 2\right)dx$

8) $\displaystyle\int_{-1}^1 \left(2 - 3x^2\right)dx$

11) $\displaystyle\int_1^2 \left(\frac{3x - x^2}{x}\right)dx$

3) $\displaystyle\int_1^2 \frac{2}{x^2}\,dx$

6) $\displaystyle\int_{-1}^1 \left(1 - x^2\right)dx$

9) $\displaystyle\int_0^4 \left(x + 1\right)dx$

12) $\displaystyle\int_1^2 \left(\frac{x+1}{x}\right)dx$

Clase: 3.6 Integración definida de funciones que contienen u.
3.6.1 Integración definida de funciones algebraicas que contienen u.
3.6.2 Integración definida de funciones exponenciales que contienen u.
3.6.3 Integración definida de funciones logarítmicas que contienen u.
3.6.4 Integración definida de funciones trigonométricas que contienen u.
3,6,5 Integración definida de funciones trigonométricas inversas que contienen u.
3.6.6 Integración definida de funciones hiperbólica que contienen u.
3.6.7 Integración definida de funciones hiperbólicas inversas que contienen u.

- Ejemplos.
- Ejercicios.

3.6.1 Integración definida de funciones algebraicas que contienen u.

Sí u es cualquier función y $n \in Z^+$ entonces se cumplen las siguientes fórmulas de integración:

Fórmulas de integración definida de funciones algebraicas que contienen u.

1) $\displaystyle\int_a^b du = u \ \Big]_a^b$	2) $\displaystyle\int_a^b u^n du = \frac{u^{n+1}}{n+1} \Bigg]_a^b$	3) $\displaystyle\int_a^b \frac{1}{u} du = \ln u \ \Big]_a^b$

Ejemplos:

1) $\displaystyle\int_1^2 dx = \begin{array}{l} \int_a^b du = u\big]_a^b \\ du = dx \\ a=1; \quad b=2 \end{array} = x\,\Big]_1^2 = (2) - (1) = 1$

2) $\displaystyle\int_0^1 (2+3x)^4 dx = \begin{array}{l} \textit{Para hacer el ajuste} \\ u = 2+3x \\ du = 3dx \end{array} = \int_0^1 (2+3x)^4 \left(\frac{3dx}{3}\right) = \frac{1}{3}\int_0^1 (2+3x)^4 3dx$

$= \begin{array}{l} \int_a^b u^n du = \dfrac{u^{n+1}}{n+1}\bigg]_0^1 \\ u = 2+3x; \quad du = 3dx \\ n = 4; \quad n+1 = 5 \\ a = 0; \quad b = 1 \end{array} = \left(\frac{1}{3}\right)\left(\frac{(2+3x)^5}{5}\right)\Bigg]_0^1 = \frac{(2+3x)^5}{15}\Bigg]_0^1$

$= \left[\frac{(2+3(1))^5}{15}\right] - \left[\frac{(2+3(0))^5}{15}\right] = \frac{5^5}{15} - \frac{2^5}{15} = \frac{3125 - 32}{15} = \frac{3093}{15} = \frac{1031}{5} = 206.2$

3) $\displaystyle\int_1^5 \frac{1}{2x} dx = \begin{array}{l} \int_a^b \dfrac{1}{u} du = \ln u\big]_a^b \\ u = 2x; \quad du = 2dx \\ a = 1; \quad b = 5 \end{array} = \left(\frac{1}{2}\right)\int_1^5 \frac{1}{2x}(2dx) = \frac{1}{2}\ln 2x\,\Bigg]_1^5 = \left(\frac{1}{2}\ln 10\right) - \left(\frac{1}{2}\ln 2\right) \approx 0.8047$

$$4)\quad \int_0^1 5x\left(1-x^2\right)^3 dx = \quad \begin{array}{l} Estrategia : \\ sacar\ la\ cons\tan te\ y \\ unir\ "x"\ a\ "dx" \end{array} \quad = 5\int_0^1 \left(1-x^2\right)^3 x dx = \quad \int_a^b u^n du = \frac{u^{n+1}}{n+1}\Big]_a^b \quad a=0;\quad b=1$$

$$u=1-x^2;\quad du=-2xdx;$$

$$=5\left(\frac{1}{-2}\right)\int_0^1\left(1-x^2\right)^3\left(-2x\,dx\right)=\left(-\frac{5}{2}\right)\left(\frac{\left(1-x^2\right)^4}{4}\right)\Big]_0^1$$

$$=-\frac{5\left(1-x^2\right)^4}{8}\Big]_0^1=\left(-\frac{5\left(1-(1)^4\right)}{8}\right)-\left(-\frac{5\left(1-(0)^4\right)}{8}\right)=0.6250$$

Ejercicios:

3.6.1.1 Por la fórmula de integración definida de funciones algebraicas que contienen "u" obtener:

1) 1) $\int_0^4 (2x+1)^3 dx$ 3) $\int_{-2}^0 5\ \overline{3-2x}\ dx$ 5) $\int_1^3 \frac{2}{4x+1}dx$ 7) $\int_0^1 \frac{3}{2x+2}dx$

2) $\int_{-1}^0 \overline{4x+2}\ dx$ 4) $\int_0^4 \frac{x}{2}+2\ dx$ 6) $\int_{-2}^0 (2-3x)^3 dx$ 8) $\int_{-1}^0 \frac{3}{(1-2x)^2}dx$

3.6.2 Integración definida de funciones exponenciales que contienen u.

Fórmulas de integración definida de funciones exponenciales que contienen u.

1) $\int_a^b e^u du = e^u\big]_a^b$	2) $\int_a^b a^u du = \frac{a^u}{\ln a}\Big]_a^b$

Ejemplos:

$$1)\quad \int_{-1}^0 2e^{3x}dx = (2)\left(\frac{1}{3}\right)\int_{-1}^0 e^{3x}(3dx)=\frac{2e^{3x}}{3}\Big]_{-1}^0=\left[\frac{2e^{3(0)}}{3}\right]-\left[\frac{2e^{3(-1)}}{3}\right]=\left(\frac{2}{3}\right)-\left(\frac{2e^2}{3}\right)\approx 0.6334$$

$$2)\quad \int_0^1 \frac{3e^{(2x+1)}}{4}dx=\left(\frac{3}{4}\right)\left(\frac{1}{2}\right)\int_0^1 e^{(2x+1)}(2dx)=\frac{3e^{(2x+1)}}{8}\Big]_0^1=\left(\frac{3e^{(2(1)+1)}}{8}\right)-\left(\frac{3e^{(2(0)+1)}}{8}\right)=\frac{3e^3-3e}{8}\approx 6.512$$

$$3)\quad \int_0^1 \frac{2e^{(1-x)}}{5}dx=\frac{2}{5}\int_0^1 e^{(1-x)}dx=\begin{array}{l}\int_a^b e^u du=e^u]_a^b\\ u=1-x;\quad du=-dx\\ a=0;\quad b=1\end{array}=\frac{2}{5}(-)\int_0^1 e^{(1-x)}(-dx)=-\frac{2e^{(1-x)}}{5}\Big]_0^1=\frac{2e}{5}-\frac{2}{5}\approx 0.6873$$

$$4)\quad \int_0^2 \frac{3^{\frac{x}{5}}}{2}dx=\frac{1}{2}(5)\int_0^2 3^{\frac{x}{5}}\left(\frac{1}{5}dx\right)=\frac{5}{2}\left(\frac{3^{\frac{x}{5}}}{\ln 3}\right)\Big]_0^2=\left(\frac{5(3)^{\frac{2}{5}}}{2\ln 3}\right)-\left(\frac{5(3)^{\frac{0}{5}}}{2\ln 3}\right)=\left(\frac{5(3)^{0.4}}{2\ln 3}\right)-\left(\frac{5}{2\ln 3}\right)\approx 1.2557$$

Ejercicios:

3.6.2.1 Por la fórmula de integración definida de funciones exponenciales que contienen "u" obtener:

1) $\int_0^2 \frac{3e^{2x}}{4}dx$ 2) $\int_{-1}^0 3e^{(3x-1)}dx$ 3) $\int_1^3 2(3)^{\frac{x}{4}}dx$ 4) $\int_1^3 (2)^{\frac{5x}{4}}dx$

3.6.3 Integración definida de funciones logarítmicas que contienen u.

Fórmulas de integración definida de funciones logarítmicas que contienen u.

$$1)\quad \int_a^b \ln u\, du = u\left(\ln u - 1\right)\Big]_a^b \qquad\qquad 2)\quad \int_a^b \log_a u\, du = u\left(\log_a \frac{u}{e}\right)\Big]_a^b$$

Ejemplos:

$$1)\quad \int_1^2 3\ln 2x\, dx = 3\left(\frac{1}{2}\right)\int_1^2 \ln 2x\,(2\,dx) = \frac{3}{2}(2x)(\ln(2x)-1)\Big]_1^2 = 3x\ln(2x-1)\Big]_1^2$$

$$= (3(2)\ln(2(2)-1)) - (3(1)\ln(2(1)-1)) = 6\ln(4-1) - 3\ln(2-1) \approx 2.3177 - (-0.9205) \approx 3.2382$$

$$2)\quad \int_2^4 \frac{\log_{10} 2x}{3}\, dx = \left(\frac{1}{3}\right)\left(\frac{1}{2}\right)\int_2^4 \log_{10} 2x\,(2dx) = \frac{x}{3}\left(\log_{10}\frac{2x}{e}\right)\Big]_2^4$$

$$= \left(\frac{(4)}{3}\log_{10}\frac{2(4)}{e}\right) - \left(\frac{(2)}{3}\log_{10}\frac{2(2)}{e}\right) \approx (0.6250) - (0.1118) \approx 0.5132$$

Ejercicios:

3.6.3.1 Por la fórmula de integración definida de funciones logarítmicas que contienen "u" obtener:

$$1)\quad \int_1^2 5\ln 2x\, dx \qquad 2)\quad \int_2^4 \frac{3\ln(4x-1)}{2}\, dx \qquad 3)\quad \int_{0.1}^5 \frac{\log_{10}(3x)}{5}\, dx \qquad 4)\quad \int_0^5 \frac{3\log_{10}(2x+1)}{5}\, dx$$

3.6.4 Integración definida de funciones trigonométricas que contienen u.

Fórmulas de integración definida de funciones trigonométricas que contienen u.

$1)\ \int_a^b \operatorname{sen} u\, du = -\cos u\,\big]_a^b$	$7)\ \int_a^b \sec u \tan u\, du = \sec u\,\big]_a^b$
$2)\ \int_a^b \cos u\, du = \operatorname{sen} u\,\big]_a^b$	$8)\ \int_a^b \csc u \cot u\, du = -\csc u\,\big]_a^b$
$3)\ \int_a^b \tan u\, du = -\ln\cos u\,\big]_a^b$	$9)\ \int_a^b \sec^2 u\, du = \tan u\,\big]_a^b$
$4)\ \int_a^b \cot u\, du = \ln\operatorname{sen} u\,\big]_a^b$	$10)\ \int_a^b \csc^2 u\, du = -\cot u\,\big]_a^b$
$5)\ \int_a^b \sec u\, du = \ln\sec u + \tan u\,\big]_a^b$	$11)\ \int_a^b \sec^3 u\, du = \frac{1}{2}\sec u\tan u + \frac{1}{2}\ln\sec u + \tan u\,\big]_a^b$
$6)\ \int_a^b \csc u\, du = \ln\csc u - \cot u\,\big]_a^b$	

Ejemplos:

$$1)\quad \int_0^\pi \cos 2x\, dx = \begin{aligned}&\int_a^b \cos u = \operatorname{sen} u\,\big]_a^b \\ &u = 2x;\quad du = 2dx \\ &a = 0;\quad b = \pi\end{aligned} \quad \begin{aligned}&= \frac{1}{2}\int_0^\pi \cos 2x\,(2dx) = \frac{1}{2}\operatorname{sen} 2x\,\Big]_0^\pi \\ &= \left[\frac{1}{2}\operatorname{sen} 2(\pi)\right] - \left[\frac{1}{2}\operatorname{sen} 2(0)\right] = 0\end{aligned}$$

$$\int_a^b \sec^2 u\,du = \tan u\Big]_a^b$$

2) $\displaystyle\int_0^{\frac{\pi}{4}} 2\sec^2\frac{3x}{4}\,dx = \quad u = \frac{3x}{4}; \quad du = \frac{3}{4}dx$
$\displaystyle = 2\left(\frac{4}{3}\right)\int_0^{\frac{\pi}{4}} \sec^2\frac{3x}{4}\left(\frac{3}{4}dx\right) = \frac{8}{3}\tan\frac{3x}{4}\Big]_0^{\frac{\pi}{4}}$

$a = 0; \quad b = \frac{\pi}{4}$
$\displaystyle = \left(\frac{8}{3}\tan\frac{3\left(\frac{\pi}{4}\right)}{4}\right) - \left(\frac{8}{3}\tan\frac{3(0)}{4}\right) \approx 1.7818$

3) $\displaystyle\int_{\frac{\pi}{20}}^{\frac{\pi}{6}} \frac{3}{2sen^2 5x}\,dx = \quad$ *ident. trig* $\quad \frac{1}{sen\,u} = \csc u \quad = \frac{3}{2}\int_{\frac{\pi}{20}}^{\frac{\pi}{6}} \csc^2 5x\,dx =$
$\displaystyle\int_a^b \csc^2 u\,du = -\cot u\Big]_a^b$

$u = 5x; \quad du = 5dx; \quad a = \frac{\pi}{20}; \quad b = \frac{\pi}{6}$

$\displaystyle = \frac{3}{2}\left(\frac{1}{5}\right)\int_{\frac{\pi}{20}}^{\frac{\pi}{6}} \csc^2 5x(5dx) = \frac{3}{10}\left(-\cot 5x\right)\Big]_{\frac{\pi}{20}}^{\frac{\pi}{6}} = \left(-\frac{3}{10}\cot 5\left(\frac{\pi}{6}\right)\right) - \left(-\frac{3}{10}\cot 5\left(\frac{\pi}{20}\right)\right) = 0.5196 + 0.3 = 0.8196$

4) $\displaystyle\int_{-\pi}^{\pi} \cos^3 2x\,sen2x\,dx = \quad \int_a^b u^n\,du = \frac{u^{n+1}}{n+1}\Big]_a^b \quad u = \cos 2x; \quad = \left(-\frac{1}{2}\right)\int_{-\pi}^{\pi}(\cos 2x)^3(-2sen2x\,dx)$

$du = -2sen2x\,dx; \quad a = -\pi; \quad b = \pi$

$\displaystyle = -\frac{1}{2}\left(\frac{\cos^4 2x}{4}\right)\Big]_{-\pi}^{\pi} = -\frac{1}{8}\cos^4 2x\Big]_{-\pi}^{\pi} = \left(-\frac{1}{8}\cos^4 2(\pi)\right) - \left(-\frac{1}{8}\cos^4 2(-\pi)\right) = -\frac{1}{8} + \frac{1}{8} = 0$

Ejercicios:

3.6.4.1 Por la fórmula de integración definida de funciones trigonométricas que contienen "u" obtener:

1) $\displaystyle\int_0^{\pi} \frac{5sen2x}{4}\,dx$ 3) $\displaystyle\int_0^{\pi} 8\tan\frac{x}{4}\,dx$ 5) $\displaystyle\int_0^{\pi} 3\sec\frac{x}{5}\,dx$ 7) $\displaystyle\int_0^{\pi} \frac{5sen\ x}{4\ x}\,dx$

2) $\displaystyle\int_0^{\frac{\pi}{2}} \text{Sin}\left[\frac{4\,x}{3.}\right]\,dx$ 4) $\displaystyle\int_{-\pi}^{2\pi} \frac{5\,\text{Cos}\left[\frac{x}{2}\right]}{3.}\,dx$ 6) $\displaystyle\int_0^{\pi} \frac{2.}{\text{Sec}[3\,x]}\,dx$ 8) $\displaystyle\int_{-\frac{\pi}{2}}^{\frac{\pi}{2}} \frac{5\cos(2x-1)}{3}\,dx$

3.6.5 Integración definida de funciones trigonométricas inversas que contienen u.

Fórmulas de integración definida de funciones trigonométricas inversas que contienen "u".

1) $\displaystyle\int_a^b arcsen\ u\,du = u\,arcsen\ u + \overline{1-u^2}\,\Big]_a^b$	4) $\displaystyle\int_a^b arc\cot u\,du = u\,arc\cot u + \frac{1}{2}\ln\ u^2+1\,\Big]_a^b$
2) $\displaystyle\int_a^b \arccos u\,du = u\arccos u - \overline{1-u^2}\,\Big]_a^b$	5) $\displaystyle\int_a^b arc\sec u\,du = u\,arc\sec u - \ln\ u + \overline{u^2-1}\,\Big]_a^b$
3) $\displaystyle\int_a^b \arctan u\,du = u\arctan u - \frac{1}{2}\ln\ u^2+1\,\Big]_a^b$	6) $\displaystyle\int_a^b arc\csc u\,du = u\,arc\csc u + \ln\ u + \overline{u^2-1}\,\Big]_a^b$

Ejemplos:

1) $\displaystyle\int_{-1}^{1} 3\arccos\frac{x}{2}\,dx = 3(2)\int_{-1}^{1} \arccos\frac{x}{2}\left(\frac{dx}{2}\right) = 6\left(\frac{x}{2}\arccos\frac{x}{2} - \overline{1-\left(\frac{x}{2}\right)^2}\,\right)\Big]_{-1}^{1}$

$$= 6\left(\frac{(1)}{2}\arccos\frac{(1)}{2} - \overline{1-\left(\frac{(1)}{2}\right)^2}\right) - 6\left(\frac{(-1)}{2}\arccos\frac{(-1)}{2} - \overline{1-\left(\frac{(-1)}{2}\right)^2}\right)$$

$$= 6(0.5235 - 0.8660) - 6(-1.0472 - 0.8660) = -2.0550 + 11.4792 = 9.4242$$

2) $\displaystyle\int_1^2 \frac{arc\sec(2x-1)}{2}\,dx = \frac{1}{2}\left(\frac{1}{2}\right)\int_1^2 arc\sec(2x-1)(2dx)$

$$= \frac{1}{4}\left[(2x-1)arc\sec(2x-1) - \ln(2x-1) + \overline{(2x-1)^2-1}\right]_1^2$$

$$= \frac{1}{4}\left[(2(2)-1)arc\sec(2(2)-1) - \ln(2(2)-1) + \overline{(2(2)-1)^2-1}\right]$$

$$- \frac{1}{4}\left[(2(1)-1)arc\sec(2(1)-1) - \ln(2(1)-1) + \overline{(2(1)-1)^2-1}\right]$$

$$= \frac{1}{4}\left[3arc\sec(3) - \ln 3 + \overline{8}\right] - \frac{1}{4}\left[arc\sec(1) - \ln 1 + \overline{0}\right] \approx \frac{1}{4}[3.6928 - 1.7627] - \frac{1}{4}[0-0] \approx 0.4825$$

Ejercicios:

3.6.5.1 Por la fórmula de integración definida de funciones trigonométricas inversas que contienen "u" obtener:

1) $\displaystyle\int_0^{0.5} 3arcsen2x\,dx$ 2) $\displaystyle\int_0^{0.75} 5\arccos\frac{3x}{4}\,dx$ 3) $\displaystyle\int_0^3 \frac{\arctan(2x+1)}{4}\,dx$ 4) $\displaystyle\int_1^2 \frac{arc\csc 2x}{6}\,dx$

3.6.6 Integración definida de funciones hiperbólicas que contienen u.

Fórmulas de integración definida de funciones hiperbólicas que contienen u.

1) $\displaystyle\int_a^b senh\,u\,du = \cosh u\,\Big]_a^b$	7) $\displaystyle\int_a^b \sec h^2\,u\,du = \tanh u\,\Big]_a^b$
2) $\displaystyle\int_a^b \cosh u\,du = senh\,u\,\Big]_a^b$	8) $\displaystyle\int_a^b \csc h^2\,u\,du = -\coth u\,\Big]_a^b$
3) $\displaystyle\int_a^b \tanh u\,du = \ln \cosh u\,\Big]_a^b$	9) $\displaystyle\int_a^b \sec h\,u\tanh u\,du = -\sec h u\,\Big]_a^b$
4) $\displaystyle\int_a^b \coth u\,du = \ln senh\,u\,\Big]_a^b$	10) $\displaystyle\int_a^b \csc h\,u\coth u\,du = -\csc h u\,\Big]_a^b$
5) $\displaystyle\int_a^b \sec h\,u\,du = 2\arctan\left(\tanh\frac{u}{2}\right)\Big]_a^b$	
6) $\displaystyle\int_a^b \csc h\,u\,du = \ln \tanh\frac{u}{2}\,\Big]_a^b$	

Ejemplos:

1) $\displaystyle\int_{-1}^1 2\cosh 3x\,dx = (2)\left(\frac{1}{3}\right)\int_{-1}^1 \cosh 3x\,(3dx) = \frac{2}{3}senh\,3x\,\Big]_{-1}^1 = \left[\frac{2}{3}senh3(1)\right] - \left[\frac{2}{3}senh3(-1)\right]$

$$\approx (6.6785 - (-6.6785)) \approx 13.3572$$

2) $\int_0^1 \frac{\sec h\,2x\tanh 2x}{3}\,dx = \left(\frac{1}{3}\right)\left(\frac{1}{2}\right)\int_0^1 \sec h\,2x\tanh 2x\,(2dx) = -\frac{1}{6}\sec h\,2x \ \Big]_0^1$

$$= \left[-\frac{1}{6}\sec h\,2(1)\right] - \left[-\frac{1}{6}\sec h\,2(0)\right] = (-0.0443 - (-0.1666) \approx 0.1223$$

Ejercicios:

3.6.6.1 Por la fórmula de integración definida de funciones hiperbólicas que contienen "u" obtener:

1) $\int_0^1 5\,senh\,2x\,dx$ 2) $\int_{-1}^1 \frac{3}{5}\cosh 2x\,dx$ 3) $\int_{-1}^0 \frac{\tanh\,(3x-1)}{2}\,dx$ 4) $\int_{-3}^3 \frac{3\sec\,h\,3x}{5}\,dx$

3.6.7 Integración definida de funciones hiperbólicas inversas que contienen u.

Fórmulas de integración definida de funcione hiperbólicas inversas que contienen u.

1) $\int_a^b arcsenh\,u\,du = u\,arcsenh\,u - \overline{u^2+1} \ \Big]_a^b$	4) $\int_a^b arc\coth u\,du = u\,arc\coth u + \frac{1}{2}\ln u^2 - 1 \ \Big]_a^b$
2) $\int_a^b arc\cos h\,u\,du = u\,arc\cos h\,u - \overline{u^2-1} \ \Big]_a^b$	5) $\int_a^b arc\,\sec h\,u\,du = u\,arc\,\sec h\,u - \arctan \frac{-u}{1-u^2} \ \Big]_a^b$
3) $\int_a^b \arctan h\,u\,du = u\,\arctan h\,u + \frac{1}{2}\ln u^2 - 1 \ \Big]_a^b$	6) $\int_a^b arc\csc h\,u\,du = u\,arc\csc h\,u + \ln u + \overline{u^2+1} \ \Big]_a^b$

Ejemplos:

1) $\int_0^1 3\,arcsenh\,\frac{x}{2}\,dx = (3)(2)\int_0^1 arcsenh\,\frac{x}{2}\left(\frac{dx}{2}\right) = 6\left(\frac{x}{2}\right)arcsenh\,\frac{x}{2} - 6\ \overline{\left(\frac{x}{2}\right)^2+1} \ \Big]_0^1$

$$= 3x\,arcsenh\,\frac{x}{2} - 6\ \overline{\frac{x^2}{4}+1} \ \Big]_0^1 = \left[3(1)arcsenh\left(\frac{(1)}{2}\right) - 6\ \overline{\left(\frac{(1)^2}{4}\right)+1}\right]$$

$$-\left[3(0)arcsenh\left(\frac{(0)}{2}\right) - 6\sqrt{\left(\frac{(0)}{4}\right)^2+1}\right] \approx [1.4436 - 6.7082] - [0-6] \approx 0.7354$$

2) $\int_1^{10} \frac{arc\csc h\,3x}{2}\,dx = \left(\frac{1}{2}\right)\left(\frac{1}{3}\right)\int_1^{10} arccsh\,3x\,(3dx) = \left(\frac{1}{6}\right)\left((3x)arc\csc h(3x) + \ln(3x) + \overline{(3x)^2+1}\right)\Big]_1^{10}$

$$= \frac{x}{2}arc\csc h\,3x + \frac{1}{6}\ln 3x + \overline{9x^2+1}\ \Big]_1^{10} = \left(\frac{(10)}{2}arc\csc 3(10) + \frac{1}{6}\ln 3(10) + \overline{9(10)^2+1}\right)$$

$$-\left(\frac{(1)}{2}arc\csc h\,3(1) + \frac{1}{6}\ln 3(1) + \overline{9(1)^2+1}\right) \approx (0.1666 + 0.6824) - (0.1637 + 0.3030) \approx 0.3823$$

Ejercicios:
3.6.7.1 Por la fórmula de integración definida de funciones hiperbólicas inversas que contienen "u" obtener:

1) $\int_0^5 8\,arcsenh\,\frac{x}{2}\,dx$ 2) $\int_0^2 \frac{3\arccos\,h\,2x}{5}\,dx$ 3) $\int_{-2}^{-1} \frac{3arc\,\csc\,h\,2x}{5}\,dx$ 4) $\int_2^3 2\,arc\coth 3x\,dx$

Clase: 3.7 Integración definida de funciones que contienen las formas u² ± a².
3.7.1 Integración definida de funciones que contienen las formas u² ± a².
- Ejemplos.
- Ejercicios.

3.7.1 Integración definida de funciones que contienen las formas u² ± a².

Fórmulas (muestra de catálogo) de integración definida de funciones que contienen las formas $u^2 \pm a^2$

1) $\displaystyle\int_a^b \frac{du}{u^2+a^2} = \frac{1}{a}\arctan\frac{u}{a}\ \bigg]_a^b$	6) $\displaystyle\int_a^b \frac{du}{a^2-u^2}\,du = arcsen\frac{u}{a}\ \bigg]_a^b$
2) $\displaystyle\int_a^b \frac{du}{u^2-a^2} = \frac{1}{2a}\ln\left|\frac{u-a}{u+a}\right|\ \bigg]_a^b$	7) $\displaystyle\int_a^b \frac{du}{u\sqrt{u^2+a^2}} = -\frac{1}{a}\ln\left|\frac{a+\sqrt{u^2+a^2}}{u}\right|\ \bigg]_a^b$
3) $\displaystyle\int_a^b \frac{du}{a^2-u^2} = \frac{1}{2a}\ln\left|\frac{u+a}{u-a}\right|\ \bigg]_a^b$	8) $\displaystyle\int_a^b \sqrt{u^2+a^2}\,du = \frac{u}{2}\sqrt{u^2+a^2}+\frac{a^2}{2}\ln\left|u+\sqrt{u^2+a^2}\right|\ \bigg]_a^b$
4) $\displaystyle\int_a^b \frac{du}{\sqrt{u^2+a^2}} = \ln\left|u+\sqrt{u^2+a^2}\right|\ \bigg]_a^b$	9) $\displaystyle\int_a^b \sqrt{u^2-a^2}\,du = \frac{u}{2}\sqrt{u^2-a^2}-\frac{a^2}{2}\ln\left|u+\sqrt{u^2-a^2}\right|\ \bigg]_a^b$
5) $\displaystyle\int_a^b \frac{du}{\sqrt{u^2-a^2}} = \ln\left|u+\sqrt{u^2-a^2}\right|\ \bigg]_a^b$	10) $\displaystyle\int_a^b \sqrt{a^2-u^2}\,du = \frac{u}{2}\sqrt{a^2-u^2}+\frac{a^2}{2}arcsen\frac{u}{a}\ \bigg]_a^b$

Ejemplos:

1) $\displaystyle\int_{-5}^{5} \frac{5\,dx}{4x^2+9} =$

$\displaystyle\int_a^b \frac{du}{u^2+a^2} = \frac{1}{a}\arctan\frac{u}{a}\ \bigg]_a^b$

$u^2 = 4x^2;\quad u = 2x;\quad du = 2dx$

$a^2 = 9;\quad a = 3$

$= 5\left(\frac{1}{2}\right)\int_{-5}^{5}\frac{(2\,dx)}{4x^2+3} = \frac{5}{2}\left(\frac{1}{3}\arctan\frac{2x}{3}\right)\bigg]_{-5}^{5}$

$= \left(\frac{5}{6}\arctan\frac{10}{3}\right) - \left(\frac{5}{6}\arctan\frac{-10}{3}\right)$

$\approx 1.0661 + 1.0661 \approx 2.1322$

2) $\displaystyle\int_{-\frac{1}{2}}^{\frac{1}{2}} \frac{1}{1-2x^2}\,dx =$

$\displaystyle\int_a^b \frac{du}{a^2-u^2} = \frac{1}{2a}\ln\left|\frac{u+a}{u-a}\right|\ \bigg]_a^b$

$a^2 = 1;\quad a = 1;$

$u^2 = 2x;\quad u = x\sqrt{2};\quad du = \sqrt{2}\,dx$

$= \left(\frac{1}{\sqrt{2}}\right)\int_{-\frac{1}{2}}^{\frac{1}{2}}\frac{(\sqrt{2}\,dx)}{1-2x^2} = \frac{1}{2\sqrt{2}}\ln\left|\frac{x\sqrt{2}+1}{x\sqrt{2}-1}\right|\ \bigg]_{-\frac{1}{2}}^{\frac{1}{2}}$

$= \left(\frac{1}{2\sqrt{2}}\ln\left|\frac{\frac{1}{2}\sqrt{2}+1}{\frac{1}{2}\sqrt{2}-1}\right|\right) - \left(\frac{1}{2\sqrt{2}}\ln\left|\frac{-\frac{1}{2}\sqrt{2}+1}{-\frac{1}{2}\sqrt{2}-1}\right|\right) \approx \left(\frac{1}{2\sqrt{2}}\ln\frac{1.7071}{-0.2928}\right) - \left(\frac{1}{2\sqrt{2}}\ln\frac{0.2928}{-1.7071}\right)$

$\approx \left(\frac{1}{2\sqrt{2}}\ln -5.8280\right) - \left(\frac{1}{2\sqrt{2}}\ln -0.1715\right) \approx \frac{1}{2\sqrt{2}}(1.7626) - \frac{1}{2\sqrt{2}}(-1.7630) \approx 0.6231 + 0.6233 \approx 1.2464$

$$\int_a^b \frac{du}{u^2-a^2} = \ln u + \sqrt{u^2-a^2} \ \Big]_a^b$$

3) $\displaystyle\int_3^4 \frac{3dx}{2\sqrt{x^2-5}} = \quad \begin{array}{l} u^2=x^2; \quad u=x; \quad du=dx \\[4pt] a^2=5; \quad a=\sqrt5 \\[4pt] \big]_a^b = \ \big]_3^4 \end{array} \quad = \frac{3}{2}\int_3^4 \frac{(dx)}{\sqrt{(x)^2-(\sqrt5)^2}} = \frac{3}{2}\ln x + \sqrt{x^2-5} \ \Big]_3^4$

$$= \left[\frac{3}{2}\ln 4 + \sqrt{(4)^2-5}\right] - \left[\frac{3}{2}\ln 3 + \sqrt{(3)^2-5}\right] = 2.985 - 2.414 = 0.571$$

4) $\displaystyle\int_{-1}^2 \sqrt{4x^2+1}\,dx = \quad \int_a^b \sqrt{u^2+a^2}\,du = \frac{u}{2}\sqrt{u^2+a^2} + \frac{a^2}{2}\ln u + \sqrt{u^2+a^2} \ \Big]_a^b = \left(\frac{1}{2}\right)\int_{-1}^2 \sqrt{4x^2+1}\,(2dx)$

$$u^2=4x^2; \quad u=2x; \quad du=2dx; \quad a^2=1; \quad a=1$$

$$= \frac{1}{2}\left[\frac{(2x)}{2}\sqrt{4x^2+1} + \frac{(1)^2}{2}\ln (2x) + \sqrt{4x^2+1}\right]_{-1}^2 = \frac{x}{2}\sqrt{4x^2+1} + \frac{1}{4}\ln 2x + \sqrt{4x^2+1} \ \Big]_{-1}^2$$

$$= \left[\frac{(2)}{2}\sqrt{4(2)^2+1} + \frac{1}{4}\ln 2(2) + \sqrt{4(2)^2+1}\right] - \left[\frac{(-1)}{2}\sqrt{4(-1)^2+1} + \frac{1}{4}\ln 2(-1) + \sqrt{4(-1)^2+1}\right]$$

$$= \left(\sqrt{17} + \frac{1}{4}\ln 4 + \sqrt{17}\right) - \left(-\frac{\sqrt5}{2} + \frac{1}{4}\ln -2 + \sqrt5\right) \approx 4.1231 + 0.5236 + 1.1180 + 0.3609 \approx 6.1256$$

5) $\displaystyle\int_0^2 \frac{\sqrt{y^2+4}}{2}\,dy = \frac{1}{2}\int_0^2 \sqrt{y^2+4}\,dy = \quad \int_a^b \sqrt{u^2+a^2}\,du = \frac{u}{2}\sqrt{u^2+a^2} + \ln u + \sqrt{u^2+a^2} \ \Big]_a^b$

$$u^2=y^2; \quad u=y; \quad du=dy; \quad a^2=4; \quad a=2$$

$$= \frac{1}{2}\left[\frac{(y)}{2}\sqrt{y^2+4} + \frac{(4)}{2}\ln (y) + \sqrt{y^2+4}\right]_0^2 = \frac{y}{4}\sqrt{y^2+4} + \ln (y) + \sqrt{y^2+4} \ \Big]_0^2$$

$$= \left[\frac{(2)}{4}\sqrt{(2)^2+4} + \ln (2) + \sqrt{(2)^2+4}\right] - \left[\frac{(0)}{4}\sqrt{(0)^2+(4)} + \ln (0) + \sqrt{(0)^2+(4)}\right]$$

$$\approx 1.4142 + 1.5745 - 0 - 0.6931 \approx 2.2956$$

Ejercicios:

3.7.1.1 Por la fórmula de integración definida de funciones que contienen las formas $u^2 \pm a^2$; obtener:

1) $\displaystyle\int_{-2}^2 \frac{1}{x^2+4}\,dx$ 4) $\displaystyle\int_{-1}^1 \frac{2}{3x^2-8}\,dx$ 7) $\displaystyle\int_3^4 \frac{2}{2x^2-16}\,dx$ 10) $\displaystyle\int_2^4 3\sqrt{2x^2-4}\,dx$

2) $\displaystyle\int_0^3 \frac{10\,dx}{4x^2+9}$ 5) $\displaystyle\int_0^1 \frac{2}{4-3x^2}\,dx$ 8) $\displaystyle\int_{-0.5}^{0.5} \frac{5}{16-4x^2}\,dx$ 11) $\displaystyle\int_2^4 \sqrt{4x^2-5}\,dx$

3) $\displaystyle\int_0^{10} \frac{9.}{2x^2+4}\,dx$ 6) $\displaystyle\int_{-6}^{-4} \frac{dx}{x^2+1}$ 9) $\displaystyle\int_{-1}^1 \sqrt{4x^2+3}\,dx$ 12) $\displaystyle\int_{-0.25}^{0.25} 5\frac{\sqrt{10-5x^2}}{3}\,dx$

Clase: 3.8 Integrales impropias.

3.8.1 Definición de las integrales impropias.
3.8.2 Clasificación de las integrales impropias.
3.8.3 Cálculo de las integrales impropias del tipo 1A con intervalo de (α, a].
3.8.4 Cálculo de las integrales impropias del tipo 1B con intervalo [b, α).
3.8.5 Cálculo de las integrales impropias del tipo 1C con intervalo de (-α, α).
3.8.6 Cálculo de las integrales impropias del tipo 2A con intervalo de [a, b) y discontinuidad en b.
3.8.7 Cálculo de las integrales impropias del tipo 2B con intervalo de (b, c] y discontinuidad en b.
3.8.8 Cálculo de las integrales impropias del tipo 2C con intervalo de a < b < c y discontinuidad en b.
- Ejemplos.
- Ejercicios.

3.8.1 Definición de las integral impropia:

Son las integrales definidas de funciones que se caracterizan porque al menos uno de los extremos del intervalo es infinito; o bien presentan al menos un punto de discontinuidad.

Las integrales impropias son evaluables si existe el límite y en ese caso se dice que la función es convergente; en cambio no son evaluables si no existe el límite y se dice que la función es divergente.

3.8.2 Clasificación de las integrales impropias:

Las integrales impropias se clasifican según su intervalo de definición, así tenemos:

Clasificación	Sub tipo	Intervalo	Representación gráfica	Estructuración de la integral
Tipo 1 ó de 1ª clase Característica: Presentan al menos un extremo infinito, en su intervalo de cálculo.	1A	$\left(-\alpha, a\right]$	$y = f(x)$ $-\infty \quad t_1 \qquad a$	$\int_{-\alpha}^{a} f(x)dx = \lim_{t_1 \to -\alpha} \int_{t_1}^{a} f(x)dx$
	1B	$\left[b, \alpha\right)$	$y = f(x)$ $b \quad t_2 \quad \infty$	$\int_{b}^{\alpha} f(x)dx = \lim_{t_2 \to \alpha} \int_{b}^{t_2} f(x)\,dx$
	1C	$\left(-\alpha, \alpha\right)$	$y = f(x)$ $-\infty \quad t_1 \quad c \quad t_2 \quad \infty$	$\int_{-\alpha}^{\alpha} f(x)\,dx$ $= \int_{-\alpha}^{c} f(x)\,dx + \int_{c}^{\alpha} f(x)\,dx$ $= \lim_{t_1 \to -\alpha} \int_{t_1}^{c} f(x)dx + \lim_{t_2 \to \alpha} \int_{c}^{t_2} f(x)dx$

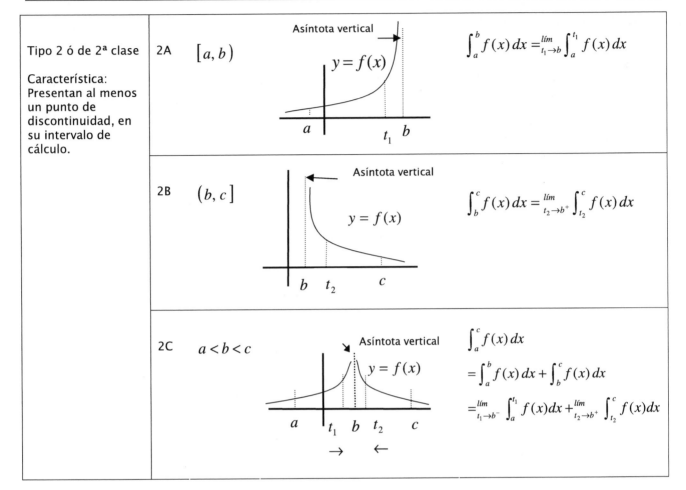

Tipo 2 ó de 2ª clase Característica: Presentan al menos un punto de discontinuidad, en su intervalo de cálculo.	2A	$[a, b)$	Asíntota vertical $y = f(x)$ $a \quad t_1 \quad b$	$\int_a^b f(x)\,dx = \lim_{t_1 \to b} \int_a^{t_1} f(x)\,dx$
	2B	$(b, c]$	Asíntota vertical $y = f(x)$ $b \quad t_2 \quad c$	$\int_b^c f(x)\,dx = \lim_{t_2 \to b^+} \int_{t_2}^c f(x)\,dx$
	2C	$a < b < c$	Asíntota vertical $y = f(x)$ $a \quad t_1 \quad b \quad t_2 \quad c$ $\to \qquad \leftarrow$	$\int_a^c f(x)\,dx$ $= \int_a^b f(x)\,dx + \int_b^c f(x)\,dx$ $= \lim_{t_1 \to b^-} \int_a^{t_1} f(x)\,dx + \lim_{t_2 \to b^+} \int_{t_2}^c f(x)\,dx$

<u>Ejemplo 1)</u> Dada la función $y = \dfrac{1}{x^2}$ y puntos de interés $x = -2; \quad y \quad x = 1$:

1.1) Haga el bosquejo de la gráfica.
1.2) Determine los intervalos sujetos a una posible evaluación de la integral impropia.
1.3) Clasifíquela según corresponda.
1.4) Estructurar las integrales impropia.

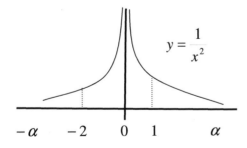

$y = \dfrac{1}{x^2}$

$-\alpha \quad -2 \quad 0 \quad 1 \quad \alpha$

a) En el intervalo $(1, -2]$ Integral impropia tipo 1A
b) En el intervalo $[1, \alpha)$ Integral impropia tipo 1B
c) En el intervalo $[-2, 0)$ Integral impropia tipo 2A
d) En el intervalo $(0, 1]$ Integral impropia tipo 2B
e) En el intervalo $[-2, 1]$ Integral impropia tipo 2C

$a)\quad \int_{-\alpha}^{-2} \frac{1}{x^2}\,dx = \lim_{t_1 \to -\alpha} \int_{t_1}^{-2} \frac{1}{x^2}\,dx \quad b)\quad \int_1^{\alpha} \frac{1}{x^2}\,dx = \lim_{t_2 \to \alpha} \int_1^{t_2} \frac{1}{x^2}\,dx \quad c)\quad \int_{-2}^0 \frac{1}{x^2}\,dx = \lim_{t_1 \to 0^-} \int_{-2}^{t_1} \frac{1}{x^2}\,dx$

$d)\quad \int_0^1 \frac{1}{x^2}\,dx = \lim_{t_2 \to 0^+} \int_{t_2}^1 \frac{1}{x^2}\,dx \quad e)\quad \int_{-2}^1 \frac{1}{x^2}\,dx = \int_{-2}^0 \frac{1}{x^2}\,dx + \int_0^1 \frac{1}{x^2}\,dx = \lim_{t_1 \to 0^-} \int_{-2}^{t_1} \frac{1}{x^2}\,dx = \lim_{t_2 \to 0^+} \int_{t_2}^1 \frac{1}{x^2}\,dx$

Ejemplo 2) Dada la función $y = \dfrac{1}{x}$ y puntos de interés $x = 0;\quad x = 1;\quad y\quad x = \alpha$:

1.1) Haga el bosquejo de la gráfica.
1.2) Determine los intervalos sujetos a una posible evaluación de la integral impropia
1.3) Clasifíquela según corresponda,
1.4) Estructurar las integrales impropia.

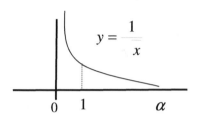

a) En el intervalo $(0, 1]$ Integral impropia tipo 2B

b) En el intervalo $[1, \alpha)$ Integral impropia tipo 1B

a) $\displaystyle\int_0^1 \frac{1}{x}\, dx = \lim_{t_2 \to 0^+} \int_{t_2}^1 \frac{1}{x}\, dx$

b) $\displaystyle\int_1^\alpha \frac{1}{x}\, dx = \lim_{t_2 \to \alpha} \int_1^{t_2} \frac{1}{x}\, dx$

Ejercicios:

3.8.2.1 Dada la función y puntos de interés:
a) Haga el bosquejo de la gráfica.
b) Determine los intervalos sujetos a una posible evaluación de la integral impropia
c) Clasifíquela según corresponda.

1) $y = -\dfrac{1}{x}$ $\quad x = -\alpha;\quad x = -1;\quad x = 0;$

3) $y = \dfrac{4}{x^2+4};\quad x = -\alpha;\quad x = 0;\quad y\quad x = \alpha$

2) $y = \dfrac{1}{\sqrt{-x}}$ $\quad x = -\alpha;\quad x = -1;\quad x = 0$

4) $y = \dfrac{1}{\sqrt{1-x}};\quad x = -\alpha;\quad x = 0;\quad y\quad x = 1$

3.8.3 Cálculo de las integrales impropias del tipo 1A con intervalo de (α, a].

Ejemplos 1) Sea: $y = \dfrac{1}{x^2}$ Calcula el valor de la integral en el intervalo $(-\alpha, -1]$.

$$\int_{-\alpha}^{-1} \frac{1}{x^2}\, dx = \lim_{t_1 \to -\alpha} \int_{t_1}^{-1} \frac{1}{x^2}\, dx = \lim_{t_1 \to -\alpha} \int_{t_1}^{-1} x^{-2}\, dx$$

$$= \left[\lim_{t_1 \to -\alpha} \frac{x^{-1}}{-1}\right]_{t_1}^{-1} = \left[\lim_{t_1 \to -\alpha} -\frac{1}{x}\right]_{t_1}^{-1} = \left(\lim_{t_1 \to -\alpha} -\frac{1}{(-1)}\right) - \left(\lim_{t_1 \to -\alpha} -\frac{1}{(t_1)}\right)$$

$$= (1) - \left(-\frac{1}{-\alpha}\right) = (1) - \left(\frac{1}{\alpha}\right) = 1 - 0 = 1$$

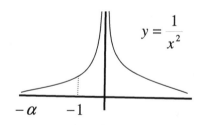

Ejemplo 2) Sea: $y = \dfrac{1}{2-x}$ Calcula el valor de la integral en el intervalo $(-\alpha, 1]$.

$$\int_{-\alpha}^1 \frac{1}{2-x}\, dx = \lim_{t_1 \to -\alpha} \int_{t_1}^1 \frac{1}{2-x}\, dx = -\lim_{t_1 \to -\alpha} \ln 2 - x\Big]_{t_1}^1$$

$$= \left(-\lim_{t_1 \to -\alpha} \ln 2 - (1)\right) - \left(-\lim_{t_1 \to -\alpha} \ln 2 - (t_1)\right)$$

$$= (-\ln 1) - (-\ln -\alpha) = -0 + \alpha = \alpha$$

Interpretación del resultado: La integral no es evaluable y la función es divergente.

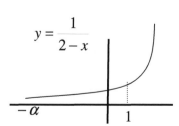

Ejemplo 3) Sea: $y = e^x$ Calcula el valor de la integral en el intervalo $(-\alpha, 0]$.

$$\int_{-\alpha}^{0} e^x dx = \lim_{t_1 \to -\alpha} \int_{t_1}^{0} e^x dx = \lim_{t_1 \to -\alpha} e^x \Big]_{t_1}^{0}$$

$$= \left(\lim_{t_1 \to \alpha} e^0 \right) - \left(\lim_{t_1 \to -\alpha} e^{t_1} \right) = \left(e^0 \right) - \left(e^{-\alpha} \right) = 1 - 0 = 1$$

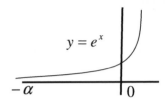
$y = e^x$

Ejercicios:

3.8.3.1 Calcular el valor de las integrales impropias tipo 1A con intervalo (α, a], realizando los siguientes pasos:
a) Hacer el bosquejo de la gráfica; b) Estructurar la integral impropia; c) Hacer el cálculo.

1) $\int_{-\alpha}^{0} 5e^{2x} dx$ 3) $\int_{-\alpha}^{-1} \frac{10}{2x^2+3} dx$ 5) $\int_{-\alpha}^{-2} \frac{5}{x^4} dx$ 7) $\int_{-\alpha}^{1} \frac{1}{2-x} dx$

2) $\int_{-\alpha}^{0} \frac{4}{1-x} dx$ 4) $\int_{-\alpha}^{0} \frac{1}{x^2+4} dx$ 6) $\int_{-\alpha}^{-3} \frac{6}{2x+3} dx$ 8) $\int_{-\alpha}^{-1} \frac{5}{x^2} dx$

3.8.4 Cálculo de las integrales impropias del tipo 1B con intervalo [b, α).

Ejemplo: Sea $y = \frac{1}{x^2}$ Calcula el valor de la integral en el intervalo $[1, \alpha)$

$$\int_{1}^{\alpha} \frac{1}{2x^2} dx = \frac{1}{2} \lim_{t_2 \to \alpha} \int_{1}^{t_2} \frac{1}{x^2} dx = \frac{1}{2} \lim_{t_2 \to \alpha} \int_{1}^{t_2} x^{-2} dx = \left[\frac{1}{2} \lim_{t_2 \to \alpha} \frac{x^{-1}}{-1} \right]_{1}^{t_2} = \left[\frac{1}{2} \lim_{t_2 \to \alpha} -\frac{1}{x} \right]_{1}^{t_2}$$

$$= \left(\frac{1}{2} \lim_{t_2 \to \alpha} -\frac{1}{(t_2)} \right) - \left(\frac{1}{2} \lim_{t_2 \to \alpha} -\frac{1}{(1)} \right) = \left(-\frac{1}{2\alpha} \right) - \left(-\frac{1}{2} \right) = 0 + \frac{1}{2} = 0.5000$$

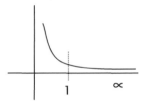

Ejercicios:

3.8.4.1 Calcular el valor de las integrales impropias tipo 1B con intervalo [b, α); realizando los siguientes pasos:
a) Hacer el bosquejo de la gráfica; b) Estructurar la integral impropia; c) Hacer el cálculo.

1) $\int_{1}^{\alpha} \frac{3}{2x^2} dx$ 2) $\int_{1}^{\alpha} \frac{1}{x} dx$ 3) $\int_{0}^{\alpha} \frac{1}{x+1} dx$ 4) $\int_{2}^{\alpha} \frac{1}{x^2+4} dx$

3.8.5 Cálculo de las integrales impropias del tipo 1C con intervalo de (-α, α).

Ejemplo: Sea $y = \frac{1}{x^2+1}$ Calcular el valor de la integral en el intervalo: $(-\alpha, \alpha)$

$$\int_{-\alpha}^{\alpha} \frac{1}{x^2+1} dx = \lim_{t_1 \to -\alpha} \int_{t_1}^{0} \frac{1}{x^2+1} dx + \lim_{t_2 \to \alpha} \int_{0}^{t_2} \frac{1}{x^2+1} dx = \lim_{t_1 \to -\alpha} (\arctan x]_{t_1}^{0} + \lim_{t_2 \to \alpha} (\arctan x]_{0}^{t_2}$$

$$= \lim_{t_1 \to -\alpha} ((\arctan 0) - (\arctan t_1)) + \lim_{t_2 \to \alpha} ((\arctan t_2) - (\arctan 0))$$

$$= \left(0 - \left(-\frac{\pi}{2} \right) \right) + \left(\frac{\pi}{2} - 0 \right) = \pi$$

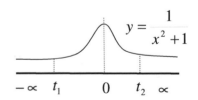
$y = \frac{1}{x^2+1}$

Ejercicios:

3.8.5.1 Calcular el valor de las integrales impropias tipo 1C con intervalo (-α, α);
   realizando los siguientes pasos:
   a) Hacer el bosquejo de la gráfica; b) Estructurar la integral impropia; c) Hacer el cálculo.

1) $\displaystyle\int_{-\alpha}^{\alpha} \frac{2}{x^2+4}\,dx$ 2) $\displaystyle\int_{-\alpha}^{\alpha} \frac{1}{2x^2+9}\,dx$ 3) $\displaystyle\int_{-\alpha}^{\alpha} \frac{10}{4x^2+2}\,dx$ 4) $\displaystyle\int_{-\alpha}^{\alpha} \frac{3}{5x^2+7}\,dx$

3.8.6 Cálculo de las integrales impropias del tipo 2A con intervalo de [a, b) y discontinuidad en b.

Ejemplo: Sea: $y = \dfrac{1}{\sqrt{-x}}$ Calcula el valor de la integral en el intervalo $[-4, 0)$.

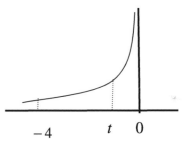

$$\int_{-4}^{0} \frac{1}{\sqrt{-x}}\,dx = \lim_{t_1 \to 0^-} \int_{-4}^{t_1} \frac{1}{\sqrt{-x}}\,dx = \lim_{t_1 \to 0^-} (-1)\int_{-4}^{t_1} (-x)^{-\frac{1}{2}}(-1\,dx)$$

$$= -\lim_{t_1 \to 0^-}\left(\frac{(-x)^{\frac{1}{2}}}{\frac{1}{2}}\right]_{-4}^{t_1} = -\lim_{t_1 \to 0^-} 2\sqrt{-x}\,]_{-4}^{t_1}$$

$$= -\left(\left(\lim_{t_1 \to 0^-} 2\sqrt{-t_1}\right) - \left(\lim_{t_1 \to 0^-} 2\sqrt{-(-4)}\right)\right) = \left(-2\sqrt{-0}\right) + 2\sqrt{4} = 4$$

Ejercicios:

3.8.6.1 Calcular el valor de las integrales impropias tipo 2A con intervalo [a, b) y discontinuidad en b;
   realizando los siguientes pasos:
   a) Hacer el bosquejo de la gráfica; b) Estructurar la integral impropia; c) Hacer el cálculo.

1) $\displaystyle\int_{-1}^{0} \frac{5}{\sqrt{-2x}}\,dx$ 2) $\displaystyle\int_{0}^{1} \frac{1}{\sqrt{1-x}}\,dx$ 3) $\displaystyle\int_{-2}^{0.5} \frac{5}{\sqrt{2x-1}}\,dx$ 4) $\displaystyle\int_{-4}^{-2} \frac{2}{\sqrt[3]{(x+2)^2}}\,dx$

3.8.7 Cálculo de las integrales impropias del tipo 2B con intervalo de (b, c] y discontinuidad en b.

Ejemplo: Sea: $y = 1 + \dfrac{1}{\sqrt{x}}$ Calcula el valor de la integral en el intervalo: $(0,1]$.

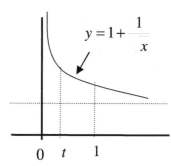

$$\int_{0}^{1}\left(1 + \frac{1}{\sqrt{x}}\right)dx = \lim_{t_2 \to 0^+} \int_{t_2}^{1}\left(1 + \frac{1}{\sqrt{x}}\right)dx = \lim_{t_2 \to 0^+}\left(x + 2\sqrt{x}\right)\big]_{t_2}^{1}$$

$$= \left(\lim_{t_2 \to 0^+}\left(1 + 2\sqrt{1}\right)\right) - \left(\lim_{t_2 \to 0^+}\left(t_2 + 2\sqrt{t_2}\right)\right)$$

$$= \left(1 + 2\sqrt{1}\right) - \left(0 + 2\sqrt{0}\right) = 3 + 0 = 3$$

Ejercicios:

3.8.7.1 Calcular el valor de las integrales impropias tipo 2B con intervalo (b, c] y discontinuidad en b; realizando los siguientes pasos:
a) Hacer el bosquejo de la gráfica; b) Estructurar la integral impropia; c) Hacer el cálculo.

1) $\displaystyle\int_0^4 \frac{3}{4\ 5x}\,dx$ 　　　 2) $\displaystyle\int_{-2}^0 \frac{2}{x+2}\,dx$ 　　　 3) $\displaystyle\int_0^4 -2\ln\frac{5x}{3}\,dx$ 　　 4) $\displaystyle\int_3^5 \frac{10}{x-3}\,dx$

3.8.8 Cálculo de las integrales impropias del tipo 2C con intervalo de a < b < c y discontinuidad en b.

Ejemplo:　Sea:　$y=\dfrac{3}{\sqrt[3]{x^2-4x+4}}$ 　Calcula el valor de la integral en el intervalo: $[0,4]$

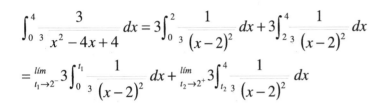

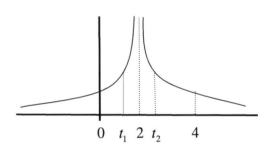

$$\int_0^4 \frac{3}{\sqrt[3]{x^2-4x+4}}\,dx = 3\int_0^2 \frac{1}{\sqrt[3]{(x-2)^2}}\,dx + 3\int_2^4 \frac{1}{\sqrt[3]{(x-2)^2}}\,dx$$

$$=\lim_{t_1\to2^-}3\int_0^{t_1}\frac{1}{\sqrt[3]{(x-2)^2}}\,dx+\lim_{t_2\to2^+}3\int_{t_2}^4\frac{1}{\sqrt[3]{(x-2)^2}}\,dx$$

$$=\lim_{t_1\to2^-}\left.\frac{3(x-2)^{\frac{1}{3}}}{\frac{1}{3}}\right]_0^4+\lim_{t_2\to2^+}\left.\frac{3(x-2)^{\frac{1}{3}}}{\frac{1}{3}}\right]_{t_2}^4 = 9\lim_{t_1\to2^-}\left.\sqrt[3]{x-2}\right]_0^{t_1}+9\lim_{t_2\to2^+}\left.\sqrt[3]{x-2}\right]_{t_2}^4$$

$$=\left(9\lim_{t_1\to2^-}\sqrt[3]{(t_1)-2}+9\lim_{t_2\to2^+}\sqrt[3]{(4)-2}\right)-\left(9\lim_{t_1\to2^-}\sqrt[3]{(0)-2}+9\lim_{t_2\to2^+}\sqrt[3]{(t_2)-2}\right)$$

$$=(0+11.3393)-(11.3393+0)=22.6786$$

Ejercicios:

3.8.8.1 Calcular el valor de las integrales impropias tipo 2 con intervalo de a < b < c y discontinuidad en b; realizando los siguientes pasos:
a) Hacer el bosquejo de la gráfica; b) Estructurar la integral impropia; c) Hacer el cálculo.

1) $\displaystyle\int_0^2 \frac{5}{\sqrt[3]{x^2-2x+1}}\,dx$ 　2) $\displaystyle\int_0^{12} \frac{5}{\sqrt[3]{x^2-16x+64}}\,dx$ 　3) $\displaystyle\int_{-2}^2 \frac{5}{3x^2}\,dx$ 　　 4) $\displaystyle\int_0^{10} \frac{2}{\sqrt[3]{x^2-10x+25}}\,dx$

Evaluaciones tipo de la Unidad 3 (la integral definida).

		EXAMEN	Número de lista:	
	Cálculo Integral	Unidad: 3		
			Clave: Evaluación tipo 1	

1) $\int_{1}^{4} 2x\,dx$ Indicadores a evaluar: - Hacer el bosquejo de la gráfica. - Hacer el cálculo.   Valor: 20 puntos.

2) $\int_{-1}^{1} \left(x^2 + 4\right)dx$ Indicadores a evaluar: - Hacer el cálculo.   Valor: 20 puntos.

3) $\int_{-1}^{0} 3\,\overline{1-4x}\,dx$ Indicadores a evaluar: - Hacer el cálculo.   Valor: 20 puntos.

4) $\int_{0}^{\pi_2} \dfrac{3\cos x}{2}\,dx$ Indicadores a evaluar: - Hacer el bosquejo de la gráfica. - Hacer el cálculo.   Valor: 20 puntos.

5) $\int_{-4}^{-2} \dfrac{2}{\sqrt[3]{(x+2)^2}}\,dx$ Indicadores a evaluar: - Hacer el bosquejo de la gráfica. - Estructurar la integral impropia. - Hacer el cálculo.   Valor: 20 puntos.

		EXAMEN	Número de lista:	
	Cálculo Integral	Unidad: 3		
			Clave: Evaluación tipo 2	

1) $\int_{-1}^{1} 4\,dx$ Indicadores a evaluar: - Hacer el bosquejo de la gráfica. - Hacer el cálculo.   Valor: 20 puntos.

2) $\int_{-2}^{1} \left(1 - x\right)dx$ Indicadores a evaluar: - Hacer el cálculo.   Valor: 20 puntos.

3) $\int_{-1}^{0} \overline{2x+2}\,dx$ Indicadores a evaluar: - Hacer el cálculo.   Valor: 20 puntos.

4) $\int_{0}^{\pi} \dfrac{Sen\,x}{4}\,dx$ Indicadores a evaluar: - Hacer el bosquejo de la gráfica. - Hacer el cálculo.   Valor: 20 puntos.

5) $\int_{0}^{3} \dfrac{10\,dx}{4x^2 + 9}$ Indicadores a evaluar: - Hacer el bosquejo de la gráfica. - Hacer el cálculo.   Valor: 20 puntos.

Formulario de la Unidad 3 (la integral definida).

Propiedades de la integral definida de las funciones elementales:

1) $\int_a^b f(x)\,dx = 0 \iff a = b$

2) $\int_a^b f(x)\,dx = -\int_b^a f(x)\,dx$

3) $\int_a^b k\,f(x)\,dx = k\int_a^b f(x)\,dx$

4) $\int_a^c f(x)\,dx = \int_a^b f(x)\,dx + \int_b^c f(x)\,dx \quad \forall\, a < b < c$

5) $\int_a^b (f(x) \pm g(x))\,dx = \int_a^b f(x)\,dx \pm \int_a^b g(x)\,dx$

Fórmulas de integración definida de las funciones elementales:

Algebraicas:

1) $\int_a^b 0\,dx = 0$

2) $\int_a^b dx = x\,\Big]_a^b$

3) $\int_a^b k\,dx = kx\,\Big]_a^b$

4) $\int_a^b x\,dx = \dfrac{x^2}{2}\,\Big]_a^b$

5) $\int_a^b \dfrac{1}{x}\,dx = \ln x\,\Big]_a^b$

Exponenciales:

1) $\int_a^b e^x\,dx = e^x\,\Big]_a^b$

2) $\int_a^b a^x\,dx = \dfrac{a^x}{\ln a}\,\Big]_a^b$

Logarítmicas:

1) $\int_a^b \ln x\,dx = x(\ln x - 1)\,\Big]_a^b$

2) $\int_a^b \log_a x\,dx = x\left(\log_a \dfrac{x}{e}\right)\Big]_a^b$

Trigonométricas:

1) $\int_a^b \operatorname{sen} x\,dx = -\cos x\,\Big]_a^b$

2) $\int_a^b \cos x\,dx = \operatorname{sen} x\,\Big]_a^b$

3) $\int_a^b \tan x\,dx = -\ln \cos x\,\Big]_a^b$

4) $\int_a^b \cot x\,dx = \ln \operatorname{sen} x\,\Big]_a^b$

5) $\int_a^b \sec x\,dx = \ln \sec x + \tan x\,\Big]_a^b$

6) $\int_a^b \csc x\,dx = \ln \csc x - \cot x\,\Big]_a^b$

Trigonométricas inversas:

1) $\int_a^b \operatorname{arcsen} x\,dx = x\operatorname{arcsen} x + \sqrt{1-x^2}\,\Big]_a^b$

2) $\int_a^b \arccos x\,dx = x\arccos x - \sqrt{1-x^2}\,\Big]_a^b$

3) $\int_a^b \arctan x\,dx = x\arctan x - \dfrac{1}{2}\ln x^2 + 1\,\Big]_a^b$

4) $\int_a^b arc\cot x\,dx = x\,arc\cot x + \dfrac{1}{2}\ln x^2 + 1\,\Big]_a^b$

5) $\int_a^b arc\sec x\,dx = x\,arc\sec x - \ln x + \sqrt{x^2-1}\,\Big]_a^b$

6) $\int_a^b arc\csc x\,dx = x\,arc\csc x + \ln x + \sqrt{x^2-1}\,\Big]_a^b$

Hiperbólicas:

1) $\displaystyle\int_a^b senh\,x\,dx = \cosh x \Big]_a^b$

2) $\displaystyle\int_a^b \cosh x\,dx = senh\,x \Big]_a^b$

3) $\displaystyle\int_a^b \tanh x\,dx = \ln\cosh x \Big]_a^b$

4) $\displaystyle\int_a^b \coth x\,dx = \ln senh\,x \Big]_a^b$

5) $\displaystyle\int_a^b \sec h\,x\,dx = 2\arctan\left(\tanh\frac{x}{2}\right)\Big]_a^b$

6) $\displaystyle\int_a^b \csc h\,x\,dx = \ln\tanh\frac{x}{2}\Big]_a^b$

Hiperbólicas inversas:

1) $\displaystyle\int_a^b arcsenh\,x\,dx = x\,arcsenh\,x - \sqrt{x^2+1}\,\Big]_a^b$

2) $\displaystyle\int_a^b \arccos h\,x\,dx = x\arccos h\,x - \sqrt{x^2-1}\,\Big]_a^b$

3) $\displaystyle\int_a^b \arctan h\,x\,dx = x\arctan h\,x + \frac{1}{2}\ln x^2 - 1\Big]_a^b$

4) $\displaystyle\int_a^b arc\coth x\,dx = xarc\coth x + \frac{1}{2}\ln x^2 - 1\Big]_a^b$

5) $\displaystyle\int_a^b arc\sec h\,x\,dx = xarc\sec h\,x - \arctan\frac{-x}{1-x^2}\Big]_a^b$

6) $\displaystyle\int_a^b arc\csc h\,x\,dx = xarc\csc hx + \ln x + \sqrt{x^2+1}\,\Big]_a^b$

Formulas de integración definida de funciones que contienen xⁿ y u:

Propiedades de la integral definida de funciones que contienen x^n y u.

1) $\int_a^b f(x)\,dx = 0 \iff a = b$

4) $\int_a^c f(x)\,dx = \int_a^b f(x)\,dx + \int_b^c f(x)\,dx \quad \forall\, a < b < c$

2) $\int_a^b f(x)\,dx = -\int_b^a f(x)\,dx$

5) $\int_a^b (f(x) \pm g(x))\,dx = \int_a^b f(x)\,dx \pm \int_a^b g(x)\,dx$

3) $\int_a^b k\,f(x)\,dx = k\int_a^b f(x)\,dx$

Fórmula de integración definida de funciones algebraicas que contienen "xⁿ".   1) $\int_a^b x^n\,dx = \left.\dfrac{x^{n+1}}{n+1}\right]_a^b \quad \forall\, n+1 \neq 0$

Fórmulas de integración definida de funciones que contienen u.

Algebraicas:

1) $\int_a^b du = u\,\Big]_a^b$

2) $\int_a^b u^n\,du = \left.\dfrac{u^{n+1}}{n+1}\right]_a^b$

3) $\int_a^b \dfrac{1}{u}\,du = \ln u\,\Big]_a^b$

Exponenciales:

1) $\int_a^b e^u\,du = e^u\,\Big]_a^b$

2) $\int_a^b a^u\,du = \left.\dfrac{a^u}{\ln a}\right]_a^b$

Logarítmicas:

1) $\int_a^b \ln u\,du = u(\ln u - 1)\,\Big]_a^b$

2) $\int_a^b \log_a u\,du = \left.u\left(\log_a \dfrac{u}{e}\right)\right]_a^b$

Trigonométricas:

1) $\int_a^b \operatorname{sen} u\,du = -\cos u\,\Big]_a^b$

7) $\int_a^b \sec u \tan u\,du = \sec u\,\Big]_a^b$

2) $\int_a^b \cos u\,du = \operatorname{sen} u\,\Big]_a^b$

8) $\int_a^b \csc u \cot u\,du = -\csc u\,\Big]_a^b$

3) $\int_a^b \tan u\,du = -\ln \cos u\,\Big]_a^b$

9) $\int_a^b \sec^2 u\,du = \tan u\,\Big]_a^b$

4) $\int_a^b \cot u\,du = \ln \operatorname{sen} u\,\Big]_a^b$

10) $\int_a^b \csc^2 u\,du = -\cot u\,\Big]_a^b$

5) $\int_a^b \sec u\,du = \ln \sec u + \tan u\,\Big]_a^b$

11) $\int_a^b \sec^3 u\,du = \dfrac{1}{2}\sec u \tan u + \dfrac{1}{2}\ln \sec u + \tan u\,\Big]_a^b$

6) $\int_a^b \csc u\,du = \ln \csc u - \cot u\,\Big]_a^b$

Trigonométricas inversas:

1) $\int_a^b \operatorname{arcsen} u\,du = u\operatorname{arcsen} u + \sqrt{1-u^2}\,\Big]_a^b$

4) $\int_a^b \operatorname{arc cot} u\,du = u\operatorname{arc cot} u + \dfrac{1}{2}\ln u^2 + 1\,\Big]_a^b$

2) $\int_a^b \arccos u\,du = u\arccos u - \sqrt{1-u^2}\,\Big]_a^b$

5) $\int_a^b \operatorname{arc sec} u\,du = u\operatorname{arc sec} u - \ln u + \sqrt{u^2-1}\,\Big]_a^b$

3) $\int_a^b \arctan u\,du = u\arctan u - \dfrac{1}{2}\ln u^2 + 1\,\Big]_a^b$

6) $\int_a^b \operatorname{arc csc} u\,du = u\operatorname{arc csc} u + \ln u + \sqrt{u^2-1}\,\Big]_a^b$

José Santos Valdez y Cristina Pérez

Hiperbólicas:

1) $\displaystyle\int_a^b senh\,u\,du = \cosh u\,\Big]_a^b$

2) $\displaystyle\int_a^b \cosh u\,du = senh\,u\,\Big]_a^b$

3) $\displaystyle\int_a^b \tanh u\,du = \ln\cosh u\,\Big]_a^b$

4) $\displaystyle\int_a^b \coth u\,du = \ln senh\,u\,\Big]_a^b$

5) $\displaystyle\int_a^b \sec h\,u\,du = 2\arctan\left(\tanh\frac{u}{2}\right)\Big]_a^b$

6) $\displaystyle\int_a^b \csc h\,u\,du = \ln\left|\tanh\frac{u}{2}\right|\,\Big]_a^b$

7) $\displaystyle\int_a^b \sec h^2\,u\,du = \tanh u\,\Big]_a^b$

8) $\displaystyle\int_a^b \csc h^2\,u\,du = -\coth u\,\Big]_a^b$

9) $\displaystyle\int_a^b \sec h\,u\tanh u\,du = -\sec h\,u\,\Big]_a^b$

10) $\displaystyle\int_a^b \csc h\,u\coth u\,du = -\csc h\,u\,\Big]_a^b$

Hiperbólicas inversas:

1) $\displaystyle\int_a^b arcsenh\,u\,du = u\,arcsenh\,u - \sqrt{u^2+1}\,\Big]_a^b$

2) $\displaystyle\int_a^b arccos\,h\,u\,du = u\,arccos\,h\,u - \sqrt{u^2-1}\,\Big]_a^b$

3) $\displaystyle\int_a^b \arctan h\,u\,du = u\arctan h\,u + \frac{1}{2}\ln\left|u^2-1\right|\,\Big]_a^b$

4) $\displaystyle\int_a^b arc\coth u\,du = u\,arc\coth u + \frac{1}{2}\ln\left|u^2-1\right|\,\Big]_a^b$

5) $\displaystyle\int_a^b arc\sec h\,u\,du = u\,arc\sec h\,u - \arctan\frac{-u}{\sqrt{1-u^2}}\,\Big]_a^b$

6) $\displaystyle\int_a^b arc\csc h\,u\,du = u\,arc\csc h\,u + \ln\left|u+\sqrt{u^2+1}\right|\,\Big]_a^b$

Formulas de integración definida de funciones que contienen las formas $u^2 \pm a^2$:

1) $\displaystyle\int_a^b \frac{du}{u^2+a^2} = \frac{1}{a}\arctan\frac{u}{a}\,\Big]_a^b$

2) $\displaystyle\int_a^b \frac{du}{u^2-a^2} = \frac{1}{2a}\ln\left|\frac{u-a}{u+a}\right|\,\Big]_a^b$

3) $\displaystyle\int_a^b \frac{du}{a^2-u^2} = \frac{1}{2a}\ln\left|\frac{u+a}{u-a}\right|\,\Big]_a^b$

4) $\displaystyle\int_a^b \frac{du}{\sqrt{u^2+a^2}} = \ln\left|u+\sqrt{u^2+a^2}\right|\,\Big]_a^b$

5) $\displaystyle\int_a^b \frac{du}{\sqrt{u^2-a^2}} = \ln\left|u+\sqrt{u^2-a^2}\right|\,\Big]_a^b$

6) $\displaystyle\int_a^b \frac{du}{\sqrt{a^2-u^2}}\,du = arcsen\frac{u}{a}\,\Big]_a^b$

7) $\displaystyle\int_a^b \frac{du}{u\sqrt{u^2+a^2}} = -\frac{1}{a}\ln\left|\frac{a+\sqrt{u^2+a^2}}{u}\right|\,\Big]_a^b$

8) $\displaystyle\int_a^b \sqrt{u^2+a^2}\,du = \frac{u}{2}\sqrt{u^2+a^2} + \frac{a^2}{2}\ln\left|u+\sqrt{u^2+a^2}\right|\,\Big]_a^b$

9) $\displaystyle\int_a^b \sqrt{u^2-a^2}\,du = \frac{u}{2}\sqrt{u^2-a^2} - \frac{a^2}{2}\ln\left|u+\sqrt{u^2-a^2}\right|\,\Big]_a^b$

10) $\displaystyle\int_a^b \sqrt{a^2-u^2}\,du = \frac{u}{2}\sqrt{a^2-u^2} + \frac{a^2}{2}arcsen\frac{u}{a}\,\Big]_a^b$

Formulas de integrales impropias:

Integrales impropias del tipo 1 con intervalo de $(-\alpha, a\,]$:

$$\int_{\alpha}^{a} f(x)\,dx = \lim_{t \to -\infty} \int_{t}^{a} f(x)\,dx$$

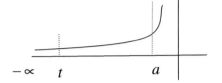

Integrales impropias del tipo 1 con intervalo de $[b, \alpha)$:

$$\int_{b}^{\infty} f(x)\,dx = \lim_{t \to \infty} \int_{b}^{t} f(x)\,dx$$

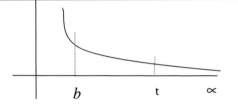

Integrales impropias del tipo 1 con intervalo de $(-\alpha, \alpha)$:

$$\int_{-\alpha}^{\alpha} f(x)\,dx = \int_{-\alpha}^{c} f(x)\,dx + \int_{c}^{\alpha} f(x)\,dx$$

$$= \lim_{t_1 \to -\alpha} \int_{t_1}^{c} f(x)\,dx + \lim_{t_2 \to \infty} \int_{c}^{t_2} f(x)\,dx$$

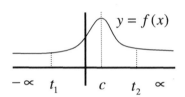

Integrales impropias del tipo 2 con intervalo de $[a,b)$ y discontinuidad en b:

$$\int_{a}^{b} f(x)\,dx = \lim_{t \to b^{-}} \int_{a}^{t} f(x)\,dx$$

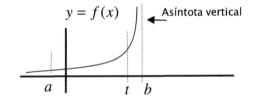

Integrales impropias del tipo 2 con intervalo de $(b,c]$ y discontinuidad en a:

$$\int_{b}^{c} f(x)\,dx = \lim_{t \to b^{+}} \int_{t}^{c} f(x)\,dx$$

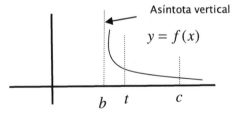

Integrales impropias del tipo 2 con intervalo de $a < b < c$ y discontinuidad en b.

$$\int_{a}^{c} f(x)\,dx = \int_{a}^{b} f(x)\,dx + \int_{b}^{c} f(x)\,dx$$

$$= \lim_{t_1 \to b^{-}} \int_{a}^{t_1} f(x)\,dx + \lim_{t_2 \to b^{+}} \int_{t_2}^{c} f(x)\,dx$$

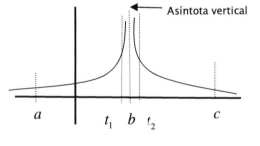

Es difícil y a veces hasta imposible, poder coexistir en una organización donde hacer lo correcto no es lo habitual.

La simulación es otra forma más de mentir, sólo que ahora se encuentra potenciada con el engaño y es el principio de ser perverso.

Lo bueno de las matemáticas, es que no permiten el uso de estas deficiencias humanas.

José Santos Valdez Pérez

UNIDAD 4. APLICACIONES DE LA INTEGRAL.

Clases:

4.1   **Cálculo de longitud de curvas.**
4.2   **Cálculo de áreas.**
4.3   **Cálculo de volúmenes.**
4.4   **Cálculo de momentos y centros de masa.**
4.5   **Cálculo del trabajo.**

- **Evaluaciones tipo de la Unidad 4 (aplicaciones de la integral).**
- **Formulario de la Unidad 4 (aplicaciones de la integral).**

Clase: 4.1 Cálculo de longitud de curvas.

4.1.1 Conceptos básicos.   - Ejemplos.
4.1.2 Cálculo de longitud de curva.   - Ejercicios.

4.1.1 Conceptos básicos:

Curva: Es una porción de la gráfica de una función limitada por un intervalo.
Arco: Es una porción limitada de la curva.
Cuerda: Es la recta que toca los puntos extremos de un arco.
Curva rectificable; (Definición):

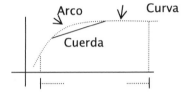

Sean:

R^2 Un plano rectangular.

$[a, b]$ un intervalo cerrado en el eje de las "X".

f la gráfica de una función continua $y = f(x) \in [a, b]$.

$1, 2, 3, \cdots, n$ las particiones del intervalo $[a, b]$ de tal forma que

$$x_0 = a; \quad x_0 < x_1 < x_2 < \cdots < x_n; \quad y \quad x_n = b$$

Δ una partición en el intervalo $[a, b]$

$\Delta x_i = x_i - x_{i-1}$ una iésima partición de $[a, b]$

ΔL_i la cuerda de Δx_i

$\overline{\Delta L_i}$ la longitud de la cuerda de Δx_i

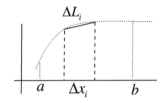

$\displaystyle\sum_{i=1}^{n} \overline{\Delta L_i}$ la sumatoria de las longitudes de todas de la cuerdas en $[a, b]$.

Sí $\Delta x_i \to 0 \quad \therefore \quad n \to \alpha$ que transformada a límites quedaría:

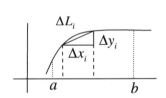

$\displaystyle\lim_{\Delta x_i \to 0} \sum_{n=1}^{\alpha} \overline{\Delta x_i}$ Sí el límite existe entonces se dice que la curva es rectificable.

4.1.2 Cálculo de longitud de curva.

Sean:

$y = f(x)$ una curva rectificable.

Δx_i un iésimo subintervalo de $[a, b]$

Δy_i un iésimo subintervalo en el eje "Y" como resultado de las imágenes de Δx_i

ΔL_i la iésima hipotenusa del triángulo cuyos catetos son Δx_i y Δy_i

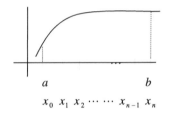

$\displaystyle\sum_{i=1}^{n} \overline{\Delta L_i}$ es la longitud aproximada de la curva en el intervalo $[a, b]$.

Sí $\Delta x_i \to 0 \quad \therefore \quad n \to \alpha$ entonces:

$$L = \lim_{\Delta x_i \to 0} \sum_{n=1}^{\alpha} \overline{\Delta L_i} \quad \text{es la longitud exacta de la curva en el intervalo } [a, b]$$

Como: $\Delta L_i = \sqrt{(\Delta x_i)^2 + (\Delta y_i)^2} = \sqrt{(\Delta x_i)^2 + (\Delta y_i)^2}\left(\dfrac{\Delta x_i}{\Delta x_i}\right) = \sqrt{\dfrac{(\Delta x_i)^2}{(\Delta x_i)^2} + \dfrac{(\Delta y_i)^2}{(\Delta x_i)^2}}(\Delta x_i) = \sqrt{1+\left(\dfrac{\Delta y_i}{\Delta x_i}\right)^2}(\Delta x_i)$

Entonces: $L = \displaystyle\lim_{\Delta x_i \to 0}\sum_{n=1}^{\alpha}\Delta L_i = \lim_{\Delta x_i \to 0}\sum_{n=1}^{\alpha}\sqrt{1+\left(\dfrac{\Delta y_i}{\Delta x_i}\right)^2}(\Delta x_i)$

Que traducido a una integral, esta quedaría: $L = \displaystyle\int_a^b \sqrt{1+\left(f'(x)\right)^2}\,dx$

De la misma forma y por paráfrasis matemática $L = \displaystyle\int_c^d \sqrt{1+\left(f'(y)\right)^2}\,dy$

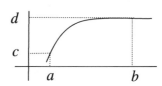

Método para el cálculo de curvas:

1) Haga el bosquejo de las gráficas e identifique la longitud de la curva a calcular.
2) Identifique a, b, y $f(x)$; y obtenga: $f'(x)$ y $\left(f'(x)\right)^2$
3) Formule la integral para el cálculo de longitud de la curvas.
4) Calcule la longitud de la curva.

Ejemplos:

1.- Calcular la longitud de la recta $y = 2$ entre el intervalo $x = -1$ y $x = 3$:

$L = \displaystyle\int_a^b \sqrt{1+\left(f'(x)\right)^2}\,dx =$
$\begin{cases} a = -1 \\ b = 3 \\ f(x) = 2 \\ f'(x) = 0 \\ [f'(x)]^2 = 0 \end{cases}$
$\begin{aligned} &= \int_{-1}^{3}\sqrt{1+0}\,dx = \int_{-1}^{3}1\,dx = x\,\Big]_{-1}^{3} \\ &= (3) - (-1) = 3 + 1 = 4 \end{aligned}$

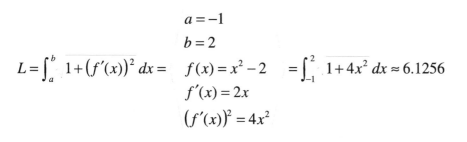

2.- Calcular la longitud de la recta $y = x$ entre el intervalo $x = 1$ y $x = 2$:

$L = \displaystyle\int_a^b \sqrt{1+\left(f'(x)\right)^2}\,dx =$
$\begin{cases} a = 1 \\ b = 2 \\ f(x) = x \\ f'(x) = 1 \\ \left(f'(x)\right)^2 = 1 \end{cases}$
$= \displaystyle\int_1^2 \sqrt{1+1}\,dx = x\sqrt{2}\,\Big]_1^2 \approx 1.4142$

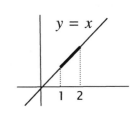

3.- Calcular la longitud de la curva $y = x^2 - 2$ entre el intervalo $x = -1$ y $x = 2$:

$L = \displaystyle\int_a^b \sqrt{1+\left(f'(x)\right)^2}\,dx =$
$\begin{cases} a = -1 \\ b = 2 \\ f(x) = x^2 - 2 \\ f'(x) = 2x \\ \left(f'(x)\right)^2 = 4x^2 \end{cases}$
$= \displaystyle\int_{-1}^2 \sqrt{1+4x^2}\,dx \approx 6.1256$

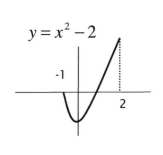

4.- Calcular la longitud de la curva $y = x^2 - 3$ entre el intervalo de intersección con la recta $y = x - 1$:

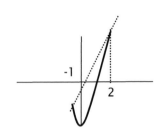

$$L = \int_a^b \overline{1 + (f'(x))^2}\, dx =$$

$x^2 - 3 = x - 1; \quad x_1 = -1; \quad x_2 = 2$

$a = -1; \quad b = 2$

$f(x) = x^2 - 3$

$f'(x) = 2x; \quad (f'(x))^2 = 4x^2$

$= \int_{-1}^{2} \overline{1 + 4x^2}\, dx$

≈ 6.1256

5.- Calcular la longitud de la curva $y = \overline{4x}$ entre el intervalo $x = 0$ y $x = 1$:

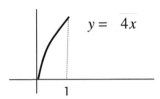

$$L = \int_a^b \overline{1 + (f'(x))^2}\, dx =$$

$a = 0; \quad b = 1$

$f(x) = \overline{4x}$

$f'(x) = \frac{2}{4x} = \frac{1}{x}; \quad (f'(x))^2 = \frac{1}{x}$

$= \int_0^1 \overline{1 + \frac{1}{x}}\, dx$

El resultado es una integral que parece difícil de resolver en ausencia de software, sin embargo al calcular la longitud de la curva con respecto al eje "Y", se observa que la integral es solucionable con métodos ya conocidos, como lo veremos a continuación.

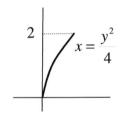

$$L = \int_c^d \overline{1 + (f'(y))^2}\, dy =$$

Sí $y = \overline{4x}$ ∴ $x = \frac{y^2}{4}$

como $\frac{y^2}{4} = 0$ ∴ $y = 0$ ∴ $c = 0$

como $\frac{y^2}{4} = 1$ ∴ $y = 2$ ∴ $d = 2$

$f(y) = \frac{y^2}{4}; \quad f'(y) = \frac{y}{2}; \quad (f'(y))^2 = \frac{y^2}{4}$

$= \int_0^2 \overline{1 + \frac{y^2}{4}}\, dy = \frac{1}{2} \int_0^2 \overline{4 + y^2}\, dy \approx 2.2956$

Ejercicios:

4.1.2.1 Dada la ecuación de la gráfica de la función y su intervalo de evaluación; calcular la longitud de la curva desarrollando los siguientes pasos:
a) Haga el bosquejo de la gráfica de la curva; b) Estructure la integral; c) Calcule la longitud de la curva.

1) $y = 3$; $x = -2$; y $x = 5$

2) $y = x + 2$; $x = -1$; y $x = 3$

3) $y = 4 - 3x$; $x = 0$; y $x = 3$

4) $y = x^2 + 1$; y $y = 3$

5) $y = x^2 - 4$; $x = 0$; y $x = 2$

6) $y = x^2 - 9$; $x = -3$; y $x = 0$

7) $y = x^2 - 2$; y $y = x$

8) $y = 3 - x^2$; y $y = 2x^2$ (curva superior)

9) $y = 4 - x^2$; y $y = 0$

10) $y = 1 - \frac{x^2}{4}$; $x = -2$; y $x = 2$

11) $y = \overline{3x}$; $x = 1$ y $x = 4$

12) $y = 1 + \overline{2x}$; $x = 0$ y $x = 2$

Clase: 4.2 Cálculo de áreas.
4.2.1 Clasificación de las áreas.
4.2.2 Cálculo de áreas limitadas por una función y el eje "X"; que se localizan arriba del eje de las "X".
4.2.3 Cálculo de áreas limitadas por una función y el eje "X"; que se localizan abajo del eje de las "X".
4.2.4 Cálculo de áreas limitadas por una función y el eje "X"; que se localizan arriba y abajo del eje de las "X".
4.2.5 Cálculo de áreas limitadas por dos funciones y localizadas en cualquier parte de R^2.
- Ejemplos.
- Ejercicios.

4.2.1 Clasificación de las áreas:

Las áreas para efectos de cálculo se clasifican según sus características y localización, así tenemos:

Clasificación	Localización	Representación gráfica	Estructuración de la integral
Tipo I	Áreas limitadas por una función y el eje "X"; que se localizan arriba del eje de las "X".	$y = f(x)$ — A — a b	$A = \int_a^b f(x)\,dx$
Tipo II	Áreas limitadas por una función y el eje "X"; que se localizan abajo del eje de las "X".	a b — A — $y = f(x)$	$A = -\int_a^b f(x)\,dx$
Tipo III	Áreas limitadas por una función y el eje "X"; que se localizan arriba y abajo del eje de las "X".	$y = f(x)$ — a b A_2 — A_1 c	$A = -A_1 + A_2$ $= -\int_a^b f(x)\,dx + \int_b^c f(x)\,dx$
Tipo IV	Áreas limitadas por dos funciones y localizadas en cualquier parte de R^2.	$y = f(x)$ — A — $y = g(x)$ — a b	$A = \int_a^b \big(f(x) - g(x)\big)\,dx$

4.2.2 Cálculo de áreas limitadas por una función y el eje "X"; que se localizan arriba del eje de las "X".

Por definición de la integral definida, se entiende que el valor de la integral de la función $y = f(x)$ para $f(x) > 0$ es el área bajo la gráfica de la función   entre las

rectas $x = a$ y $x = b$; entonces podemos concluir que: $A = \int_a^b f(x)\,dx$

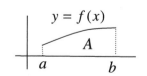

Método de cálculo de áreas limitadas por una función y el eje "X"; que se localizan arriba del eje de las "X".

1) Haga el bosquejo de la gráfica e identifique el área limitada.

2) Aplique la fórmula $A = \int_a^b f(x)dx$

3) Identifique a; b y $f(x)$. Nota: De ser necesario obtenga los puntos de intersección entre la gráfica de la función y el eje de las "X".

4) Formule la integral definida.

5) Calcule el área.

Ejemplos:

1) Calcular el área limitada por las gráficas cuyas ecuaciones son:

$y = 2$; $y = 0$; $x = 1$; y $x = 5$

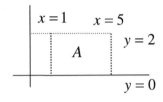

$$A = \int_a^b f(x)dx = \begin{array}{l} a = 1 \\ b = 5 \\ f(x) = 2 \end{array} = \int_1^5 2\,dx = 2x\big]_1^5 = (2(5))-(2(1)) = 8$$

Nota: El valor de esta área la podemos corroborar al calcular por geometría el área de un rectángulo que es:

$A = lado \; x \; lado = (4)(2) = 8$; sin embargo el cálculo integral se ocupa de problemas mas complejos como lo veremos a continuación.

2) Calcular el área limitada por las gráficas cuyas ecuaciones son:

$y = 1 - x^2$ y $y = 0$

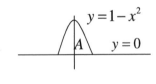

$$A = \int_a^b f(x)dx = \begin{array}{l} 1 - x^2 = 0 \quad \therefore \quad x_1 = -1; \quad x_2 = 1 \\ a = -1; \quad b = 1; \quad f(x) = 1 - x^2 \end{array} \begin{array}{l} = \int_{-1}^1 (1-x^2)dx \\ = x - \dfrac{x^3}{3}\Big]_{-1}^1 = \dfrac{4}{3} \end{array}$$

Ejercicios:

4.2.2.1.Dada las ecuaciones del área limitada por sus gráficas, calcular el área desarrollando los siguientes pasos: a) Haga el bosquejo de las gráficas que forman el área.
b) Estructure la integral.
c) Calcular el área limitada.

1) $y = 3$; $y = 0$; $x = 0$; $x = 5$

2) $y = x + 1$; $y = 0$; y $x = 1$

3) $y = 2x^2$; $y = 0$; $x = 5$

4) $y = x^2 + 1$; $y = 0$; $x = -2$; y $x = 4$

5) $y = 4 - 2x^2$; $y = 0$

6) $y = 1 - x^3$; $y = 0$; y $x = -4$

7) $y = \; 4x$; $y = 0$; y $x = 4$

8) $y = {}^3\;x$; $y = 0$; $x = 8$

9) $y = 1 + \; x$; $y = 0$; $x = 0$; y $x = 4$;

10) $y = \; x + 2$; $y = 0$; $x = 2$

4.2.3 Cálculo de áreas limitadas por una función y el eje "X"; que se localizan abajo del eje de las "X".

Sí para una función $y = f(x)$ en el intervalo $[a,b]$ para $f(x) > 0$ es el área bajo la gráfica de la función, entonces para $f(x) < 0$ podemos inferir que:

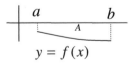

$$A = -\int_a^b f(x)dx$$

Método de cálculo de áreas limitadas por una función y el eje "X"; que se localizan abajo del eje de las "X".

1) Haga el bosquejo de la gráfica e identifique el área limitada.

2) Aplique la fórmula $A = -\int_a^b f(x)\,dx$

3) Identifique a; b y $f(x)$.

Nota: De ser necesario obtenga los puntos de intersección entre la gráfica de $y = f(x)$ y el eje de las "X"

4) Formule la integral definida.

5) Calcule el área.

Ejemplo:

Calcular el área limitada por las gráficas cuyas ecuaciones son:

$y = -\ x;\quad y = 0;\quad y\quad x = 4$

$A = -\int_a^b f(x)\,dx = \begin{matrix} a = 0; & b = 4 \\ f(x) = -\ x \end{matrix} = -\int_0^4 \left(-\ x\right)dx = \left.\frac{2\ x^3}{3}\right]_0^4 = \frac{16}{3}$

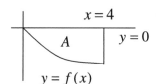

4.2.3.1 Dada las ecuaciones del área limitada por sus gráficas, calcular el área desarrollando los siguientes pasos: a) Haga el bosquejo de las gráficas que forman el área.
   b) Estructure la integral.
   c) Calcular el área limitada.

1) $y = -3;\ y = 0;\ x = 0;\ x = 5$

2) $y = 4x;\ y = 0;\ y\ x = -2$

3) $y = x+1;\ y = 0;\ y\ x = -2;$

4) $y = -2x^2;\ y\ x = 10;$

5) $y = x^2 - 1;\ y\ y = 0$

6) $y = -4 - 2x^2;\ y = 0;\ x = -1;\ y\ x = 1$

7) $y = -\ 8x;\ y = 0;\ y\ x = 4$

8) $y = -\ x+2;\ y = 0;\ y\ x = 2$

4.2.4 Cálculo de áreas limitadas por una función y el eje "X"; que se localizan arriba y abajo del eje de las "X").

De las dos inferencias anteriores podemos concluir la presente fórmula para el cálculo del valor del área, y desde luego podemos hace extensivo el razonamiento para casos similares. Así en el presente caso tenemos:

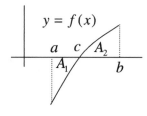

$A = A_1 + A_2 = \pm\int_a^b f(x)\,dx \mp \int_b^c f(x)\,dx$

Notas: Sí $"A"$ está abajo del eje "X" la integral es $(-)$;

Si $"A"$ esta arriba del eje "X" la integral es $(+)$.

Método de cálculo de áreas limitadas por una función y el eje "X"; que se localizan arriba y abajo del eje de las "X".

1) Haga el bosquejo de la gráfica e identifique el área limitada.

2) Aplique la fórmula $A = A_1 + A_2 = \pm\int_a^b f(x)\,dx \mp \int_b^c f(x)\,dx$

3) Identifique a; b; c; y $f(x)$

   Nota: $"c"$ se logra obteniendo el punto de intersección entre la gráfica de $y = f(x)$ y el eje de las "X"

4) Formule la integral definida.

5) Calcule el área.

Ejemplo:

Calcular el área limitada por las gráficas cuyas ecuaciones son:

$y = x; \quad y = 0; \quad x = -1 \quad y \quad x = 1$

$A = -A_1 + A_2 = -\int_a^c f(x)\,dx + \int_c^b f(x)\,dx = \begin{array}{l} a = -1; \quad c = 0; \quad b = 1 \\ f(x) = x \end{array}$

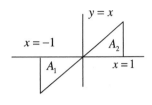

$= -\int_{-1}^0 x\,dx + \int_0^1 x\,dx = -\dfrac{x^2}{2}\bigg]_{-1}^0 + \dfrac{x^2}{2}\bigg]_0^1 = 1$

Ejercicios:

4.2.4.1 Dada las ecuaciones del área limitada por sus gráficas, calcular el área desarrollando los siguientes
pasos: a) Haga el bosquejo de las gráficas que forman el área.
b) Estructure la integral.
c) Calcular el área limitada.

1) $y = 5x; \quad y = 0; \quad x = -1; \quad y \quad x = 2$;

4) $y = x^2 - 1; \quad y \quad y = 4$

2) $y = x + 1; \quad x = -4; \quad y \quad x = 0$;

5) $y = 4x^3; \quad y = 0; \quad x = -4 \quad y \quad x = 2$

3) $y = 2x^2 - 1; \quad y = 0; \quad x = -2 \quad y \quad x = 2$;

6) $y = \ x - 1; \quad y \quad y = 1$

4.2.5 Cálculo áreas limitadas por dos funciones y localizadas en cualquier parte de R².

Al analizar la función $y = f(x)$ en el intervalo $[a,b]$ para $f(x) > 0$ es el área
bajo la gráfica de la función con signo positivo, y que para $f(x) < 0$ también
es el área pero con signo negativo, ahora podemos inferir una nueva fórmula
para el caso de áreas limitadas entre dos gráficas y que desde luego podemos
hace extensivo el razonamiento para casos en todo el espacio rectangular.

$$A = \int_a^b \big(f(x) - g(x)\big)\,dx$$

Método de cálculo de áreas limitadas por dos funciones y localizadas en cualquier parte de R².

1) Haga el bosquejo de las gráficas e identifique el área limitada.

2) Aplique la fórmula $A = \int_a^b \big(f(x) - g(x)\big)\,dx$

3) Identifique $a;\ b;\ f(x)\ y\ g(x)$.

   Nota: De ser necesario obtenga los puntos de intersección $(a\ y\ b)$ entre las gráficas de $y = f(x)$ y $y = g(x)$

4) Formule la integral definida.

5) Calcule el área.

Ejemplos:

1) Calcular el área limitada por las gráficas cuyas ecuaciones son:
$y = 2; \quad y = 1; \quad x = 1; \quad y \quad x = 5$

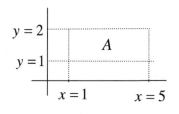

$$A = \int_a^b \left(f(x) - g(x)\right) dx = \begin{array}{l} a = 1 \\ b = 5 \\ f(x) = 2 \\ g(x) = 1 \end{array} = \int_1^5 (2-1)\, dx = x\Big]_1^5 = 5 - 1 = 4$$

Nota: Nuevamente insistimos en que el valor de esta área la podemos corroborar al calcular por geometría el área de un rectángulo que es: $A = lado \times lado = (4)(1) = 4$; sin embargo el cálculo integral se ocupa de problemas mas complejos como lo veremos a continuación.

2) Calcular el área limitada por las gráficas cuyas ecuaciones son:
$y = x^2; \quad y \quad y = \overline{x}$

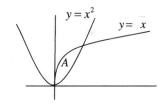

$$A = \int_a^b \left(f(x) - g(x)\right) dx = \begin{array}{l} x^2 = \overline{x} \quad \therefore \\ x_1 = 0; \quad x_2 = 1 \\ a = 0; \quad b = 1 \\ f(x) = \overline{x}; \quad g(x) = x^2 \end{array}$$

$$= \int_0^1 \left(\overline{x} - x^2\right) dx$$
$$= \frac{2\overline{x^3}}{3} - \frac{x^3}{3}\Big]_0^1 = \frac{1}{3}$$

3) Calcular el área limitada por las gráficas cuyas ecuaciones son:
$y = 2 - x^2; \quad y \quad y = -2$

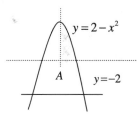

$$A = \int_a^b \left(f(x) - g(x)\right) dx = \begin{array}{l} 2 - x^2 = -2 \quad \therefore \\ x_1 = -2; \quad x_2 = 2 \\ a = -2; \quad b = 2 \\ f(x) = 2 - x^2; \\ g(x) = -2 \end{array}$$

$$= \int_{-2}^2 \left((2 - x^2) - (-2)\right) dx$$
$$= \int_{-2}^2 \left(4 - x^2\right) dx$$
$$= 4x - \frac{x^3}{3}\Big]_{-2}^2 = \frac{32}{3}$$

Ejercicios:

4.2.5.1 Dada las ecuaciones del área limitada por sus gráficas, calcular el área desarrollando los siguientes pasos: a) Haga el bosquejo de las gráficas que forman el área.
              b) Estructure la integral.
              c) Calcular el área limitada.

1) $y = 3; \quad y = 1; \quad x = 2; \quad y = 5$

2) $y = x + 1; \quad y = 1; \quad x = 1$

3) $y = x^2; \quad y = 1$

4) $y = 4x^2; \quad y = 2x$

5) $y = 2 - x^2; \quad y = x$

6) $y = x^2 + 2; \quad y = x + 2$

7) $y = 4 - x^2; \quad y = 2 - x$

8) $y = \overline{x}; \quad y = 1; \quad y \quad x = 3$

Clase: 4.3 Cálculo de volúmenes.
4.3.1 Cálculo del volumen generado por giro de áreas bajo la gráfica de una función.   - Ejemplos.
4.3.2 Cálculo del volumen generado por áreas entre gráficas de funciones.   - Ejercicios.

4.3.1 Cálculo del volumen generado por giro de áreas positivas y bajo la gráfica de una función.

Sean: - R^2

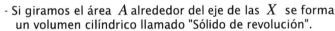

- $[a,b]$ un intervalo cerrado $\in X$
- A el área limitada por las gráficas de las funciones $y = f(x)$ y

  $y = 0$ definidas en $[a,b]$ y las gráficas de las ecuaciones

  $x = a$ y $x = b$.
- Si giramos el área A alrededor del eje de las X se forma
  un volumen cilíndrico llamado "Sólido de revolución".
- A' el área transversal del cilindro en $x = b$

- h la altura del cilindro.
- r el radio del cilindro en $x = b$.
- Si r es constante entonces el cilindro es recto, y su volumen es: $V = A'h$;   como $A' = \pi r^2$ $\therefore$ $V = \pi r^2 h$

- Si r es variable entonces $r = f(x)$; $r^2 = (f(x))^2$ y $h = b - a = \int_a^b dx$

$\therefore$ $V = \pi \int_a^b (f(x))^2 dx$ Llamado método de los discos.

Método de cálculo del volumen generado por giro de áreas positivas y bajo la gráfica de una función:

1) Haga el bosquejo de las gráficas e identifique el área a girar.
2) Haga el bosquejo del volumen generado al girar el área alrededor del eje de las "X".

3) Aplique la integral $V = \pi \int_a^b (f(x))^2 dx$

4) Identifique a; b, y $f(x)$ y obtenga $(f(x))^2$

   Nota: de ser necesario obtenga los puntos de intersección a y b.

5) Formule la integral definida.
6) Calcule el volumen.

Ejemplos:

1) Calcular el volumen del sólido de revolución, generado al hacer girar alredor del eje de las "X" el área limitada
   por las gráficas cuyas ecuaciones son: $y = 2$; $y = 0$; $x = 1$;   y $x = 3$.

Paso 1)   Paso 2)

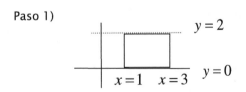   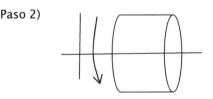

Paso 3)   Paso 4)   Paso 5)   Paso 6)

$$a = 1;\quad b = 3$$

$$V = \pi \int_a^b (f(x))^2 dx = \quad f(x) = 2 \qquad = \pi \int_1^3 4\, dx = 4\pi x \Big]_1^3 = 8\pi$$

$$(f(x))^2 = 4$$

---

2) Calcular el volumen del sólido de revolución generado al hacer girar alredor del eje de las "X" el área limitada por las gráficas cuyas ecuaciones son: $y = \overline{x}$; $y = 0$; y $x = 4$.

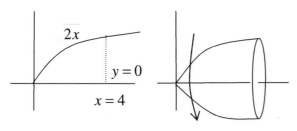

$$V = \pi \int_a^b \left(f(x) \right)^2 dx =$$

$\overline{2x} = 0 \rightarrow x = 0$

$\therefore a = 0; \quad b = 4$

$f(x) = \overline{2x}$

$\left(f(x) \right)^2 = 2x$

$$= \pi \int_0^4 2x\, dx = \pi x^2 \Big]_0^4 = (16\pi) - (0) = 16\pi$$

Ejercicios:

4.3.1.1 Calcular el volumen del sólido de revolución generado al hacer girar el área limitada por las gráficas cuyas ecuaciones se dan y desarrollando los siguientes pasos:
a) Haga el bosquejo de la gráfica del área y del volumen.
b) Estructure la integral definida.
c) Calcule el volumen.

1) $y = 2$; $y = 0$; $x = 2$; $x = 4$

2) $y = 2x$; $y = 0$; $x = 2$

3) $y = x$; $y = 0$; entre $x = 1$; y $x = 3$

4) $y = \sqrt[3]{x}$; $y = 0$; $x = 8$

5) $y = \overline{2x}$; $y = 0$; $x = 2$

6) $y = x^2$; $y = 0$; $x = 3$

7) $y = 4x$; $y = 0$; $x = 4$

8) $y = 4 - x^2$; $y = 0$

4.3.2 Cálculo del volumen generado por áreas entre gráficas de funciones.

En la clase anterior estudiamos el volumen generado al girar el área bajo la gráfica de una función y obtuvimos que para el cálculo del volumen la ecuación

era: $V = \pi \int_a^b (f(x))^2 dx$

Sí ahora el área A es limitada por las gráficas de las funciones:

$y = f(x)$ y $y = g(x)$ tales que $f(x) > g(x)$

y por las rectas $x = a$ y $x = b$ entonces:

$$V = \pi \int_a^b \left((f(x))^2 - (g(x))^2 \right) dx$$

Llamado método de las arandelas.

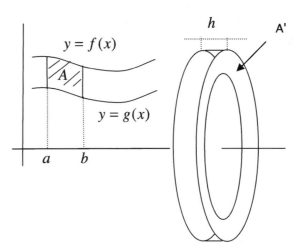

Método de cálculo del volumen generado por áreas entre gráficas de funciones.

1) Haga el bosquejo de las gráficas e identifique el área a girar.
2) Haga el bosquejo del volumen generado al girar el área alrededor del eje de las "X".

3) Aplique la integral $V = \pi \int_a^b \left((f(x))^2 - (g(x))^2 \right) dx$

4) Identifique a, b, $f(x)$, y $g(x)$ y obtenga: $(f(x))^2$ y $(g(x))^2$.

Nota: de ser necesario obtenga los puntos de intersección de intersección a y b.

5) Formule la integral de cálculo.
6) Calcule el volumen.

Ejemplos:

1) Calcular el volumen del sólido de revolución generado al hacer girar alrededor del eje de las "X" el área limitada por las gráficas cuyas ecuaciones son: $y = 5;$ $y = 1;$ $x = 2;$ y $x = 4$

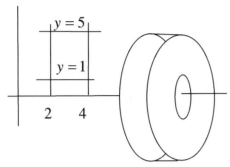

$$V = \pi \int_a^b \left((f(x))^2 - (g(x))^2 \right) dx =$$

$a = 2$

$b = 4$

$f(x) = 5;$ $(f(x))^2 = 25$

$g(x) = 1;$ $(g(x))^2 = 1$

$$= \pi \int_2^4 (25 - 1) dx = \pi \int_2^4 24\, dx = \pi (24x) \big]_2^4 = 48\pi$$

2) Calcular el volumen del sólido de revolución generado al hacer girar alrededor del eje de las "X" el área limitada por las gráficas cuyas ecuaciones son: $y = x;$ $y = 1;$ y $x = 4$

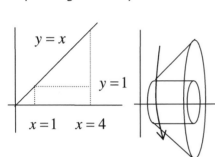

$$V = \pi \int_a^b \left((f(x))^2 - (g(x))^2 \right) dx =$$

$Sí\ x = 1 \rightarrow a = 1$

$a = 1;$ $b = 4$

$f(x) = x;$ $(f(x))^2 = x^2$

$g(x) = 1;$ $(g(x))^2 = 1$

$$= \pi \int_1^4 (x^2 - 1) dx = \pi \left(\frac{x^3}{3} - x \right) \Big]_1^4 = 18\pi$$

3) Calcular el volumen del sólido de revolución generado al hacer girar el área alrededor del eje de las "X" el área limitada por las gráficas cuyas ecuaciones son: $y = 2 - x^2;$ y $y = 1.$

Paso 1)

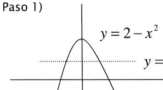

Paso 2)

$Sí\ \ 2 - x^2 = 1$

$\therefore\ \ x_1 = -1\ \ y\ \ x_2 = 1$

Paso 3)   Paso 4)   Paso 5) y Paso 6

$$V = \pi \int_a^b \left((f(x))^2 - (g(x)^2) \right) dx =$$

$a = -1;$ $b = 1;$ $f(x) = 2 - x^2$

$(f(x))^2 = (2 - x^2)^2 = x^4 - 4x^2 + 4$

$g(x) = 1;$ $(g(x)^2) = 1$

$$= \pi \int_{-1}^1 \left((x^4 - 4x^2 + 4) - (1) \right) dx$$

$$= \pi \left(\frac{x^5}{5} - \frac{4x^3}{3} + 3x \right) \Big]_{-1}^1 = \frac{56\pi}{15}$$

Ejercicios:

4.3.2.1 Calcular el volumen del sólido de revolución generado al hacer girar el área limitada por las gráficas cuyas ecuaciones se dan y desarrollando los siguientes pasos: a) Haga el bosquejo de la gráfica del área y del volumen. b) Estructure la integral definida. c) Calcule el volumen.

1) $y = 2;$ $y = 1;$ $x = 3;$ y $x = 6;$

2) $y = 4x;$ $y = 1;$ y $x = 4;$

3) $y = x^2;$ y $y = 1$

4) $y = 4 - x^2;$ y $y = 2$

5) $y = 2x;$ $y = 2;$ y $x = 4$

6) $y = x^2;$ y $y = 8x$

Clase: 4.4 Cálculo de momentos y centros de masa.

4.4.1 Conceptos básicos.
4.4.2 Cálculo de momentos y centros de masa; de láminas con áreas positivas y bajo la gráfica de una función.
4.4.4 Cálculo de momentos y centros de masa; de láminas con área entre gráficas de funciones.
- Ejemplos.
- Ejercicios.

4.4.1 Conceptos básicos:

Masa: Es la cantidad de materia de un cuerpo.

Densidad de masa: Es la masa por unidad de volumen.

$$\rho_m = \frac{m}{V}$$ Donde: ρ_m es la densidad de masa en: $kg_m \; m^3$; $lb_m \; ft^3$; etc.. (se obtiene en tablas)

m la masa en: kg_m; lb_m; $etc..$

V el volumen en: m^3; ft^3; $etc..$

Fórmula para el cálculo de la masa: Sí $\rho_m = \frac{m}{V}$ $\therefore$ $m = \rho_m V$

A continuación se presenta una tabla de densidades de masa de los materiales más comunes.

Tabla: Densidades de masa $"\rho_m"$.								
Material	$\frac{kg_m}{m^3}$	$\frac{lb_m}{ft^3}$	Material	$\frac{kg_m}{m^3}$	$\frac{lb_m}{ft^3}$	Material	$\frac{kg_m}{m^3}$	$\frac{lb_m}{ft^3}$
Acero	7800	487	Hierro	7850	490	Plata	10500	654
Aluminio	2700	169	Latón	8700	540	Plomo	11300	705
Cobre	8890	555	Madera (Roble)	810	51	Vidrio	2600	162
Hielo	920	57	Oro	19300	1 204			

Lámina: Es una placa de material con densidad de masa y grosor uniforme, cuyas dimensiones del espesor "h" es despreciable con respecto a las dimensiones del área, y por lo tanto la masa por área es la medida que usaremos; como extensión a este concepto observemos que en el manejo comercial para la adquisición de estos materiales se efectúa en kg/m^2; lb/ft^2; $etc..$; es de aclarar, que aunque el kg es una medida de fuerza y no de masa, haremos los cálculos en kilogramos masa kg_m por ser estos mas cercanos a la realidad profesional.

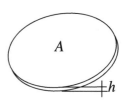

Región laminar: Es el área de una lámina localizada en el plano rectangular.

Centro de masa laminar: Es el punto de equilibrio de la lámina; entendiéndose este como el punto de apoyo donde tiene su efecto una fuerza hipotética perpendicular a la lámina que la mantiene estable. En realidad es el "centro de área" de la lámina, con la particularidad de que su espesor es despreciable.

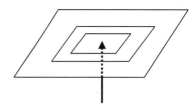

Densidad laminar: Es la masa por unidad de área.

$$\rho_l = \frac{m}{A}$$ Donde: ρ_l es la densidad laminar en: $\frac{kg_m}{m^2}$; $\frac{lb_m}{ft^2}$; m la masa en: kg_m; lb_m; y

A es el área en: m^2; ft^2.

Fórmula para el cálculo de la masa: Si $\rho_l = \frac{m}{A}$ $\therefore$ $m = \rho_l A$

Fórmula para el cálculo del volumen de masa: $V = Ah$ V es el volumen

A es el área

h es el espesor

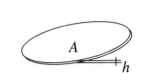

Momentos de masa:

Momentos de masa con respecto a un punto:

Definición: Es la masa por la distancia a un punto de referencia.

Fórmula del momento de masa con respecto a un punto: $M = mx$ donde: $"m"$
es la masa y $"x"$ es la distancia.
Nota: La definición común de "Momento" relaciona a la fuerza por la distancia, sin
embargo el peso de una masa es un tipo de fuerza que es variable por el lugar en
que se encuentra con respecto a la atracción de la gravedad, por lo que hemos
preferido definir el "Momento de masa" por ser constante.

Momento de masa con respecto al eje "Y":

Definición: Es la masa de la región laminar por la distancia horizontal entre el
centro de masa laminar y el eje de las "Y".

Fórmula del momento de masa con respecto al eje "Y";

$$M_y = mx = \begin{matrix} como: \\ m = \rho_l A \end{matrix} = \rho_l A x = \ como: A = \int_a^b f(x)\,dx \ = \rho_l \int_a^b x\,f(x)\,dx$$

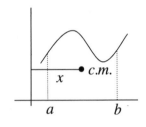

Momento de masa con respecto al eje "X":

Definición: Es la masa de la región laminar por la distancia vertical entre el centro
de masa laminar y el eje de las "X".

Fórmula del momento de masa con respecto al eje "Y";

$$M_x = my = \begin{matrix} como : \\ m = \rho_l A \end{matrix} = \rho_l A\, y = \begin{matrix} A = \int_a^b f(x)\,dx \\ y = \frac{f(x)}{2} \end{matrix} = \frac{\rho_l}{2} \int_a^b (f(x))^2\,dx$$

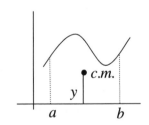

Centro de masa:

Definición: Es el centro del área de la región laminar; también es conocido
como "centroide" por considerar al espesor de la lámina despreciable.

Fórmula del centro de masa:

$$c.m. = (x,\,y) = \begin{matrix} Sí \quad M_y = mx \quad \therefore \quad x = \dfrac{M_y}{m} \\[2mm] Sí \quad M_x = my \quad \therefore \quad y = \dfrac{M_x}{m} \end{matrix} = \left(\dfrac{M_y}{m},\, \dfrac{M_x}{m} \right)$$

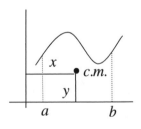

4.4.2 Cálculo de momentos y centros de masa; de láminas con área positivas y bajo la gráfica de una función.

R^2 un plano cartesiano.

$[a,b]$ un intervalo cerrado en el eje "X".

f la gráfica de una función $y = f(x)$ continua en $[a,b]$

A el área de una región laminar positiva y bajo la gráfica
de una función, y limitada por gráficas cuyas ecuaciones son:
$y = f(x)$; $y = 0$; $x = a$; y $x = b$; entonces:

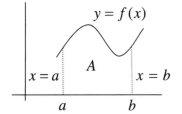

$a)$	Area	$A = \int_a^b f(x)\,dx$ en m^2	$e)$	Momento laminar con respecto al eje Y.	$M_y = \rho_l \int_a^b x\,f(x)\,dx$	en $kg_m.m$
$b)$	Volumen	$V = Ah$ en m^3	$f)$	Momento laminar con respecto al eje X.	$M_x = \dfrac{\rho_l}{2}\int_a^b (f(x))^2\,dx$	en $kg_m.m$
$c)$	Masa.	$m = \rho_m V$ en kg_m	$g)$	Centro de masa.	$c.m. = \left(\dfrac{M_y}{m},\dfrac{M_x}{m}\right)$	en (m,m)
$d)$	Densidad laminar.	$\rho_l = \dfrac{m}{A}$ en $\dfrac{kg_m}{m^2}$				

Método de cálculo de momentos y centros de masa, de láminas con área positivas y bajo la gráfica de una función.

1) Haga el bosquejo del área.
2) De ser necesario obtenga los puntos de intersección.
3) Aplique las integrales de cálculo, e identifique sus componentes.
4) Formule las integrales específicas y
5) Proceda a su cálculo.

Ejemplos:

Ejemplo 1.- Dada la lámina de aluminio de 10 mm de espesor y área limitada por las gráficas cuyas ecuaciones son: $y = 2$; $x = 1$; $x = 4$ y el eje de las X; con medidas en metros; Calcular: $a)$ El área; $b)$ el volumen; $c)$ La masa; $d)$ La densidad laminar; $e)$ El momentos con respecto al eje "Y"; $f)$ El momentos con respecto al eje "X"; y $g)$ El centro de masa.

$a)$ $A = \int_a^b f(x)\,dx = \begin{matrix} a = 1; & b = 4 \\ f(x) = 2 \end{matrix} = \int_1^4 2\,dx = 2x\big]_1^4 = 6.0\,m^2$

$b)$ $V = Ah = \begin{matrix} A = 6.0\,m^2 \\ h = 10mm\left(\frac{1m}{1000mm}\right) = 0.01m \end{matrix} = (6.0)(0.01) = 0.06\,m^3$

$c)$ $m = \rho_m V = \begin{matrix} \rho_m = 2700\,\frac{kg_m}{m^3} \\ V = 0.06\,m^3 \end{matrix} = (2700)(0.06) = 162.00\,kg_m$

$d)$ $\rho_l = \dfrac{m}{A} = \begin{matrix} m = 162.00\,kg_m \\ A = 6.0\,m^2 \end{matrix} = \dfrac{162}{6} = 27.00\,\dfrac{kg_m}{m^2}$

$e)$ $M_y = \rho_l \int_a^b x\,f(x)\,dx = (27)\int_1^4 x(2)\,dx = 27\int_1^4 2x\,dx = 27x^2\big]_1^4 = 405\,kg_m.m$

$f)\quad M_x = \dfrac{\rho_l}{2}\displaystyle\int_a^b (f(x))^2 dx = \dfrac{(27)}{2}\int_1^4 (2)^2 dx = \dfrac{27}{2}\int_1^4 4\,dx = 54x\big]_1^4 = 162.00\,kg_m.m$

$g)\quad c.m. = \left(\dfrac{M_y}{m},\dfrac{M_x}{m}\right) = \left(\dfrac{405}{162},\dfrac{162}{162}\right) = (2.5m, 1m)$

Es de observarse que a primera vista del rectángulo,
el centro de masa se ubica en $(2.5, 1)$

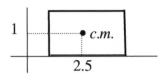

Ejemplo 2.- Dada la lámina de latón de 6.0 mm de espesor y área limitada por las gráficas cuyas ecuaciones son: $y = 2 - x^2$ y $y = 0$ (el eje de las X), con medidas en metros; calcular: $a)$ El área; $b)$ el volumen; $c)$ La masa; $d)$ La densidad laminar; $e)$ El momentos con respecto al eje "Y"; $f)$ El momentos con respecto al eje "X"; y $g)$ El centro de masa.

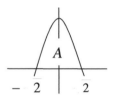

$a)\quad A = \displaystyle\int_a^b f(x)\,dx =$
$\begin{array}{l} 2 - x^2 = 0;\quad \rightarrow \\ x_1 = -\sqrt{2};\quad x_2 = \sqrt{2} \\ \therefore\quad a = -\sqrt{2};\quad b = \sqrt{2} \\ f(x) = 2 - x^2 \end{array}$
$\begin{array}{l} = \displaystyle\int_{-\sqrt{2}}^{\sqrt{2}} (2 - x^2)\,dx \\ = 2x - \dfrac{x^3}{3}\Big]_{-\sqrt{2}}^{\sqrt{2}} = 3.7712\,m^2 \end{array}$

$b)\quad V = Ah = \begin{array}{l} A = 3.7712\,m^2 \\ h = 6.0mm\left(\frac{1m}{1000mm}\right) = 0.006m \end{array} = (3.7712)(0.006) = 0.0226\,m^3$

$c)\quad m = \rho_m V = \begin{array}{l} \rho_m = 8700\,\frac{kg_m}{m^3} \\ V = 0.0226\,m^3 \end{array} = (8700)(0.0226) \approx 196.62\,kg_m$

$d)\quad \rho_l = \dfrac{m}{A} = \begin{array}{l} m = 196.62kg_m \\ A = 3.7712m^2 \end{array} = \dfrac{196.62}{3.7712} = 52.13\,\dfrac{kg_m}{m^2}$

$e)\quad M_y = \rho_l \displaystyle\int_a^b x f(x)\,dx = (52.13)\int_{-\sqrt{2}}^{\sqrt{2}} x(2 - x^2)\,dx = (52.13)\left(x^2 - \dfrac{x^4}{4}\right)\Big]_{-\sqrt{2}}^{\sqrt{2}} = 0.00\,kg_m.m$

$f)\quad M_x = \dfrac{\rho_l}{2}\displaystyle\int_a^b (f(x))^2 dx = \dfrac{(52.13)}{2}\int_{-\sqrt{2}}^{\sqrt{2}} (2 - x^2)^2 dx = \dfrac{52.13}{2}\left(\dfrac{x^5}{5} - \dfrac{4x^3}{3} + 4x\right)\Big]_{-\sqrt{2}}^{\sqrt{2}} \approx 157.27\,kg_m.m$

$g)\quad c.m. = \left(\dfrac{M_y}{m},\dfrac{M_x}{m}\right) = \left(\dfrac{0}{196.85},\dfrac{157.27}{196.85}\right) = (0m, 0.79m)$

Ejercicios:

4.4.2.1 Dado el material; espesor de la lámina y las ecuaciones de las gráficas del área limitada con medidas en metros; Calcular:

$a)$ El área; $b)$ el volumen; $c)$ La masa; $d)$ La densidad laminar; $e)$ El momentos con respecto al eje "Y";

$f)$ El momentos con respecto al eje "X"; y $g)$ El centro de masa.

1) Lámina de acero; espesor 4.0 mm; ecuaciones del área limitada $y = 2;\ y = 0;\ x = 0\ y\ x = 2$

2) Lámina de vidrio; espesor 6.0 mm; ecuaciones del área limitada $y = 2;\ y = 0;\ x = 2\ y\ x = 4$

3) Lámina de cobre; espesor 5.0 mm; ecuaciones del área limitada $y = 4 - x^2;\ y\ y = 0$.

4) Lámina de oro; espesor 2.0 mm; ecuaciones del área limitada $y = x$; $y = 0$; y $x = 4$

5) Lámina de aluminio; espesor 10 mm; ecuaciones del área limitada $y = 1 - x^2$; $y = 0$

4.4.3 Cálculo de momentos y centros de masa, de láminas con área entre gráficas de funciones:

En la sección anterior estudiamos los momentos y centros de masa para láminas con área positiva y bajo la gráfica de una función, y mostramos para el cálculo las ecuaciones correspondientes al área, el volumen, la masa, la densidad laminar, los momentos y el centro de masa; Ahora consideraremos el área "A" limitada por dos funciones y dos ecuaciones a saber: $y = f(x)$; $y = g(x)$; $x = a$; y $x = b$ $\forall f(x) < g(x)$

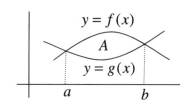

Entonces por paráfrasis matemática obtenemos las siguientes fórmulas

$a)$	Area	$A = \int_a^b \left(f(x) - g(x) \right) dx$	en m^2
$b)$	Volumen	$V = Ah$	en m^3
$c)$	Masa.	$m = \rho_m V$	en kg_m
$d)$	Densidad laminar.	$\rho_l = \dfrac{m}{A}$	en $\dfrac{kg_m}{m^2}$
$e)$	Momento laminar con respecto al eje Y.	$M_y = \rho_l \int_a^b x \left(f(x) - g(x) \right) dx$	en $kg_m . m$
$f)$	Momento laminar con respecto al eje X.	$M_x = \dfrac{\rho_l}{2} \int_a^b \left((f(x))^2 - (g(x))^2 \right) dx$	en $kg_m . m$
$g)$	Centro de masa.	$c.m. = \left(\dfrac{M_y}{m}, \dfrac{M_x}{m} \right)$	en (m, m)

Método de cálculo de momentos y centros de masa, de láminas con área entre gráficas de funciones:

1) Haga el bosquejo del área entre las gráficas.
2) Aplique las integrales de cálculo, e identifique sus componentes.
3) Formule las integrales específicas.
4) Proceda a su cálculo.

Ejemplos:

Ejemplo 1) Dada la lámina de cobre de 3.0 mm de espesor y el área limitada por las gráficas cuyas ecuaciones son: $y = 3$; $y = 1$; $x = 2$; y $x = 5$; con medidas en metros; Calcular: $a)$ El área; $b)$ el volumen; $c)$ La masa; $d)$ La densidad laminar; $e)$ El momentos con respecto al eje "Y"; $f)$ El momentos con respecto al eje "X"; y $g)$ El centro de masa.

$a)$ $\quad A = \int_a^b (f(x) - g(x)) dx = \quad \begin{array}{l} a = 2; \quad b = 5 \\ f(x) = 3; \quad g(x) = 1 \end{array} \quad \begin{array}{l} = \int_2^5 (3 - 1) dx = \int_2^5 2\, dx \\ = 2x\,]_2^5 = 6.0\, m^2 \end{array}$

$b)$ $\quad V = Ah = \quad \begin{array}{l} A = 6.0\, m^2 \\ h = 3.0mm \left(\frac{1m}{1000\,mmm} \right) = 0.003m \end{array} \quad = (6.0)(0.003) = 0.018 m^3$

$c)$ $\quad m = \rho_m V = \quad \begin{array}{l} \rho_m = 8890\, \frac{kg_m}{m^3} \\ V = 0.0180\, m^3 \end{array} \quad = (8890)(0.0180) \approx 160.02\, kg_m$

$d)\quad \rho_l = \dfrac{m}{A} = \begin{array}{l} m = 160.02\,kg_m \\ A = 6.0 m^2 \end{array} = \dfrac{160.02}{6} = 26.67\,\dfrac{kg_m}{m^2}$

$e)\quad M_y = \rho_l \displaystyle\int_a^b x\big(f(x) - g(x)\big)dx = (26.67)\displaystyle\int_2^5 x(3-1)\,dx = (26.67)x^2\Big]_2^5 \approx 560.07\,kg_m\,.m$

$f)\quad M_x = \dfrac{\rho_l}{2}\displaystyle\int_a^b \big((f(x))^2 - (g(x)^2\big)dx = \dfrac{(26.67)}{2}\displaystyle\int_2^5\big((3)^2 - (1)^2\big)dx = \dfrac{26.67}{2}(8x)\Big]_2^5 \approx 320.04\,kg_m\,.m$

$g)\quad c.m. = \left(\dfrac{M_y}{m},\ \dfrac{M_x}{m}\right) = \left(\dfrac{560.07}{160.02},\ \dfrac{320.04}{160.02}\right) \approx (3.5,\,5.2)\,(m,\,m)$

Es de observarse que a primera vista del rectángulo,
el centro de masa se ubica en $(3.5,\,2)$

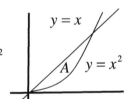

Ejemplo 2) Dada la lámina de plata de 2mm de espesor y el área limitada por las gráficas cuyas ecuaciones son: $y = x;\ y\ \ y = x^2$. con medidas en metros; Calcular: $a)$ El área; $b)$ el volumen; $c)$ La masa; $d)$ La densidad laminar; $e)$ El momentos con respecto al eje $"Y"$; $f)$ El momentos con respecto al eje $"X"$; y $g)$ El centro de masa.

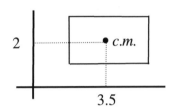

$a)\quad A = \displaystyle\int_a^b\big(f(x) - g(x)\big)dx = \begin{array}{l} \text{Sí } x = x^2 \therefore\ x_1 = 0; \\ x_2 = 1 \therefore a = 0;\quad b = 1 \\ f(x) = x;\quad g(x) = x^2 \end{array} = \displaystyle\int_0^1\big(x - x^2\big)dx = \dfrac{x^2}{2} - \dfrac{x^3}{3}\Big]_0^1 = 0.1666\,m^2$

$b)\quad V = Ah = \begin{array}{l} A = 0.1666\,m^2 \\ h = 2.0mm\left(\frac{1m}{1000\,mmm}\right) = 0.002m \end{array} = (0.1666)(0.002) = 0.0003\,m^3$

$c)\quad m = \rho_m V = \begin{array}{l} \rho_m = 10500\,\frac{kg_m}{m^3} \\ V = 0.0003\,m^3 \end{array} = (10500)(0.0003) \approx 3.1500\,kg_m$

$d)\quad \rho_l = \dfrac{m}{A} = \begin{array}{l} m = 3.1500\,kg_m \\ A = 0.1666 \end{array} = \dfrac{3.1500}{0.1666} = 18.9075\,\dfrac{kg_m}{m^2}$

$e)\ M_y = \rho_l\displaystyle\int_a^b x\big(f(x) - g(x)\big)dx = (18.9075)\displaystyle\int_0^1 x(x - x^2)\,dx = (18.9075)\left(\dfrac{x^3}{3} - \dfrac{x^4}{4}\right)\Big]_0^1 \approx 1.5756\,kg_m\,.m$

$f)\ M_x = \dfrac{\rho_l}{2}\displaystyle\int_a^b\big((f(x))^2 - (g(x)^2\big)dx = \dfrac{18.9075}{2}\displaystyle\int_0^1\big(x^2 - x^4\big)dx = \dfrac{18.9075}{2}\left(\dfrac{x^3}{3} - \dfrac{x^5}{5}\right)\Big]_0^1 \approx 1.2605\,kg_m\,.m$

$g)\quad c.m. = \left(\dfrac{M_y}{m},\ \dfrac{M_x}{m}\right) \approx \left(\dfrac{1.5756}{3.15},\ \dfrac{1.2605}{3.15}\right) \approx (0.5,\,0.4)\,(m,\,m)$

Ejercicios:

4.4.3.1 Dado el material; espesor de la lámina y las ecuaciones de las gráficas del área limitada, con medidas en metros; Calcular:

a) El área; b) el volumen; c) La masa; d) La densidad laminar; e) El momentos con respecto al eje $"Y"$;

f) El momentos con respecto al eje $"X"$; y g) El centro de masa.

1) Lámina de roble; espesor 12.0 mm; ecuaciones del área limitada $y = 2; y = 1; x = -1$ y $x = 1$

2) Lámina de hierro; espesor 3.0 mm; ecuaciones del área limitada $y = 4; y = 2; x = 3$ y $x = 5$

3) Lámina de cobre; espesor 4.0 mm; ecuaciones del área limitada $y = 4 - x^2; y = 0$

4) Lámina de oro; espesor 1.0 mm; ecuaciones del área limitada $y = x; y = 1; y x = 4$

5) Lámina de hierro; espesor 2.0 mm; ecuaciones del área limitada $y = x^2 + 1; y = 2$

6) Lámina de vidrio; espesor 5.0 mm; ecuaciones del área limitada $y = 6 - x^2; y = 2;$

Clase: 4.5 Cálculo del trabajo.
4.5.1 Cálculo de trabajo realizado por fuerzas en desplazamiento de cuerpos.   - Ejemplos.
4.5.2 Cálculo del trabajo realizado por un resorte elástico   - Ejercicios.
4.5.3 Cálculo del trabajo realizado por presión en los gases.

4.5.1 Trabajo realizado por fuerzas en desplazamiento de cuerpos:

Trabajo realizado por fuerza constante: Es el producto de la fuerza aplicada constantemente a un cuerpo por la distancia de su desplazamiento.

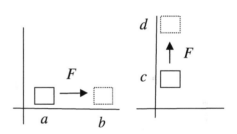

$W = Fd$ Donde: W es el trabajo en $kg_f.m$.

F es la fuerza en kilogramos $"kg_f"$

d es la distancia en metros $"m"$ entre $"a"$ y $"b"$.

Trabajo realizado por fuerza variable: Es el producto de la fuerza variable aplicada a un cuerpo por la distancia de su desplazamiento.

$$W = Fd = \left. \begin{array}{l} como\ F\ es\ \mathrm{var}iable \\ \therefore F = f(x)\quad y\quad d = b - a = \int_a^b dx \end{array} \right\rangle = \int_a^b f(x)\,dx \quad \therefore \qquad W = \int_a^b f(x)\,dx$$

Y por paráfrasis matemática también: $W = \int_c^d f(y)\,dy$

Nota: Para efectos de agilidad en el aprendizaje, durante el proceso de desarrollo de solución del problema omitiremos las unidades y hasta el final del cálculo, las mismas serán especificadas.

Ejemplo 1) Movimiento de cuerpos por fuerza constante.

Calcular el trabajo realizado para deslizar un cuerpo sobre el piso, desde una posición $x = 1m$ a otra posición $x = 4m$ si se le ha aplicado una fuerza constante de $10kg$.

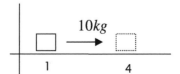

Por ser de fuerza constante: $W = Fd = \begin{array}{l} F = 10 \\ d = 4 - 1 = 3 \end{array} = (10)(3) = 30\,kg_f.m$

y aplicando la integral del trabajo veremos que el resultado es el mismo:

$$W = \int_a^b f(x)\,dx = \begin{matrix} a=1; & b=4 \\ f(x)=10 \end{matrix} = \int_1^4 10\,dx = 10x]_1^4 = 30\,kg_f\,.m$$

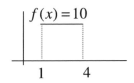

Ejemplo 2) Movimiento de cuerpos por fuerza variable.

Cuanto trabajo se efectúa al mover un cuerpo si al cual se le ha aplicado un fuerza variable de comportamiento igual a $x\,kg_f$ entre una distancia $x=1m$ a otra $x=4m$.

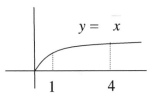

$$W = \int_a^b f(x)\,dx = \begin{matrix} a=1; & b=4 \\ f(x) = x \end{matrix} = \int_1^4 x\,dx = \frac{2}{3}\left. x^3 \right]_1^4 \approx \frac{14}{3}\,kg_f\,.m$$

Observación: El ejemplo anterior al parecer es relativamente sencillo, sin embargo en la aplicación práctica los problemas no resultan ser así, ya que estos requieren de otras áreas del conocimiento un tanto ajenas al cálculo, llámense estos conocimientos de la física, de la química, etc., donde se hace necesario estructurar sus propias integrales partiendo siempre de la fórmula fundamental $W = \int_a^b f(x)\,dx$

Ejercicios:

4.5.1.1   Calcular el trabajo realizado según las indicaciones que establecidas y desarrollando los siguientes pasos: a) Bosquejo de la gráfica; b) Estructuración de la integral; c) Resultado.
1)   Calcular el trabajo realizado para levantar verticalmente un cuerpo, desde una posición $y=0.0m$ a otra posición $y=5.0m$ si se le ha aplicado una fuerza constante de $20kg_f$.
2)   Calcular el trabajo realizado al mover un cuerpo con fuerza variable de comportamiento igual a $\frac{2}{3x}\,kg_f$ entre una distancia inicial $x=-2\,m$ y una distancia final $x=5\,m$.
3)   Cuanto trabajo se efectúa al mover un cuerpo si al cual se le ha aplicado un fuerza variable de comportamiento igual a $4-x^2\,kg_f$ entre una distancia $x=-1m$ y $x=2m$.

4.5.2 Cálculo del trabajo realizado por un resorte elástico. Conceptos básicos:

Deformación.- Son los cambios relativos de las dimensiones de los cuerpos por fuerzas que operan sobre los mismos.
Esfuerzo.- Es la capacidad de resistencia a la deformación que tienen los cuerpos.
Elasticidad.- Es la capacidad que tienen los cuerpos de recuperar su forma original cuando han sido deformados.
Análisis del gráfico de elasticidad: Experimento: Sí a un cuerpo se le aplica una fuerza creciente tal, que al final se rompe, se puede observar su comportamiento en el gráfico Deformación-Esfuerzo.

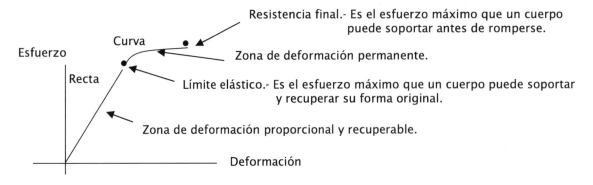

Conclusión (Llamada Ley de Hooke).- Dentro del límite elástico, el esfuerzo es directamente proporcional a la deformación.

Paráfrasis de la ley de Hooke.- Dentro del límite elástico y para áreas transversales constantes, la fuerza $"F"$ es directamente proporcional a la distancia de estiramiento $"x"$, o sea:

$$Cuando \quad F\,\alpha\,x \quad \Rightarrow \quad F = kx \quad \therefore \quad k = \frac{F}{x}$$

Donde:

k es la constante de proporcionalidad en $\dfrac{kg_f}{m}$

F es la fuerza en $"kg_f"$.

x es la distancia de estiramiento en metros $"m"$.

Extensión de la paráfrasis de la ley de Hooke.- Dentro del límite elástico y para áreas transversales constantes, la fuerza variable es directamente proporcional a la distancia de estiramiento.

$$f(x) = k\,x$$

Donde:

$f(x)$ es la función.

k es la constante de proporcionalidad.

x es la variable de estiramiento.

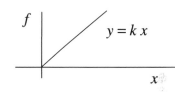

De donde inferimos que:

$$Sí \quad W = \int_a^b f(x)\,dx = f(x) = kx = k\int_a^b x\,dx \quad \therefore \quad W = k\int_a^b x\,dx$$

Ejemplo: Para estirar un resorte de 10 cm de longitud inicial a una longitud final de 15 cm se requieren de 20 kilogramos de fuerza; Calcular:
a) La constante de proporcionalidad del resorte.
b) El trabajo realizado durante el estiramiento de 10 cm a 15 cm.
c) El trabajo realizado durante el estiramiento de 12 cm a 15 cm.
d) Cuál sería el trabajo realizado si el resorte después de los 15cm se estiraría 5 cm más?.

a) $\quad k = \dfrac{F}{x} = \begin{array}{l} F = 20kg_f \\ x = 15-10 = 5cm = 0.05m \end{array} = \dfrac{20}{0.05} = 400\,\dfrac{kg_f}{m}$

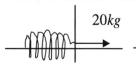 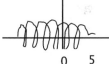

0   5

b) $\quad W = k\int_a^b x\,dx = \begin{array}{l} k = 400\frac{kg_f}{m} \\ a = 0.0m; \quad b = 0.05m \end{array} = 400\int_{0.0}^{0.05} x\,dx = 200\,x^2\Big]_{0.00}^{0.05} = 0.5\,kg_f.m$

c) $\quad W = k\int_a^b x\,dx = \begin{array}{l} k = 400kg_f/m \\ a = 0.02m; \quad b = 0.05m \end{array} = 400\int_{0.02}^{0.05} x\,dx = 200\,x^2\Big]_{0.02}^{0.05} = 0.42\,kg_f.m$

d) $\quad W = k\int_a^b x\,dx = \begin{array}{l} k = 400\frac{kg_f}{m} \\ a = 0.05m; \quad b = 0.10m \end{array} = 400\int_{0.05}^{0.10} x\,dx = 200\,x^2\Big]_{0.05}^{0.10} = 1.5\,kg_f.m$

Ejercicios:

4.5.2.1 Calcular la constante de proporcionalidad y el trabajo realizado según las indicaciones establecidas y desarrollando los siguientes pasos: a) Bosquejo de la gráfica; b) Estructuración de la integral; y c) Resultado.
1) Al estirar un resorte de 20 cm de longitud original, hasta alcanzar una longitud final de 25 cm, si se le ha aplicado una fuerza de 100 kg.
2) Al comprimir un resorte de longitud inicial $20\,pulg$, si la fuerza aplicada es de $1000\,lb_f$, y la longitud final fue de $10\,pulg$.

4.5.3 Cálculo del trabajo realizado por presión en los gases:

Conceptos básicos:

<u>Presión:</u> Es la fuerza aplicada a un cuerpo por unidad de área. $p = \dfrac{F}{A}$

<u>Ley de los gases:</u> La presión es inversamente proporcional al volumen.

$$Cuando \quad p\,\alpha\,\frac{1}{v} \quad \Rightarrow \quad p = k\left(\frac{1}{v}\right) = \frac{k}{v} \quad \therefore \quad k = pv$$

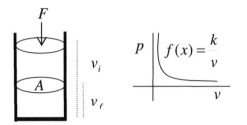

Donde: k es la constante de proporcionalidad.

p es la presión en $\frac{kg_f}{m^2}$

v es el volumen correspondiente a una presión en m^3.

<u>Paráfrasis de la ley de los gases:</u> Para áreas constantes, la fuerza variable es inversamente proporcional al volumen.

$$Cuando \quad f(x)\,\alpha\,\frac{1}{v} \Rightarrow f(x) = \frac{k}{v}$$

Donde:
k es la constante de proporcionalidad en $kg_f.m$

v es la variable del volumen en m^3.

De aquí inferimos que:

$$Sí \quad W = \int_a^b f(x)\,dx = \begin{matrix} a = v_i; \quad b = v_f \\ f(x) = \frac{k}{V} \end{matrix} = k\int_{v^i}^{v_f}\frac{1}{V}\,dv \quad \therefore \quad W = k\int_{v_i}^{v_f}\frac{1}{V}\,dv$$

<u>Ejemplo:</u> Calcular el trabajo realizado por un gas con volumen inicial de $0.1m^3$ y presión de $12000\frac{kg_f}{m^2}$ si se expande hasta ocupar un volumen final de $0.2m^3$.

$$W = k\int_{v_i}^{v_f}\frac{1}{v}\,dv = \begin{matrix} k = pv = \begin{matrix} p = 12000\,\frac{kg_f}{m^2} \\ v = 0.1m^3 \end{matrix} = 1200\,kg_f.m \\ v_i = 0.1m^3; \quad v_f = 0.2\,m^3 \end{matrix} = 1200\int_{0.1}^{0.2}\frac{1}{v}\,dv = 1200\ln v\,\Big]_{0.1}^{0.2} \approx 831.77\,kg_f.m$$

<u>Ejercicios:</u>

4.5.3.1 Calcular la constante de proporcionalidad y el trabajo realizado según las indicaciones establecidas y desarrollando los siguientes pasos: a) Bosquejo de la gráfica; b) Estructuración de la integral; y c) Resultado.

1) Al comprimir un gas con volumen inicial de $10\,ft^3$ a una presión de 100 lb/ft² hasta ocupar un volumen final de $5\,ft^3$.

2) Al comprimir un gas con volumen inicial de 1.0 m³ a la presión de 10 000 kg/m² hasta alcanzar un volumen final de 0.8 m³.

3) Al comprimir un gas con volumen inicial de 0.50 m³ a la presión de 11 000 kg/m² hasta alcanzar un volumen final de 0.25 m³.

Evaluaciones tipo de la Unidad 4 (aplicaciones de la integral).

	EXAMEN		Número de lista:
	Cálculo Integral	Unidad: 4	
			Clave: Evaluación tipo 1

1) Calcular la longitud de la recta: $y = x + 2$ entre el intervalo $x = -2$ y $x = 3$	Indicadores a evaluar: a) Bosquejo de la gráfica. b) Estructuración de la integral. c) Resultado.	Valor: 30 puntos.
2) Calcular el volumen del sólido de revolución generado al hacer girar alrededor del eje de las "X" el área limitada por las gráficas cuyas ecuaciones son: $y = 4 - x^2$ y $y = 0$.	Indicadores a evaluar: a) Bosquejo de la gráfica. b) Estructuración de la integral. c) Resultado.	Valor: 40 puntos.
3) Calcular el trabajo realizado al mover un cuerpo con fuerza variable de comportamiento igual a $\dfrac{3}{5x} kg_f$ entre una distancia inicial $x = -1\, m$ y una distancia final $x = 4\, m$.	Indicadores a evaluar: a) Bosquejo de la gráfica. b) Estructuración de la integral. c) Resultado.	Valor: 30 puntos.

	EXAMEN		Número de lista:
	Cálculo Integral	Unidad: 4	
			Clave: Evaluación tipo 2

1) Calcular la longitud de la curva: $y = 1 - \dfrac{x^2}{4}$ entre el intervalo $x = -2$ y $x = 2$	Indicadores a evaluar: a) Bosquejo de la gráfica. b) Estructuración de la integral. c) Resultado.	Valor: 40 puntos.
2) Dada la lámina de cobre de 10 mm de espesor y área limitada por las gráficas cuyas ecuaciones son: $2 - x^2$ y $y = 0$; con medidas en metros; Calcular: a) $A = ?$ (el área). b) $V = ?$ (Volumen) c) $m = ?$ (la masa). d) $\rho_l = ?$ (la densidad laminar). e) $M_y = ?$ (el momento con respecto al eje "Y"). f) $M_x = ?$ (el momento con respecto al eje "X"). g) $c.m. = ?$ (el centro de masa).	Indicadores a evaluar: a) Bosquejo de la gráfica. b) Estructuración de las integrales. c) Resultado.	Valor: 60 puntos.

Formulario de la unidad 4 (aplicaciones de la integral).

Fórmulas de integrales para el cálculo de la longitud de curvas:	Con respecto al Eje "X":	$L = \int_a^b \sqrt{1+\left(f'(x)\right)^2}\ dx$
	Con respecto al Eje "Y":	$L = \int_a^b \sqrt{1+\left(f'(y)\right)^2}\ dy$

Fórmulas de integrales para el cálculo de áreas:	Cálculo de áreas bajo la gráfica y arriba del eje "X".	$A = \int_a^b f(x)dx$
	Cálculo de áreas en gráficas abajo del eje "X".	$A = -\int_a^b f(x)\,dx$
	Cálculo de áreas entre gráficas:	$A = \int_a^b (f(x)-g(x))dx$

Fórmula de integrales para el cálculo de volúmenes:	Cálculo de volúmenes generados al girar áreas bajo una gráfica y arriba del eje "X".	$V = \pi\int_a^b (f(x))^2\,dx$
	Cálculo de volúmenes generados al girar áreas entre gráficas.	$V = \pi\int_a^b \left[(f(x))^2 - (g(x))^2\right]dx$

Fórmulas de integrales para el cálculo de momentos y centros de masa de láminas con área bajo la gráfica de una función:

a)	Área.	$A = \int_a^b f(x)\,dx$	*e)*	Momento laminar con respecto al eje Y.	$M_y = \rho_l\int_a^b x\,f(x)\,dx$
b)	Volumen	$V = Ah$	*f)*	Momento laminar con respecto al eje X.	$M_x = \dfrac{\rho_l}{2}\int_a^b (f(x))^2\,dx$
c)	Masa.	$m = \rho_m V$	*g)*	Centro de masa.	$c.m. = \left(\dfrac{M_y}{m},\dfrac{M_x}{m}\right)$
d)	Densidad laminar.	$\rho_l = \dfrac{m}{A}$			

Fórmulas de integrales para el cálculo de momentos y centros de masa de láminas con área entre gráficas de funciones:

a)	Área.	$A = \int_a^b (f(x)-g(x))dx$	*e)*	Momento laminar con respecto al eje Y.	$M_y = \rho_l\int_a^b x\,(f(x)-g(x))dx$
b)	Volumen	$V = Ah$	*f)*	Momento laminar con respecto al eje X.	$M_x = \dfrac{\rho_l}{2}\int_a^b \left((f(x))^2 - (g(x))^2\right)dx$
c)	Masa.	$m = \rho_m V$	*g)*	Centro de masa.	$c.m. = \left(\dfrac{M_y}{m},\dfrac{M_x}{m}\right)$
d)	Densidad laminar.	$\rho_l = \dfrac{m}{A}$			

Fórmulas de integrales para el cálculo del trabajo:	Trabajo realizado por fuerza variable:	$W = \int_a^b f(x)\,dx \qquad W = \int_c^d f(y)\,dy$	
	Trabajo realizado por un resorte elástico:	$W = k\int_a^b x\,dx$	$k = \dfrac{F}{x}$
	Trabajo realizado por presión en los gases:	$W = k\int_{v_i}^{v_f}\dfrac{1}{v}\,dv$	$k = pv$

La pareja ideal de la verdad, es la matemática, porque ambas contienen inferencias que conducen al conocimiento exacto de la existencia humana.

José Santos Valdez Pérez

Lo mejor de la educación orientada a competencias, es haber dejado atrás la percepción incompleta de la enseñanza centrada en el aprendizaje.

José Santos Valdez Pérez

UNIDAD 5. INTEGRACIÓN POR SERIES.

Clases:

5.1   **Definición, clasificación y tipos de series.**
5.2   **Generación del enésimo término de una serie.**
5.3   **Convergencia de series.**
5.4   **Intervalo y radio de convergencia de series de potencias.**
5.5   **Derivación e integración indefinida de series de potencia.**
5.6   **Integración definida de funciones por series de potencia.**
5.7   **Integración definida de funciones por series de Maclaurin y series de Taylor.**

- **Evaluaciones tipo de la Unidad 5 (integración por series).**
- **Formulario de la Unidad 5 (integración por series).**

Clase: 5.1 Definición, clasificación y tipos de series.
5.1.1 Definición de una sucesión.
5.1.2 Definición de una serie.
5.1.3 Clasificación de las series.
5.1.4 Elementos de una serie.
5.1.5 Cálculo de los términos de una serie.
5.1.6 Tipos de series.
- Ejemplos.
- Ejercicios.

5.1.1 Definición de una sucesión.

Es un listado de números que generalmente obedecen a una regla de orden.

Ejemplos:

1) $1, 4, 9, 16, \ldots$ es un listado de números que obedece la regla de orden n^2 $\forall\, n \in Z^+$

2) $1, 2, 6, 24$ es un listado de números que obedece la regla de orden $n!$ $\forall\, n \in Z^+ \leq 4$

3) $1, x, x^2, x^3, \cdots$ es un listado de números que obedece la regla de orden x^n $\forall\, n \geq 0 \in Z^+$

Notación: $\left\{a_n\right\}_{n=k}^{\alpha} = a_k + a_{k+1} + a_{k+2} + a_{k+3} + \cdots$

Ejemplo: 1) $\left\{n^2\right\}_{n=1}^{\alpha} = 1, 4, 9, 16, \ldots$ 2) $\left\{n!\right\}_{n=1}^{4} = 1, 2, 6, 24.$ 3) $\left\{x^n\right\}_{n=0}^{\alpha} = 1, x, x^2, x^3, \cdots$

5.1.2 Definición de una serie.

Es la sumatoria del listado de números de una sucesión.

Ejemplos:

1) $1 + 4 + 9 + 16 + \cdots = \displaystyle\sum_{n=1}^{\alpha} n^2$ es la sumatoria del listado de números de la sucesión $1, 4, 9, 16, \ldots$

2) $1 + 2 + 6 + 24 = \displaystyle\sum_{n=1}^{24} n!$ es la sumatoria del listado de números de la sucesión $1, 2, 6, 24$.

3) $1 + x + x^2 + x^3 + \cdots = \displaystyle\sum_{n=0}^{\alpha} x^n$ es la sumatoria del listado de números de la sucesión $1, x, x^2, x^3, \cdots$

5.1.3 Clasificación de las series.

Sí el listado de números es ilimitado se dice que la serie es infinita;   Ejemplo: $1 + 4 + 9 + 16 + \cdots = \displaystyle\sum_{n=1}^{\alpha} n^2$

Sí el listado de números es limitado se dice que la serie es finita;   Ejemplo: $1 + 2 + 6 + 24 = \displaystyle\sum_{n=1}^{24} n!$

Para el propósito de nuestro estudio, a partir de aquí y a menos que otra cosa se indique, siempre nos estaremos refiriendo a las series infinitas.

5.1.4. Elementos de una serie:

Notación: $\displaystyle\sum_{n=k}^{\alpha} a_n = a_k + a_{k+1} + a_{k+2} + a_{k+3} + \cdots$

Donde: n Es cualquier número entero positivo ó el cero.

k Es el valor de n en que inicia la serie; donde $n \geq 0$ y $n \in Z^+$.

$\displaystyle\sum_{n=k}^{\alpha}$ Es el símbolo de la sumatoria de a_n desde $n = k$ hasta α.

a_n Es la fórmula del enésimo término ó simplemente enésimo término de la serie y representa la regla de orden.

$\displaystyle\sum_{n=k}^{\alpha} a_n$ Es la abreviatura de la sumatoria de los términos de la serie.

a_k, a_{k+1}, a_{k+2}, a_{k+3}, ...   Son lo términos de la serie y a menos que otra cosa se indique la serie se presentará con los primeros 4 términos.

a_k Es el primer término de la serie.

a_{k+1} Es el segundo término de la serie.

a_{k+2} Es el tercer término de la serie.

$\cdots$ Nos indican continuidad de la serie.

Para el propósito de nuestro estudio diremos que <u>una serie es completa</u>, si esta representada por la sumatoria del enésimo término y los primeros cuatro términos no nulos.

Ejemplo:

En la serie $\displaystyle\sum_{n=1}^{\alpha} \frac{1}{n} = \frac{1}{1} + \frac{1}{2} + \frac{1}{3} + \frac{1}{4} + \cdots$

Identificar:
a) Los términos de la serie.
b) El valor de k.
c) El segundo término.
d) El término a_{k+2} e) El enésimo término.
f) La abreviatura de la sumatoria de los términos de la serie.
g) La serie completa.

Solución: a) $\dfrac{1}{1}, \dfrac{1}{2}, \dfrac{1}{3}, \dfrac{1}{4}, \cdots$ b) $k = 1$;   c) $\dfrac{1}{2}$;   d) $a_{k+2} = \dfrac{1}{3}$ e) $a_n = \dfrac{1}{n}$

f) $\displaystyle\sum_{n=1}^{\alpha} \frac{1}{n}$ g) $\displaystyle\sum_{n=1}^{\alpha} \frac{1}{n} = \frac{1}{1} + \frac{1}{2} + \frac{1}{3} + \frac{1}{4} + \cdots$

Ejercicios:

5.1.4.1 En las siguientes series, identificar:
   a) Los términos de la serie; b) El valor de k ; c) El segundo término; d) El término a_{k+2};
   e) El enésimo término; y f) La abreviatura de la sumatoria de los términos de la serie; g) La serie completa.

1) $\displaystyle\sum_{n=1}^{\alpha} 2n = 2 + 4 + 6 + 8 + \ldots$

3) $\displaystyle\sum_{n=1}^{\alpha} \frac{2^n}{2n-1} = \frac{2}{1} + \frac{4}{3} + \frac{8}{5} + \frac{16}{7} \cdots$

2) $\displaystyle\sum_{n=1}^{\alpha} (n-1) = 1 + 3 + 5 + 7 + \cdots$

4) $\displaystyle\sum_{n=}^{\alpha} \frac{2^n - 1}{2^n} = \frac{1}{2} + \frac{3}{4} + \frac{7}{8} + \frac{15}{16} \cdots$

5.1.5 Cálculo de los términos de una serie.

Cuando una serie se expresa únicamente por la fórmula del enésimo término, y se hace necesario calcular los términos de la serie, se parte de la siguiente afirmación:

La fórmula del enésimo término de una serie, es la fórmula matemática que obedece la siguiente regla:
"Para cualquier valor de "n" el resultado nos muestra el valor del enésimo término".

Nota: Con el propósito de realizar procesos inversos, y a menos que otra cosa se indique; cuando los términos de las series se presentan en cocientes, se tiene que respetar cada elemento del cociente no haciendo las operaciones de división, multiplicación, etc.. Para fortalecer el concepto anterior obsérvese que en los

términos de la serie: $\displaystyle\sum_{n=1}^{0} \frac{1}{n} = \frac{1}{1} + \frac{1}{2} + \frac{1}{3} + \frac{1}{4} + \cdots$ se presenta el término $\frac{1}{1}$ sin haberse realizado la operación de división que sería uno.

Método de cálculo de los términos de una serie:

1) Sustituya los valores de "n" en la fórmula del enésimo término hasta obtener los primeros cuatro términos no nulos.
2) Hacer los cálculos atendiendo la nota anterior.

Ejemplos:

1) Calcular los términos de la serie; $\displaystyle\sum_{n=0}^{\alpha} \frac{n}{n+1}$

$$\sum_{n=0}^{\alpha} \frac{n}{n+1} = \frac{0}{0+1} + \frac{1}{1+1} + \frac{2}{2+1} + \frac{3}{3+1} + \frac{4}{4+1} + \cdots = \frac{0}{1} + \frac{1}{2} + \frac{2}{3} + \frac{3}{4} + \frac{4}{5} + \cdots$$

2) Calcular los términos de la serie; $\displaystyle\sum_{n=1}^{\alpha} \frac{n}{2^n - 1}$

$$\sum_{n=1}^{\alpha} \frac{n}{2^n - 1} = \frac{1}{2^1 - 1} + \frac{2}{2^2 - 1} + \frac{3}{2^3 - 1} + \frac{4}{2^4 + 1} + \cdots = \frac{1}{1} + \frac{2}{3} + \frac{3}{7} + \frac{4}{15} + \cdots$$

3) Calcular los términos de la serie; $\displaystyle\sum_{n=0}^{\alpha} \frac{x^n}{n!}$

$$\sum_{n=0}^{\alpha} \frac{x^n}{n!} = \frac{x^0}{0!} + \frac{x^1}{1!} + \frac{x^2}{2!} + \frac{x^3}{3!} + \cdots = \frac{1}{1} + \frac{x}{1} + \frac{x^2}{2!} + \frac{x^3}{3!} + \cdots$$

4) Calcular los términos de la serie; $\displaystyle\sum_{n=0}^{\alpha} \frac{3(-1)^n x^{2n}}{(2n)!}$

$$\sum_{n=0}^{\alpha} \frac{3(-1)^n x^{2n}}{(2n)!} = \frac{3(-1)^{(0)} x^{2(0)}}{(2(0))!} + \frac{3(-1)^{(1)} x^{2(1)}}{(2(1))!} + \frac{3(-1)^{(2)} x^{2(2)}}{(2(2))!} + \frac{3(-1)^{(3)} x^{2(3)}}{(2(3))!} + \cdots = \frac{3}{1} - \frac{3x^2}{2!} + \frac{3x^4}{4!} - \frac{x^6}{6!} \pm \cdots$$

Nota: Habrá ocasiones donde sea conveniente evaluar por separado cada uno de los términos de la serie, y al final representar la serie completa; Ejemplo:

5) Calcular los términos de la serie; $\displaystyle\sum_{n=1}^{\alpha} 1 + (-1)^n$

$a_1 = 1 + (-1)^1 = 1 + (-1) = 0 \qquad a_3 = 1 + (-1)^3 = 1 + (-1) = 0$

$a_2 = 1 + (-1)^2 = 1 + (1) = 2 \qquad a_4 = 1 + (-1)^4 = 1 + (1) = 2$

$$\sum_{n=1}^{\alpha} \left(1 + (-1)^n\right) = 0 + 2 + 0 + 2 + \cdots$$

6) Calcular los términos de la serie; $\sum_{n=1}^{\alpha}\left(f_n = f_{n+1} + f_{n+2}\quad \forall n \geq 3\quad y\quad f_1 = 1; f_2 = 1\right)$

Paso 1) $a_1 = f_1 = 1\; f_1 = 1$; $a_2 = f_2 = 1$; $a_3 = f_3 = f_{3-1} + f_{3-2} = f_2 + f_1 = 1 + 1 = 2$;

$a_4 = f_4 = f_{4-1} + f_{4-2} = f_3 + f_2 = 2 + 1 = 3$ $a_5 = f_5 = f_{5-1} + f_{5-2} = f_4 + f_3 = 3 + 2 = 5$

Paso 2) $\sum_{n=1}^{\alpha}\left(f_n = f_{n+1} + f_{n+2}\quad \forall n \geq 3\quad y\quad f_1 = 1; f_2 = 1\right) = 1 + 1 + 2 + 3 + 5 + \cdots$

Nota: En el análisis del listado de los términos de la serie se observa, que cada término es la suma de sus dos antecesores (al listado de términos de la serie, se le llama Sucesión de Fibonacci).

Ejercicios:

5.1.5.1 Calcular los términos de las siguientes series:

1) $\sum_{n=1}^{\alpha} n$ 4) $\sum_{n=1}^{\alpha} \dfrac{n+1}{n^2}$ 7) $\sum_{n=1}^{\alpha} \dfrac{3}{n+2}$ 10) $\sum_{n=1}^{\alpha} \overline{n}$

2) $\sum_{n=1}^{\alpha} 2^{\frac{1}{n}}$ 5) $\sum_{n=1}^{\alpha} sen\,\dfrac{n\pi}{3}$ 8) $\sum_{n=1}^{\alpha} \dfrac{\ln n^2}{n+1}$ 11) $\sum_{n=0}^{\alpha} \dfrac{(-1)^{2n} x^n}{n+2}$

3) $\sum_{n=0}^{\alpha} \dfrac{1}{n!}$ 6) $\sum_{n=1}^{\alpha} \dfrac{n^2}{n+1}$ 9) $\sum_{n=1}^{\alpha} \dfrac{n}{e^n}$ 12) $\sum_{n=0}^{\alpha} \dfrac{2(-1)^n x^{2n+1}}{n!}$

5.1.6 Tipos de series:

Tipo	Caracterización	Ejemplo
p-serie	Familia de series que presentan la forma: $$\sum_{n=k}^{\alpha} \dfrac{1}{n^p}\quad \forall\, p > 0$$	$$\sum_{n=1}^{\alpha} \dfrac{1}{n^2} = \dfrac{1}{1} + \dfrac{1}{4} + \dfrac{1}{9} + \dfrac{1}{16} + \cdots$$
Armónica	Serie del tipo p-serie donde $p = 1$, de tal forma que su estructura final queda: $$\sum_{n=k}^{\alpha} \dfrac{1}{n}$$	$$\sum_{n=1}^{\alpha} \dfrac{1}{n} = \dfrac{1}{1} + \dfrac{1}{2} + \dfrac{1}{3} + \dfrac{1}{4} + \cdots$$
Armónica general	Familia de series que presentan la forma: $$\sum_{n=k}^{\alpha} \dfrac{1}{an+b}\quad \forall\, a > 0$$	$$\sum_{n=1}^{\alpha} \dfrac{3}{2n-1} = \dfrac{3}{1} + \dfrac{3}{3} + \dfrac{3}{5} + \dfrac{3}{7} + \cdots$$
Alternantes	Familia de series que presentan sus términos alternativamente en positivos y negativos: $$\sum_{n=k}^{\alpha} a_n\,(-1)^{n-1}$$	$$\sum_{n=1}^{\alpha} \dfrac{(-1)^{n-1}}{n} = \dfrac{1}{1} - \dfrac{1}{2} + \dfrac{1}{3} - \dfrac{1}{4} \pm \cdots$$

Telescópicas:	Familia de series que presentan la forma: $$\sum_{n=k}^{\alpha}(a_n - a_{n+1})$$	$$\sum_{n=1}^{\alpha}\left(\frac{1}{n^2}-\frac{1}{(n+1)^2}\right)=\left(\frac{1}{1}-\frac{1}{4}\right)+\left(\frac{1}{4}-\frac{1}{9}\right)+ \\ \left(\frac{1}{9}-\frac{1}{16}\right)+\left(\frac{1}{16}-\frac{1}{25}\right)+\cdots$$
Geométricas	Familia de series que presentan la forma: $$\sum_{n=0}^{\alpha}a\,r^n \quad \forall a\neq 0 \ y\ r\in R$$ a "r" se le llama la "razón de la serie".	$$\sum_{n=0}^{\alpha}\frac{1}{2^n}=\frac{1}{1}+\frac{1}{2}+\frac{1}{4}+\frac{1}{8}+\cdots$$ Observe que: $\dfrac{1}{2^n}=(1)\left(\dfrac{1}{2}\right)^n \quad \therefore$ $$a=1 \quad y \quad r=\frac{1}{2}$$
De potencias	familia de series que presentan la forma: $$\sum_{n=0}^{\alpha}a_n x^n \quad \text{donde } x \text{ es una variable.}$$	$$\sum_{n=0}^{\alpha}\frac{x^n}{n!}=\frac{1}{0!}+\frac{x}{1!}+\frac{x^2}{2!}+\frac{x^3}{3!}+\cdots$$ $$=\frac{1}{1}+\frac{x}{1}+\frac{x^2}{2}+\frac{x^3}{6}+\cdots$$
Nota: Para el caso especial donde $x=1$, se tendría lo siguiente: $$\sum_{n=0}^{\alpha}\frac{1}{n!}=\frac{1}{0!}+\frac{1}{1!}+\frac{1}{2!}+\frac{1}{3!}+\frac{1}{4!}\cdots=1+1+\frac{1}{2}+\frac{1}{6}+\frac{1}{24}+\cdots=1+1+0.5+0.1666..+0.04166..+\cdots=2.718...=e$$		
De potencias centrada en c	Es una familia de series de potencia que presentan la forma: $$\sum_{n=0}^{\alpha}a_n(x-c)^n \quad \text{donde "c" es una}$$ constante.	$$\sum_{n=0}^{\alpha}\frac{(x-2)^n}{n!}=\frac{1}{0!}+\frac{x-2}{1!}+\frac{(x-2)^2}{2!}+\cdots$$ $$=\frac{1}{1}+\frac{x-2}{1}+\frac{(x-2)^2}{2}+\cdots$$

Ejercicios:

5.1.6.1 Dar al menos un ejemplo de los siguientes tipos de series:
     1) Series p-serie.
     2) Armónica general.
     3) Series alternantes.
     4) Series telescópicas.
     5) Series geométricas.
     6) Series de potencias.
     7) Series de potencias centrada en c.

Clase; 5.2 Generación de la fórmula del enésimo término de una serie.

5.2.1 Estructuras típicas de fórmulas de enésimos términos. - Ejemplos.
5.2.2 Enésimos términos elementales de una serie. - Ejercicios.
5.2.3 Operador de alternancia de una serie.
5.2.4 Tabla: Estructuras típicas de fórmulas de enésimos términos de series.
5.2.5 Generación de la fórmula del enésimo término de una serie.

5.2.1 Estructuras típicas de fórmulas de enésimos términos.

Definición: Son estructuras genéricas de las series, que se transforman en fórmulas de enésimos términos al asignarles los valores específicos a cada una de sus componentes.

Ejemplo: Sea $a_n = n^p - q$ la estructura típica del enésimo término de una serie; Obtener la fórmula del
enésimo término para $p = 2$ y $q = 1$:

Solución: $a_n = n^{(2)} - (1) = n^2 - 1$ ∴ la fórmula del enésimo término es: $a_n = n^2 - 1$

5.2.2 Enésimos términos elementales de una serie.

Son estructuras típicas que contienen $"p"$ ó $"n"$ siendo $"p"$ una constante y se caracterizan porque al observar los términos de las series, directamente se presenta la fórmula del enésimo término.

Ejemplo: $1 + 2 + 3 + 4 + \cdots$ Para $k = 1$ $\quad a_n = n$

5.2.3 Operador de alternancia de una serie.

Es la estructura típica del enésimo término $(-1)^{n \pm p}$ que presenta una serie alternante.

Ejemplo: Obtener la serie completa cuya fórmula del enésimo términos es; $\sum_{n=1}^{\alpha} \frac{(-1)^{n-1}}{n}$:

Solución: $\sum_{n=1}^{\alpha} \frac{(-1)^{n-1}}{n} = \frac{1}{1} + \frac{-1}{2} + \frac{1}{3} + \frac{-1}{4} + \cdots = \frac{1}{1} - \frac{1}{2} + \frac{1}{3} - \frac{1}{4} \pm \cdots$

5.2.4 Tabla: Estructuras típicas de fórmulas de enésimos términos de series.

A continuación se presenta una tabla de las estructuras típicas de las fórmulas mas comunes, y que a la vez son punto de partida en el aprendizaje para generar fórmulas de enésimos términos de series mas complejas.

Tabla: Estructuras típicas de fórmulas de enésimos términos. $\forall\ n, p, q \geq 0$ y $\in Z^+$			
Enésimos términos elementales		Estructuras típicas de enésimos términos	
Para: p ó n	Ejemplo:	Para: n y p	Para: n, p y q
1) $a_n = p$	$a_n = 2 + 2 + 2 + 2 + \cdots$	1) $a_n = pn$	1) $a_n = pn + q$
2) $a_n = -p$	$a_n = -2 - 2 - 2 - 2 - \cdots$	2) $a_n = n^p$	2) $a_n = pn - q$
3) $a_n = n$	$a_n = 1 + 2 + 3 + 4 + \cdots$ Para $k = 1$	3) $a_n = p^n$	3) $a_n = n^p + q$
4) $a_n = n!$	$a_n = 1 + 1 + 2 + 6 + \cdots$ Para $k = 0$	4) $a_n = n + p$	4) $a_n = n^p - q$
5) $a_n = n^n$	$a_n = 1 + 4 + 27 + 256 + \cdots$ Para $k = 1$	5) $a_n = n - p$	5) $a_n = p^n + q$
6) $a_n = (-1)^n$	$a_n = 1 - 1 + 1 - 1 \pm \cdots$ Para $k = 0$	6) $a_n = p - n$	6) $a_n = p^n - q$

5.2.5 Generación de la fórmula del enésimo término de una serie

Cuando una serie se expresa únicamente por sus términos, se supone que los términos subsecuentes (indicados por los tres puntos …) obedecen a la regla de orden implícita en los términos que sí están presentes. Es aquí donde se hace necesario generar la fórmula del enésimo término por lo que se ofrece el siguiente método.

Método de investigación para la generación del enésimo término de una serie.

1) Analizar cada estructura típica de enésimos términos de cuerdo a la "Tabla: Prueba de estructuras típicas" que se presenta, hasta encontrar la estructura que cumpla con todos y cada uno de los términos de la serie.

Notas: a) Esto no necesariamente implica que siempre se deban de probar en determinado orden todas las estructuras hasta encontrar la que estamos buscando, sino que una ves que se domina el método se pueden hacer saltos de estructuras típicas de acuerdo a la intuición de cada estudiante.
b) Cocientes, múltiplos, potencias y operadores de alternancia se analizan por separado.

Ejemplo 1) $\dfrac{1}{1}+\dfrac{2}{2}+\dfrac{3}{6}+\dfrac{4}{24}+\cdots$ Se analizan por separado las series: $\begin{cases}1+2+3+4+\cdots & y\\ 1+2+6+24+\cdots\end{cases}$

Ejemplo 2) $2x+4x^2+6x^3+8x^4+\cdots$ Se analizan por separado las series: $\begin{cases}2+4+6+8+\cdots & y\\ 1+2+3+4+\cdots\end{cases}$

2) Identificar la fórmula de la estructura típica del enésimo término.
3) Generar la fórmula del enésimo término.
4) Estructurar la serie completa (con el enésimo término incluido).

Tabla: Prueba de estructuras típicas.							
Estructura típica	Valores		$a_k+a_{k+1}+a_{k+2}+a_{k+3}+\cdots$ para $k=?$				Fórmula enésimo término
	p	q	$n=k$ $a_1=?$ Cumple?	$n=k+1$ $a_2=?$ Cumple?	$n=k+2$ $a_3=?$ Cumple?	$n=k+3$ $a_4=?$ Cumple?	
$a_n=p$							
$a_n=-p$							
$a_n=n$							
$a_n=n^n$							
$\vdots$							
$a_n=p^n-q$							$a_n=?$

Ejemplo 1) Sea: $1+2+6+24+\ldots$ Generar la fórmula del enésimo término de la serie para $k=1$.
Paso 1)

Tabla: Prueba de estructuras típicas.							
Estructura típica	Valores		Serie: $1+2+6+24+\ldots$ para $k=1$.				Fórmula enésimo término
	p	q	$n=1$ $a_1=1$ Cumple?	$n=2$ $a_2=2$ Cumple?	$n=3$ $a_3=6$ Cumple?	$n=4$ $a_4=24$ Cumple?	
$a_n=p$	1		$a_1=1$ Sí	$a_2=1$ No			
$a_n=-p$			$a_1=-1$ No				

$a_n = n$		$a_1 = 1$ Sí $a_2 = 2$ Sí $a_3 = 3$ No	
$a_n = n^n$		$a_1 = 1^1 = 1$ Sí $a_2 = 2^2 = 4$ No	
$a_n = n!$		$a_1 = 1!= 1$ Sí $a_2 = 2!= 2$ Sí $a_3 = 3!= 6$ Sí $a_4 = 4!= 24$ Sí	$a_n = n!$

Paso 2) Fórmula de la estructura típica del enésimo término: $a_n = n!$

Paso 3) Fórmula del enésimo término: $a_n = n!$

Paso 4) Serie completa: $\displaystyle\sum_{n=1}^{\alpha} n! = 1 + 2 + 6 + 24 + \cdots$

<u>Ejemplo 2)</u> Generar la fórmula del enésimo término de la serie para $k = 0$.

Sea: $1 + x + x^2 + x^3 + \cdots$ Observe que $x^0 = 1$ de donde la serie similar sería $x^0 + x^1 + x^2 + x^3 + \cdots$

Paso 1)

Tabla: Prueba de estructuras típicas.							
Estructura típica	Valores		Serie: $0 + 1 + 2 + 3 + \cdots$ para $k = 0$.				Fórmula enésimo término
	p	q	$n=0$ $a_1 = 0$ Cumple?	$n=1$ $a_2 = 1$ Cumple?	$n=2$ $a_3 = 2$ Cumple?	$n=3$ $a_4 = 3$ Cumple?	
$a_n = p$	1		$a_1 = 1$ Sí $a_2 = 1$ No				
$a_n = -p$			No				
$a_n = n$			$a_1 = 0$ Sí $a_2 = 1$ Sí	$a_3 = 2$ Sí	$a_3 = 3$ Sí		$a_n = n$

Paso 2) Fórmula de la estructura típica del enésimo término: $a_n = x^n$

Paso 3) Fórmula del enésimo término: $a_n = x^n$

Paso 4) Serie completa: $\displaystyle\sum_{n=0}^{\alpha} x^n = 1 + x + x^2 + x^3 + \cdots$

<u>Ejemplo 3)</u> Sea: $\dfrac{2}{1} + \dfrac{4}{3} + \dfrac{8}{5} + \dfrac{16}{7} + \cdots$ Generar la fórmula del enésimo término para de la serie para $k = 1$

Paso 1)

Tabla: Prueba de estructuras típicas.							
Estructura típica	Valores		Serie $2 + 4 + 8 + 16 + \cdots$ Para $k = 1$				Fórmula enésimo término
	p	q	$n=1$ $a_1 = 2$ Cumple?	$n=2$ $a_2 = 4$ Cumple?	$n=3$ $a_3 = 8$ Cumple?	$n=4$ $a_4 = 16$ Cumple?	
$a_n = n$			$a_1 = 1$ No				
$a_n = n^n$			$a_1 = 1^1 = 1$ No				
$a_n = n!$			$a_1 = 1!= 1$ No				
$a_n = pn$	2		$a_1 = 2.1 = 2$ Sí	$a_2 = 2.2 = 4$ Sí	$a_3 = 2.3 = 6$ No		
$\vdots$							
$a_n = p^n$	2		$a_1 = 2^1 = 2$ Sí	$a_2 = 2^2 = 4$ Sí	$a_3 = 2^3 = 8$ Sí	$a_4 = 2^4 = 16$ Sí	$a_n = 2^n$

Estructura típica	Valores		Serie: $1+3+5+7+\cdots$ Para $k=1$				Fórmula enésimo término
	p	q	$n=1$ $a_1=1$ Cumple?	$n=2$ $a_2=3$ Cumple?	$n=3$ $a_3=5$ Cumple?	$n=4$ $a_4=7$ Cumple?	
$a_n=n$			$a_1=1$ Sí	$a_2=2$ No			
$a_n=n^n$			$a_1=1^1=1$ Sí	$a_2=2^2=4$ No			
$a_n=n!$			$a_1=1!=1$ Sí	$a_2=2!=2$ No			
$\vdots$							
$a_n=pn-q$	2	1	$a_1=2.1-1=1$ Sí	$a_2=2.2-1=3$ Sí	$a_3=2.3-1=5$ Sí	$a_1=2.4-1=7$ Sí	$a_n=2n-1$

Paso 2) Fórmula de la estructura típica del enésimo término: $a_n=\dfrac{p^n}{pn-q}$

Paso 3) Fórmula del enésimo término: $a_n=\dfrac{2^n}{2n-1}$

Paso 4) Serie completa: $\displaystyle\sum_{n=1}^{\alpha}\dfrac{2^n}{2n-1}=\dfrac{1}{2}+\dfrac{4}{3}+\dfrac{8}{5}+\dfrac{16}{7}+\cdots$

Ejemplo 4) Sea: $\dfrac{1}{2}+\dfrac{3}{3}+\dfrac{7}{4}+\dfrac{15}{5}+\cdots$ Generar la fórmula del enésimo término de la serie para $k=1$

Paso 1)

Tabla: Prueba de estructuras típicas.

Estructura típica	Valores		Serie: $1+3+7+15+\cdots$ Para $k=1$				Fórmula enésimo término
	p	q	$n=1$ $a_1=1$ Cumple?	$n=2$ $a_2=3$ Cumple?	$n=3$ $a_3=7$ Cumple?	$n=4$ $a_4=15$ Cumple?	
$a_n=n$			$a_1=1$ Sí	$a_2=2$ No			
$a_n=n^n$			$a_1=1^1=1$ Sí	$a_2=2^2$ No			
$\vdots$							
$c_n=p^n-q$	2	1	$a_1=2^1-1$ $=1$ Sí	$a_2=2^2-1$ $=3$ Sí	$a_3=2^3-1$ $=7$ Sí	$a_4=2^4-1$ $=15$ Sí	$a_n=2^n-1$

Tabla: Prueba de estructuras típicas.

Estructura típica	Valores		Serie: $2+3+4+5+\cdots$ Para $k=1$				Fórmula enésimo término
	p	q	$n=1$ $a_1=2$ Cumple?	$n=2$ $a_1=3$ Cumple?	$n=3$ $a_1=4$ Cumple?	$n=4$ $a_1=5$ Cumple?	
$a_n=n$			$a_1=1$ Sí	$a_2=2$ No			
$a_n=n^n$			$a_1=1^1=1$ Sí	$a_2=2^2$ No			
$\vdots$							
$a_n=n+1$			$a_1=1+1=2$ Sí	$a_2=2+1=3$ Sí	$a_3=3+1=4$ Sí	$a_4=4+1=5$ Sí	$a_n=n+1$

Paso 2) Formula de la estructura típica del enésimo término: $a_n = \dfrac{p^n - q}{n+1}$

Paso 3) Fórmula de enésimo término: $a_n = \dfrac{2^n - 1}{2^n}$

Paso 4) Serie completa: $\displaystyle\sum_{n=1}^{\alpha} \dfrac{2^n - 1}{2^n} = \dfrac{1}{2} + \dfrac{3}{4} + \dfrac{7}{8} + \dfrac{15}{16} + \cdots$

<u>Ejemplo 5)</u>   Generar la fórmula del enésimo término de la serie para $k = 0$.

Sea: $1 - x + \dfrac{x^2}{2!} - \dfrac{x^3}{3!} \pm \ldots$ Observe que una serie similar es: $\dfrac{x^0}{0!} - \dfrac{x^1}{1!} + \dfrac{x^2}{2!} - \dfrac{x^3}{3!} \pm \ldots$

Paso 1) Observe que los signos cambias de positivo a negativo alternativamente, por lo que $a_n = (-1)^n$

Para la serie $x^0 + x^1 + x^2 + x^3 + \ldots$ el enésimo término es: $a_n = x^n$

Para la serie $0! + 1! + 2! + 3! + \cdots$ el enésimo término es: $a_n = n!$

Paso 2) La fórmula de la estructura típica del enésimo término es: $a_n = \dfrac{(-1)^n x^n}{n!}$

Paso 3) La fórmula del enésimo término es: $a_n = \dfrac{(-1)^n x^n}{n!}$

Paso 4) La serie completa es: $\displaystyle\sum_{n=0}^{\alpha} \dfrac{(-1)^n x^n}{n!} = 1 - x + \dfrac{x^2}{2!} - \dfrac{x^3}{3!} \pm \cdots$

<u>Ejercicios:</u>

5.2.5.1 Generar el enésimo término de las siguientes series:

1) $2 + 4 + 6 + 8 + \cdots \quad \forall\, k = 1$

2) $3 - 4 + 5 - 6 \pm \cdots \quad \forall\, k = 1$

3) $\dfrac{1}{1} + \dfrac{1}{2} + \dfrac{1}{3} + \dfrac{1}{4} + \cdots \quad \forall\, k = 1$

4) $1 - x + \dfrac{x^2}{2!} - \dfrac{x^3}{3!} \pm \cdots \quad \forall\, k = 0$

5) $\dfrac{1}{1} + \dfrac{1}{4} + \dfrac{1}{9} + \dfrac{1}{16} + \cdots \quad \forall\, k = 1$

6) $\dfrac{3}{3} + \dfrac{3}{5} + \dfrac{3}{7} + \dfrac{3}{9} + \cdots \quad \forall\, k = 1$

7) $\dfrac{1}{1} + \dfrac{1}{1} + \dfrac{1}{2} + \dfrac{1}{6} + \cdots \quad \forall\, k = 1$

8) $x + x^2 + \dfrac{x^3}{2!} + \dfrac{x^4}{3!} + \cdots \forall\, k = 0$

9) $\dfrac{1}{1!} + \dfrac{x}{1!} + \dfrac{x^2}{2!} + \dfrac{x^3}{3!} \pm \ldots \quad \forall\, k = 0$

10) $\dfrac{1}{1} + \dfrac{1}{2} + \dfrac{1}{4} + \dfrac{1}{8} + \cdots \quad \forall\, k = 1$

Clase: 5.3 Convergencia de series.
5.3.1 Sumas parciales de una serie.
5.3.2 Estrategia para investigar la convergencia de series por definición.
5.3.3 Estrategia para investigar la convergencia de series por el criterio de la raíz.
5.3.4 Estrategia para investigar la convergencia de series por el criterio del cociente.

- Ejemplos.
- Ejercicios.

5.3.1 Sumas parciales de una serie:

Sí se tiene una serie: $\sum_{n=k}^{\alpha} a_n = a_k + a_{k+1} + a_{k+2} + a_{k+3} + \cdots$ entonces las sumas parciales de la serie infinita son:

$s_1 = a_k$

$s_2 = a_k + a_{k+1}$

$s_3 = a_k + a_{k+1} + a_{k+2}$

$\vdots$

$s_n = a_k + a_{k+1} + a_{k+2} + \ldots$ llamada enésima suma parcial de la serie infinita $\sum a_n$

Sí a las sumas parciales le asociamos una serie de sumas parciales entonces tenemos:

$$S = \sum_{n=k}^{\alpha} s_n = s_1 + s_2 + s_3 + s_4 + \cdots \quad \sum_{n=k}^{\alpha} S = s_1 + s_2 + s_3 + s_4 + \cdots \quad \text{De donde podemos inferir que:}$$

La suma "S" de la serie infinita $\sum_{n=k}^{\alpha} a_n$ es el límite del enésimo término de la serie de sumas parciales, siempre y cuando el límite exista ó sea:

$$S = \lim_{n \to \alpha} s_n \quad \forall \ \lim_{n \to \alpha} s_n \in R$$

5.3.2 Estrategia para investigar la convergencia de series por definición.

La definición de convergencia de una serie afirma que: Una serie es convergentes, si el límite del enésimo término de la serie de sumas parciales existe, ó bien es divergente si el límite no existe.

Método para investigar la convergencia de series por la definición:

1) Calcular los términos de la serie
2) Calcular las sumas parciales.
3) Estructurar la serie de sumas parciales.
4) Obtener el enésimo término de la serie de sumas parciales ó determinar por observación directa de los términos la existencia ó no del límite
5) Obtener el límite del enésimo término de las sumas parciales.
6) Declarar aplicando la definición si la serie es convergente ó divergente.

Ejemplo 1) Investigar por la definición la convergencia de la serie: $\sum_{n=1}^{\alpha} \left[(-1)^n + 1 \right]$

Paso 1) $\sum_{n=1}^{\alpha} \left[(-1)^n + 1 \right] = 0 + 2 + 0 + 2 + \cdots$

Paso 2) $S_1 = 0; \quad S_2 = 0 + 2 = 2; \quad S_3 = 0 + 2 + 0 = 2; \quad S_4 = 0 + 2 + 0 + 2 = 4 \quad \{S\} = 0, 2, 2, 4, \cdots$

Paso 3) $\sum_{n=1}^{\alpha} S = 0 + 2 + 2 + 4 + \cdots$

Paso 4) Por observación directa se declara que no hay límite.
Paso 5) No hay límite.
Paso 6) La serie es divergente.

Ejemplo 2) Investigar por la definición la convergencia de la serie: $\sum_{n=1}^{\alpha}\left(\dfrac{1}{2}\right)^{n}$

Paso 1) $\sum_{n=1}^{\alpha}\left(\dfrac{1}{2}\right)^{n} = \dfrac{1}{1} + \dfrac{1}{2} + \dfrac{1}{4} + \dfrac{1}{8} + \dfrac{1}{16} + \cdots$

Paso 2) $S_1 = \dfrac{1}{2}$; $\quad S_2 = \dfrac{1}{2} + \dfrac{1}{4} = \dfrac{3}{4}$; $\quad S_3 = \dfrac{1}{2} + \dfrac{1}{4} + \dfrac{1}{8} = \dfrac{3}{4} + \dfrac{1}{8} = \dfrac{7}{8}$; $\quad S_4 = \dfrac{1}{2} + \dfrac{1}{4} + \dfrac{1}{8} + \dfrac{1}{16} = \dfrac{7}{8} + \dfrac{1}{16} = \dfrac{15}{16}$

Paso 3) $\sum_{n=1}^{\alpha} S = \dfrac{1}{2} + \dfrac{3}{4} + \dfrac{7}{8} + \dfrac{15}{16} + \cdots$

Paso 4) $\dfrac{2^{n}-1}{2^{n}}$ ya resuelto en el apartado: "Generación del enésimos término de una serie".

Paso 5) $\lim\limits_{n\to\alpha} \dfrac{2^{n}-1}{2^{n}} = \lim\limits_{n\to\alpha}\left(1 - \dfrac{1}{2n}\right) = 1$ por lo tanto el límite existe.

Paso 6) La serie es convergente.

Es de observarse que:

$$S = \sum_{n=1}^{\alpha}\left(\dfrac{1}{2}\right)^{n} = \dfrac{1}{2} + \dfrac{1}{4} + \dfrac{1}{8} + \dfrac{1}{16} + \dfrac{1}{32} + \dfrac{1}{64} + \dfrac{1}{128} + \cdots = 0.992188 + \cdots = \lim\limits_{n\to\alpha}\sum_{n=1}^{\alpha}\left(\dfrac{1}{2}\right)^{n} = 1$$

Ejercicios:

5.3.2.1 Investigar por definición la convergencia de las siguientes serie:

1) $\sum_{n=1}^{\alpha} 2n$
2) $\sum_{n=1}^{\alpha} \dfrac{n}{n+1}$
3) $\sum_{n=0}^{\alpha} \dfrac{2}{3^{n}}$

5.3.3 Estrategia para investigar la convergencia de series por el criterio de la raíz.

El criterio establece que si se tiene una serie $\sum a_n$ entonces se puede afirmar lo siguiente:

1°. $\sum a_n$ es convergente si $\lim\limits_{n\to\alpha} \sqrt[n]{a_n} < 1$

2°. $\sum a_n$ es divergente si $\lim\limits_{n\to\alpha} \sqrt[n]{a_n} > 1$

3°. El criterio no decide si $\lim\limits_{n\to\alpha} \sqrt[n]{a_n} = 1$

Ejemplo: Investigar por el criterio de la raíz la convergencia ó divergencia de la serie $\sum_{n=1}^{\alpha} \dfrac{2^{n}}{n^{2n}}$:

$$\lim\limits_{n\to\alpha} \sqrt[n]{\dfrac{2^{n}}{n^{2n}}} = \sqrt[n]{\lim\limits_{n\to\alpha} \dfrac{2^{n}}{n^{2n}}} = \sqrt[n]{\lim\limits_{n\to\alpha}\left(\dfrac{2}{n^{2}}\right)^{n}} = \sqrt[n]{\left(\dfrac{2}{\alpha}\right)^{\alpha}} = \sqrt[n]{0^{\alpha}} = \sqrt[n]{0} = 0$$

Como $\lim\limits_{n\to\alpha} \sqrt[n]{a_n} < 1$ $\therefore$ se concluye que la serie es convergente.

Ejercicios:

5.3.3.1 Investigar por el criterio de la raíz la convergencia de las siguientes serie:

1) $\displaystyle\sum_{n=0}^{\alpha} \frac{5}{2^n}$ 2) $\displaystyle\sum_{n=0}^{\alpha} \frac{2}{n\,2}$ 3) $\displaystyle\sum_{n=1}^{\alpha} \frac{2^n}{3^n+1}$

5.3.4 Estrategia para investigar la convergencia de series por el criterio del cociente.

El criterio establece que si se tiene una serie $\sum a_n$ con términos no nulos, entonces se puede afirmar:

1º)   Sí $\displaystyle\lim_{n\to\alpha} \frac{a_{n+1}}{a_n} < 1$ La serie converge.

2º)   Sí $\displaystyle\lim_{n\to\alpha} \frac{a_{n+1}}{a_n} > 1$ La serie converge.

3o)   Sí $\displaystyle\lim_{n\to\alpha} \frac{a_{n+1}}{a_n} = 1$ El criterio no decide.

Método para investigar la convergencia de series por el criterio del cociente:

1. Obtener los términos de la serie $\sum a_n$ y verificar que sus términos sean no nulo.

2. A partir de $\sum a_n$ obtenga $\sum a_{n+1}$

3. Obtenga el $\displaystyle\lim_{n\to\alpha} \frac{a_{n+1}}{a_n}$

4. Aplique el criterio del cociente.

Ejemplo: Investigar por el criterio del cociente la convergencia de la serie $\displaystyle\sum_{n=0}^{\alpha} \frac{2^n}{n!}$:

Paso 1) Análisis: $\displaystyle\sum_{n=0}^{\alpha} \frac{2^n}{n!} = \frac{1}{1} + \frac{2}{1} + \frac{4}{2} + \frac{8}{6} + \cdots$ $\therefore$ se concluye que $\displaystyle\sum_{n=0}^{\alpha} \frac{2^n}{n!}$ no tiene términos no nulos.

Paso 2) Análisis: si $a_n = \displaystyle\sum_{n=0}^{\alpha} \frac{2^n}{n!}$ $\therefore$ $a_{n-1} = \displaystyle\sum_{n=0}^{\alpha} \frac{2^{n+1}}{(n+1)!}$

Paso 3) $\displaystyle\lim_{n\to\alpha} \frac{a_{n+1}}{a_n} = \lim_{n\to\alpha} \frac{\frac{2^{n+1}}{(n+1)!}}{\frac{2^n}{n!}} = \lim_{n\to\alpha} \frac{2^{n+1}\,n!}{2^n(n+1)!} = \lim_{n\to\alpha} \frac{2}{n+1} = \frac{2}{\alpha+1} = 0$

Paso 4) $\displaystyle\lim_{n\to\alpha} \frac{a_{n+1}}{a_n} < 1$ $\therefore$ se concluye que la serie es convergente.

Ejercicios:

5.3.4.1 Investigar por el criterio del cociente la convergencia de las siguientes serie:

1) $\displaystyle\sum_{n=0}^{\alpha} \frac{2^n}{5}$ 2) $\displaystyle\sum_{n=1}^{\alpha} \frac{3^n+1}{2!}$ 3) $\displaystyle\sum_{n=0}^{\alpha} \frac{e^n}{n!}$

Clase: 5.4 Intervalo y radio de convergencia de series de potencias.
5.4.1 Intervalo y radio de convergencia de series de potencias.
- Ejemplos.
- Ejercicios.

5.4.1 Intervalo y radio de convergencia de series de potencias:

El intervalo de convergencia es el conjunto de valores donde la serie converge.

El teorema de convergencias de una serie de potencias centrada en "c" afirma que:
"Existe un número real $R > 0$ ("R" es el radio de convergencia) en la serie $\sum_{n=0}^{\alpha} a_n (x-c)^n$ en la cual:

1°. Sí la serie converge, para toda "x"; entonces $R = \alpha$ y su intervalo de convergencia es: $(-\alpha, \alpha)$

2°. Sí la serie converge, solo cuando $x = c$; entonces (por convención) $R = 0$ y su intervalo de convergencia consta de un solo punto y es el punto "c"; ó sea: $(c, \ c)$

3°. Sí la serie converge, para $x - c < R$; entonces $x_1 = c - R$ y $x_2 = c + R$ son su puntos extremos y su intervalo de convergencia tiene cuatro posibilidades: $(x_1, \ x_2); \ (x_1, \ x_2]; \ [x_1, \ x_2); \ y \ [x_1, \ x_2]$

Método para investigar el intervalo y el radio de convergencia de una serie de potencia:

1.- Seleccione alguna estrategia para investigar la convergencia de la serie.
2.- Identificar el radio de convergencia.
3.- Investigar el intervalo de convergencia.

Ejemplo 1) Investigar el radio e intervalo de convergencia de la serie; $\sum_{n=0}^{\alpha} \dfrac{(-1)^n x^{n+1}}{n!}$

Paso 1. La estrategia seleccionada es "Criterio del cociente".

Paso 1.1. $\sum_{n=0}^{\alpha} \dfrac{(-1)^n x^{n+1}}{n!} = \dfrac{x}{0!} + \dfrac{-x^2}{1!} + \dfrac{x^3}{3!} + \dfrac{-x^4}{4!} \pm \cdots$ No tiene términos nulos.

Paso 1.2. $a_n = \dfrac{(-1)^n x^{n+1}}{n!}$ $\qquad a_{n+1} = \dfrac{(-1)^{n+1} x^{n+2}}{(n+1)!}$

Paso 1.3. $\lim\limits_{n \to \alpha} \dfrac{a_{n+1}}{a_n} = \lim\limits_{n \to \alpha} \dfrac{\frac{(-1)^{n+1} x^{n+2}}{(n+1)!}}{\frac{(-1)^n x^{n+1}}{n!}} = \lim\limits_{n \to \alpha} \dfrac{n!(-1)^{n+1} x^{n+2}}{(n+1)!(-1)^n x^{n+1}} = \lim\limits_{n \to \alpha} \dfrac{-x}{n+1} = \dfrac{-x}{\alpha + 1} = 0$

Paso 1.4. La serie converge para toda "x"; según el criterio del cociente.

Paso 2. El radio de convergencia es: $R = \alpha$

Paso 3. El intervalo de convergencia es: $(-\alpha, \ \alpha)$

Ejemplo 2) Investigar el radio e intervalo de convergencia de la serie; $\displaystyle\sum_{n=1}^{\alpha} \frac{x^n}{2n}$

Paso 1. La estrategia seleccionada es "Criterio del cociente".

Paso 1.1. $\displaystyle\sum_{n=1}^{\alpha} \frac{x^n}{2n} = \frac{x}{2} + \frac{x^2}{4} + \frac{x^3}{6} + \frac{x^4}{8} + \cdots$ No tiene términos nulos.

Paso 1.2. $a_n = \dfrac{x^n}{2n}$ $\qquad a_{n+1} = \dfrac{x^{n+1}}{2(n+1)}$

Paso 1.3. $\displaystyle\lim_{n\to\alpha} \frac{a_{n+1}}{a_n} = \lim_{n\to\alpha} \frac{\frac{x^{n+1}}{2(n+1)}}{\frac{x^n}{2n}} = \lim_{n\to\alpha} \frac{2n\,x^{n+1}}{2(n+1)x^n} = \lim_{n\to\alpha} \frac{n\,x}{n+1} = \lim_{n\to\alpha} \frac{\frac{n\,x}{n}}{\frac{n}{n}+\frac{1}{n}} = \lim_{n\to\alpha} \frac{x}{1+\frac{1}{n}} = \frac{x}{1+0} = x$

Paso 1.4. La serie converge para $x < 1$ según el criterio del cociente.

Paso 2. El radio de convergencia es: $R = 1$

Paso 3. Sí la serie es convergente en $x < 1$ entonces los puntos extremos de "x" Son: $x = -1$ y $x = 1$

Para $x = -1$ $\displaystyle\sum_{n=1}^{\alpha} \frac{(-1)^n}{n} = \frac{-1}{1} + \frac{1}{2} + \frac{-1}{3} + \frac{1}{4} \mp \cdots$ la serie converge; y por lo tanto su intervalo es cerrado.

Para $x = 1$ $\displaystyle\sum_{n=1}^{\alpha} \frac{(1)^n}{n} = \frac{1}{1} + \frac{1}{2} + \frac{1}{3} + \frac{1}{4} + \cdots$ la serie diverge; y por lo tanto su intervalo es abierto.

Conclusión: El intervalo de convergencia es: $[-1,\ 1)$

Ejemplo 3) Investigar el radio de convergencia de la serie; $\displaystyle\sum_{n=0}^{\alpha} (x-2)^n$

Paso 1) La estrategia seleccionada es "Criterio del cociente".

Paso 1.1. $\displaystyle\sum_{n=0}^{\alpha} (x-2)^n = (x-2)^0 + (x-2)^1 + (x-2)^2 + (x-2)^3 + \cdots$ donde se observa que no tiene

términos nulos en $(x-2)$, excepto para $x = 2$ de donde para $x \neq 2$ el criterio es aplicable.

Paso 1.2. $a_n = \displaystyle\sum_{n=0}^{\alpha} (x-2)^n$ $\quad a_{n+1} = \displaystyle\sum_{n=0}^{\alpha} (x-2)^{n+1}$

Paso 1.3 $\displaystyle\lim_{n\to\alpha} \frac{a_{n+1}}{a_n} = \lim_{n\to\alpha} \frac{\sum_{n=0}^{\alpha}(x-2)^{n+1}}{(x-2)^n} = \lim_{n\to\alpha} (x-2) = x-2$

Paso 1.4. se concluye que la serie es convergente en $x - 2 < 1$ $\forall x \neq 2$

Paso 2) Se concluye que: $R = 1$ según el criterio del cociente. de "x"

Paso 3) Sí la serie es convergente en $x - 2 < 1 \forall x \neq 2$ entonces los puntos extremos son: $x = 1$ y $x = 3$

Para $x = 1$ $\displaystyle\sum_{n=0}^{\alpha} (1-2)^n = 1 - 1 + 1 - 1 \pm \cdots$ la serie diverge; y su intervalo es abierto.

Para $x = 3$ $\displaystyle\sum_{n=0}^{\alpha} (3-2)^n = 1 + 1 + 1 + 1 + \cdots$ la serie converge; y su intervalo es cerrado.

Por lo tanto el intervalo de convergencia es: $(1,\ 3]$ $\forall x \neq 2$

Ejemplo 4) Investigar el radio e intervalo de convergencia de la serie; $\displaystyle\sum_{n=0}^{\alpha} \frac{(-1)^n x^{n+2}}{n+1}$

Paso 1. La estrategia seleccionada es "Criterio del cociente".

Paso 1.1. $\displaystyle\sum_{n=0}^{\alpha} \frac{(-1)^n x^{n+2}}{n+1} = \frac{x^2}{1} + \frac{x^3}{2} + \frac{x^4}{3} + \frac{x^5}{4} + \cdots$ No tiene términos nulos.

Paso 1.2. $a_n = \dfrac{(-1)^n x^{n+2}}{n+1}$ $a_{n+1} = \dfrac{(-1)^{n+1} x^{n+3}}{n+2}$

Paso 1.3.

$$\lim_{n\to\alpha} \left|\frac{a_{n+1}}{a_n}\right| = \lim_{n\to\alpha} \frac{\frac{(-1)^{n+1} x^{n+3}}{n+2}}{\frac{(-1)^n x^{n+2}}{n+1}} = \lim_{n\to\alpha} \frac{(n+1)(-1)^{n+1} x^{n+3}}{(n+2)(-1)^n x^{n+2}} = \lim_{n\to\alpha} \frac{-(n+1)x}{n+2} = \lim_{n\to\alpha} -x\left(1 - \frac{1}{n+2}\right) = -x$$

Paso 1.4. La serie converge para $|-x| < 1$ según el criterio del cociente.

Paso 2. El radio de convergencia es: $R = 1$

Paso 3. Sí $|-x| < 1$ entonces los puntos extremos son -1 y 1.

Para $x = -1$ $\displaystyle\sum_{n=0}^{\alpha} \frac{(-1)^n (-1)^{n+2}}{n+1} = \frac{1}{1} + \frac{1}{2} + \frac{1}{3} + \frac{1}{4} + \cdots$ la serie diverge; y su intervalo es abierto.

Para $x = 1$ $\displaystyle\sum_{n=0}^{\alpha} \frac{(-1)^n (1)^{n+2}}{n+1} = \frac{1}{1} + \frac{-1}{2} + \frac{1}{3} + \frac{-1}{4} + \cdots$ la serie converge; y su intervalo es cerrado.

Por lo tanto se concluye que; el intervalo de convergencia es: $(-1, 1]$

Ejercicios:

5.4.1.1 Investigar el radio e intervalo de convergencia de las siguientes series:

1) $\displaystyle\sum_{n=0}^{\alpha} \frac{(-1)^n x^n}{n+1}$ 2) $\displaystyle\sum_{n=0}^{\alpha} \frac{(3x)^n}{n!}$ 3) $\displaystyle\sum_{n=0}^{\alpha} \frac{(-1)^{n+1} x^n}{2n}$ 4) $\displaystyle\sum_{n=0}^{\alpha} \frac{3x^n}{2n!}$

Clase: 5.5 Derivación e integración indefinida de series de potencia.
5.5.1 Derivación e integración indefinida de series de potencias.
- Ejemplos.
- Ejercicios.

5.5.1 Derivación e integración indefinida de funciones por series de potencias:

Sí f es una función que tiene una representación en la serie de potencia, entonces:

$$f(x) = \sum_{n=0}^{\alpha} a_n x^n = a_0 + a_1 x + a_2 x^2 + a_3 x^3 + \cdots \quad \text{y si } f \text{ es derivable e integrable, se infiere que:}$$

$$f'(x) = \sum_{n=0}^{\alpha} n a_n x^{n-1} = a_1 + 2a_2 x + 3a_3 x^2 + 4a_4 x^3 + \cdots \quad \text{es decir, el proceso se lleva a cabo derivando cada término de la serie.}$$

$$\int f(x)dx = c + a_0 x + a_1 \frac{x^2}{2} + a_2 \frac{x^3}{3} + \cdots \quad \text{o sea, el proceso se lleva a cabo integrando cada término de la serie.}$$

Método de derivación e integración indefinida de series de potencia:

1. Obtenga los primeros cuatro términos no nulos de la serie.
2. Derive la serie.
3. Integre la serie.

Ejemplo 1) Derivar e integrar la serie; $f(x) = \sum_{n=0}^{\alpha} x^n$ Paso 1) $\sum_{n=0}^{\alpha} x^n = 1 + x + x^2 + x^3 + \cdots$

    Paso 2) $f'(x) = 1 + 2x + 3x^2 + 4x^3 + \cdots$ Paso 3) $\int x^n dx = x + \frac{x^2}{2} + \frac{x^3}{3} + \frac{x^4}{4} + \cdots + c$

Ejemplo 2) Derivar e integrar la serie; $f(x) = \sum_{n=0}^{\alpha} \frac{x^n}{n}$ $\sum_{n=1}^{\alpha} \frac{x^n}{n} = x + \frac{x^2}{2} + \frac{x^3}{3} + \frac{x^4}{4} + \cdots$

$$f'(x) = \sum_{n=1}^{\alpha} x^{n-1} = 1 + x + x^2 + x^4 + \cdots \qquad \int \frac{x^n}{n} dx = \frac{x^2}{2} + \frac{x^3}{6} + \frac{x^4}{12} + \frac{x^5}{20} + \cdots + c$$

Ejemplo 3) Derivar e integrar la serie; $f(x) = \sum_{n=0}^{\alpha} \frac{x^{2n}}{(3n)!}$ $\sum_{n=0}^{\alpha} \frac{x^{2n}}{(3n)!} = \frac{1}{0!} + \frac{x^2}{3!} + \frac{x^4}{6!} + \frac{x^6}{9!} + \cdots$

$$f'(x) = \sum_{n=0}^{\alpha} \frac{2n x^{2n-1}}{(3n)!} = \frac{2x}{3!} + \frac{4x^3}{6!} + \frac{6x^5}{9!} + \frac{8x^7}{12!} + \cdots \qquad \int \frac{x^{2n}}{(3n)!} dx = \frac{x}{1(0!)} + \frac{x^3}{3(3!)} + \frac{x^5}{5(6!)} + \cdots + c$$

Ejercicios:

5.5.1.1 Obtener la derivada y la integral indefinida de las siguientes series de potencia:

1) $\sum_{n=0}^{\alpha} (2x)^n$ 2) $\sum_{n=0}^{\alpha} \frac{x^{2n}}{n!}$ 3) $\sum_{n=1}^{\alpha} \frac{(-1)^{n+1} x^n}{2n}$ 4) $\sum_{n=0}^{\alpha} \frac{(3x)! 5 x^n}{2!}$

Clase: 5.6 Integración definida de funciones por series de potencias.

5.6.1 Integración definida de funciones por series de potencias.   - Ejemplos.
                                                                                      - Ejercicios.

5.6.1 Integración definida de funciones por series de potencia:

Introducción: Es una técnica que se utiliza para integrar funciones del tipo $y = \dfrac{1}{1-f(x)}$

Fundamentos: Sí $y = \dfrac{1}{1-x}$ y $\dfrac{1}{1-x} = 1 + x + x^2 + x^3 + \cdots = \displaystyle\sum_{n=0}^{\alpha} x^n \quad \forall (-1,1)$

$$\therefore \quad \int_a^b \frac{1}{1-x}\,dx = \int_a^b \left(1 + x + x^2 + x^3 + \cdots\right)dx \quad \forall \left(a > -1, b < 1\right)$$

Que resulta ser válido para procesos mas complejos como:

$$\therefore \quad \int_a^b \frac{1}{1-f(x)}\,dx = \int_a^b \left(1 + f(x) + \left(f(x)\right)^2 + \left(f(x)\right)^3 + \cdots\right)dx \quad \forall (a,b)$$

Método de integración definida de funciones por series de potencia:

1) Acople la función a integrar en el modelo $\frac{1}{1-f(x)}$.

2) Identifique el valor de "$f(x)$".

3) Sustituya el valor de "$f(x)$" en la serie quedando: $1 + f(x) + \left(f(x)\right)^2 + \left(f(x)\right)^3 + \cdots$ hasta 4 términos no nulos

4) Integre.
5) Evalúe.

Ejemplos:

1. $\displaystyle\int_0^{0.5} \frac{2}{1+x^2}\,dx = 2\int_0^{0.5} \frac{1}{1-(-x^2)}\,dx = \begin{pmatrix} el\ valor\ de \\ f(x)\ es\ (-x)^2 \end{pmatrix} = 2\int_0^{0.5}\left(1 + \left(-x^2\right) + \left(-x^2\right)^2 + \left(-x^2\right)^3\right)dx$

$$= 2\int_0^{0.5}\left(1 - x^2 + x^4 - x^6\right)dx = 2\left(x - \frac{x^3}{3} + \frac{x^5}{5} - \frac{x^7}{7}\right)\Bigg]_0^{0.5} = 0.9269$$

2) $\displaystyle\int_0^{0.5} \frac{5x^3}{3-2x}\,dx = \frac{5}{2}\int_0^{0.5} x^3\,\frac{1}{\frac{3}{2}-x}\,dx = \frac{5}{(2)\left(\frac{3}{2}\right)}\int_0^{0.5} x^3\,\frac{1}{1-\left(\frac{2x}{3}\right)}\,dx = \frac{5}{3}\int_0^{0.5} x^3\left(1 + \frac{2x}{3} + \left(\frac{2x}{3}\right)^2 + \left(\frac{2x}{3}\right)^3\right)dx$

$$\frac{5}{3}\int_0^{0.5}\left(x^3 + \frac{2x^4}{3} + \frac{4x^5}{9} + \frac{8x^6}{27}\right)dx = \frac{5}{3}\left(\frac{x^4}{4} + \frac{2x^5}{(5)(3)} + \frac{4x^6}{(6)(9)} + \frac{8x^7}{(7)(27)}\right)\Bigg]_0^{0.5} \approx 0.0356$$

3) $\displaystyle\int_0^{0.5} \frac{1}{1+x^3}\,dx = \int_0^{0.5} \frac{1}{1-(-x^3)}\,dx = \int_0^{0.5}\left(1 + (-x^3) + (-x^3)^2 + (-x^3)^3\right)dx = \int_0^{0.5}\left(1 - x^3 + x^6 - x^9\right)dx$

$$= x - \frac{x^4}{4} + \frac{x^7}{7} - \frac{x^{10}}{10}\Bigg]_0^{0.5} \approx 0.4853$$

Ejercicios:

5.6.1.1 Integrar las siguientes funciones:

1) $\displaystyle\int_0^{0.5} \frac{4}{x+2}\,dx$ 2) $\displaystyle\int_0^{0.5} \frac{10}{1+x^3}\,dx$ 3) $\displaystyle\int_0^{0.1} \frac{1+2x}{1-4x^2}\,dx$

Clase: 5.7 Integración definida de funciones por series de Maclaurin y series de Taylor.
5.7.1 Introducción.   - Ejemplos.
5.7.2 Fundamentación de las integrales definidas por series de Maclaurin.   - Ejercicios.
5.7.3 Fundamentación de las integrales definidas por series de Taylor.
5.7.4 Integración definida de funciones por series de Maclaurin y series de Taylor.

5.7.1 Introducción:

Un interés de las integrales definidas por series de Maclaurin y de Taylor es la posibilidad de evaluar integrales de funciones que no han sido posible ser calculadas por los métodos hasta ahora conocidos, por lo que se convierte en una técnica de integración de mucha ayuda.

5.7.2 Fundamentación de las integrales definidas por series de Maclaurin:

$$\text{Si } y = f(x) \quad \text{y } \text{ es definido} \quad \therefore \quad \int_a^b f(x)\,dx = \int_a^b \left(\frac{f(0)}{0!} + \frac{f'(0)\,x}{1!} + \frac{f''(0)}{2!} + \frac{f'''(0)}{3!} + \cdots \right) dx$$

5.7.3 Fundamentación de las integrales definidas por las series de Taylor:

$$\text{Si } y = f(x) \text{ y } f(0) \text{ es indefinido} \quad \therefore \quad \int_a^b f(x)\,dx = \int_a^b \left(\frac{f(c)}{0!} + \frac{f'(c)(x-c)}{1!} + \frac{f''(c)(x-c)^2}{2!} + \frac{f'''(c)(x-c)^3}{3!} + \cdots \right) dx$$

5.7.4 Integración definida de funciones por series de Maclaurin y series de Taylor.

Por el método presentado en la Unidad 2 en las técnicas de integración indefinida por series de Maclaurin y de Taylor se obtiene una lista básica de representaciones de funciones elementales en series de Maclaurin ó de Taylor con su intervalo de convergencia, cuya utilidad hace mas amigable al cálculo integral y por lo mismo a continuación se hace su presentación:

Tabla: Lista básica de funciones representadas en series de Maclaurin ó de Taylor.

Función	Intervalo de convergencia
1) $\dfrac{1}{1+x} = \sum_{n=0}^{\alpha} (-1)^n x^n = 1 - x + x^2 - x^3 \pm \cdots$	$(-1, 1)$
2) $e^x = \sum_{n=0}^{\alpha} \dfrac{x^n}{n!} = 1 + x + \dfrac{x^2}{2!} + \dfrac{x^3}{3!} + \cdots$	$(-\alpha, \alpha)$
3) $\ln x = \sum_{n=0}^{\alpha} \dfrac{(-1)^{n-1}(x-1)^n}{n} = (x-1) - \dfrac{(x-1)^2}{2} + \dfrac{(x-1)^3}{3} - \dfrac{(x-1)^4}{4} \pm \cdots$	$(0, 2]$
4) $\ln(x+1) = \sum_{n=o}^{\alpha} \dfrac{(-1)^n x^{n+1}}{n+1} = x - \dfrac{x^2}{2} + \dfrac{x^3}{3} - \dfrac{x^4}{4} \pm \cdots$	$(-1, 1]$
5) $sen\,x = \sum_{n=0}^{\alpha} \dfrac{(-1)^n x^{2n+1}}{(2n+1)!} = x - \dfrac{x^3}{3!} + \dfrac{x^5}{5!} - \dfrac{x^7}{7!} \pm \cdots$	$(-\alpha, \alpha)$
6) $\cos x = \sum_{n=0}^{\alpha} \dfrac{(-1)^n x^{2n}}{(2n)!} = 1 - \dfrac{x^2}{2!} + \dfrac{x^4}{4!} - \dfrac{x^6}{6!} \pm \cdots$	$(-\alpha, \alpha)$
7) $arcsen\,x = \sum_{n=0}^{\alpha} \dfrac{(2n)!\,x^{2n+1}}{(2^n n!)^2 (2n+1)} = x + \dfrac{x^3}{(2)(3)} + \dfrac{(1)(3)x^5}{(2)(4)(5)} + \dfrac{(1)(3)(5)x^7}{(2)(4)(6)(7)} + \cdots$	$[-1, 1]$

8) $\arctan x = \displaystyle\sum_{n=0}^{\alpha} \frac{(-1)^n x^{2n+1}}{2n+1} = x - \frac{x^3}{3} + \frac{x^5}{5} - \frac{x^7}{7} \pm \cdots$	$[-1,1]$
9) $senhx = \displaystyle\sum_{n=0}^{\alpha} \frac{x^{2n+1}}{(2n+1)!} = x + \frac{x^3}{3!} + \frac{x^5}{5!} + \frac{x^7}{7!} + \cdots$	$(-\alpha, \alpha)$
10) $\cosh x = \displaystyle\sum_{n=0}^{\alpha} \frac{x^{2n}}{(2n)!} = 1 + \frac{x^2}{2!} + \frac{x^4}{4!} + \frac{x^6}{6!} + \cdots$	$(-\alpha, \alpha)$
11) $(1+x)^k = \displaystyle\sum_{n=0}^{\alpha} \frac{k(k-1)\cdots(k-n+1)x^n}{n!} = 1 + kx + \frac{k(k-1)x^2}{2!} + \frac{k(k-1)(k-2)x^3}{3!} + \cdots$	$(-1,1)\,\forall k \ne Z$ $(-\alpha,\alpha)\,\forall k = Z$
12) $(1+x)^{-k} = \displaystyle\sum_{n=0}^{\alpha} \frac{(-1)^n k(k+1)\cdots k(k+n-1)x^n}{n!} = 1 - kx + \frac{k(k+1)x^2}{2!} - \frac{k(k+1)(k+2)x^3}{3!} \pm \cdots$	$(-1,1)\,\forall k \ne Z$ $(-\alpha,\alpha)\,\forall k = Z$

Método de integración definida por series de Maclaurin y series de Taylor por tablas:

1) Identifique la función elemental en la tabla:
   "Lista básica de funciones representadas en series de Maclaurin y de Taylor".
2) Identifique el valor de "$f(x)$" en la función a calcular.
3) Sustituya el valor identificado "$f(x)$" en la serie de la función elemental.
4. Integre.
5. Evalúe.

Ejemplo 1) Por el método de integración por serie de Maclaurin calcular:

$\int_0^1 e^{\sqrt{x}} dx$ con precisión de los primeros 4 términos y 4 cifras.

Paso 1) $e^x = \displaystyle\sum_{n=0}^{\alpha} \frac{x^n}{n!} = 1 + x + \frac{x^2}{2!} + \frac{x^3}{3!} + \cdots$

Paso 2) $f(x) = \sqrt{x}$

Paso 3) $\int_0^1 e^{\sqrt{x}} dx = \int_0^1 \left(1 + (\sqrt{x}) + \frac{(\sqrt{x})^2}{2!} + \frac{(\sqrt{x})^3}{3!} + \cdots\right) dx = \int_0^1 \left(1 + \sqrt{x} + \frac{x}{2!} + \frac{\sqrt{x^3}}{3!} + \cdots\right) dx$

Paso 4 $= x + \frac{2x^{\frac{3}{2}}}{3} + \frac{x^2}{(2)(2!)} + \frac{2x^{\frac{5}{2}}}{(3)(3!)} + \frac{x^3}{(3)(4!)} + \cdots \Big]_0^1 = $ Paso 5 $= 1.9833$

Ejemplo 2) Por el método de integración por serie de Taylor calcular:

$\int_1^2 \ln^3 \sqrt{x}\, dx$ con precisión de los primeros 4 términos y 4 cifras.

Paso 1) $\ln x = \displaystyle\sum_{n=0}^{\alpha} \frac{(-1)^{n-1}(x-1)^n}{n} = (x-1) - \frac{(x-1)^2}{2} + \frac{(x-1)^3}{3} - \frac{(x-1)^4}{4} \pm \cdots$

Paso 2) $f(x) = \sqrt{x}$

Paso 3) $\int_1^2 \ln^3 \sqrt{x}\, dx = \int_1^2 \left((\sqrt[3]{x}-1) - \frac{(\sqrt[3]{x}-1)^2}{2} + \frac{(\sqrt[3]{x}-1)^3}{3} - \frac{(\sqrt[3]{x}-1)^4}{4} \pm \cdots\right) dx = $ Paso 4) y Paso 5) ≈ 0.0360

Ejemplo 3) Por el método de integración por serie de Maclaurin calcular:

$$\int_0^1 sen\, x^2 dx \text{ con precisión de los primeros 4 términos y 4 cifras}$$

$$\int_0^1 sen\, x^2 dx = \quad Paso\,1) \quad sen\, x = \sum_{n=0}^{\alpha} \frac{(-1)^n x^{2n+1}}{(2n+1)!} = x - \frac{x^3}{3!} + \frac{x^5}{5!} - \frac{x^7}{7!} \pm \cdots$$

$$Paso\,2) \quad f(x) = x^2$$

$$= Paso\,3) = \int_0^1 \left(x^2 - \frac{(x^2)^3}{3!} + \frac{(x^2)^5}{5!} - \frac{(x^2)^7}{7!} \pm \cdots \right) dx = \int_0^1 \left(x^2 - \frac{x^6}{3!} + \frac{x^{10}}{5!} - \frac{x^{14}}{7!} \pm \cdots \right) dx$$

$$= Paso\,4) = \frac{x^3}{3} - \frac{x^7}{7(3!)} + \frac{x^{11}}{11(5!)} - \frac{x^{15}}{15(7!)} \left. \right]_0^1 = Paso\,5) \approx 0.3102$$

Ejemplo 4) Por el método de integración por serie de Maclaurin calcular:

$$\int_0^2 cos\ \ x\, dx \text{ con precisión de los primeros 4 términos y 4 cifras.}$$

$$\int_0^2 cos\ \ x\, dx = \quad Paso\,1)\ cos\, x = \sum_{n=0}^{\alpha} \frac{(-1)^n x^{2n}}{(2n)!} = 1 - \frac{x^2}{2!} + \frac{x^4}{4!} - \frac{x^6}{6!} \pm \cdots$$

$$Paso\,2)\ f(x) = \ \ x$$

$$= Paso\,3) = \int_0^2 \left(1 - \frac{(\ \ x)^2}{2!} + \frac{(\ \ x)^4}{4!} - \frac{(\ \ x)^6}{6!} \pm \cdots \right) dx = \int_0^2 \left(1 - \frac{x}{2!} + \frac{x^2}{4!} - \frac{x^3}{6!} \pm \cdots \right) dx$$

$$= Paso\,4) = x - \frac{x^2}{(2)(2!)} + \frac{x^3}{(3)(4!)} - \frac{x^4}{(4)(6!)} \pm \cdots \left. \right]_0^2 = Paso\,5) \approx 1.1057$$

Ejemplo 5) Por el método de integración por serie de Maclaurin calcular:

$$\int_{-2}^2 (1+2x)^2 dx \text{ con precisión de los primeros 4 términos y 4 cifras.}$$

$$Paso\,1) \quad (1+x)^k = \sum_{n=0}^{\alpha} \frac{k(k-1)\cdots(k-n+1)\,x^n}{n!} = 1 + k\,x + \frac{k\,(k-1)\,x^2}{2!} + \frac{k\,(k-1)\,(k-2)\,x^3}{3!} + \cdots$$

$$Paso\,2) \quad f(x) = 2x \quad y \quad k = 2$$

$$Paso\,3) \quad \int_{-2}^2 (1+2x)^2 dx = \int_{-2}^2 \left(1 + (2)(2x) + \frac{(2)(2-1)(2x)^2}{2!} \right) dx = \int_{-2}^2 (1 + 4x + 4x^2) dx$$

$$Paso\,4) \quad = x + \frac{4x^2}{2} + \frac{4x^3}{3} \left. \right]_{-2}^2 = Paso\,5) \approx 25.3333$$

Ejercicios:

5.7.4.1 Por el método de integración por serie de Maclaurin ó series de Taylor calcular:

1) $\int_{0.1}^1 2e^{\ x^3} dx$ 2) $\int_0^{0.5} 5 \arctan\ \ x\, dx$ 3) $\int_1^2 5\ln^3\ x\, dx$ 4) $\int_0^2 \cosh x^2 dx$

Evaluaciones tipo de la Unidad 5 (integración por series).

	E X A M E N		Número de lista:	
	Cálculo Integral	Unidad: 5		
			Clave: Evaluación tipo 1	

1) Calcular los primeros cuatro términos no nulos de la serie: $\displaystyle\sum_{n=0}^{\alpha} \frac{5(-1)^n x^{2n}}{(2n)!}$	Indicadores a evaluar: - Desarrollo. - Resultado.	Valor: 30 puntos.
2) Calcular por series de potencia: $\displaystyle\int_0^{0.25} \frac{2}{1+x^3}\,dx$	Indicadores a evaluar: - Desarrollo. - Resultado.	Valor: 40 puntos.
3) Calcular por series de Maclaurin: $\displaystyle\int_0^1 \cos x^2\,dx$	Indicadores a evaluar: - Desarrollo. - Resultado.	Valor: 30 puntos.

	E X A M E N		Número de lista:	
	Cálculo Integral	Unidad: 5		
			Clave: Evaluación tipo 2	

1) Obtener el enésimo término de la serie: $2-2x^2+\dfrac{2x^4}{2!}-\dfrac{2x^6}{3!}\pm\cdots$	Indicadores a evaluar: - Desarrollo. - Resultado.	Valor: 30 puntos.
2) Demostrar por series de Maclaurin que: $\cosh x = 1+\dfrac{x^2}{2!}+\dfrac{x^4}{4!}+\dfrac{x^6}{6!}+\cdots$	Indicadores a evaluar: - Desarrollo. - Resultado.	Valor: 30 puntos.
3) Calcular por series de Taylor: $\displaystyle\int_1^2 \ln x\,dx$	Indicadores a evaluar: - Desarrollo. - Resultado.	Valor: 40 puntos.

	E X A M E N		Número de lista:	
	Cálculo Integral	Unidad: 5		
			Clave: Evaluación tipo 3	

1) Calcular los primeros cuatro términos no nulos de la serie: $\displaystyle\sum_{n=0}^{\alpha} \frac{2(-1)^n(x-1)^n}{2^{n+1}}$	Indicadores a evaluar: - Desarrollo. - Resultado.	Valor: 30 puntos.
2) Obtener el enésimo término de la serie: $5-5(x-2)+\dfrac{5(x-2)}{2!}-\dfrac{5(x-2)^2}{3!}\pm\cdots$	Indicadores a evaluar: - Desarrollo. - Resultado.	Valor: 30 puntos.
3) Calcular por serie de Maclaurin: $\displaystyle\int_0^{0.5} 4\,arcsen\ x\,dx$	Indicadores a evaluar: - Desarrollo. - Resultado.	Valor: 40 puntos.

Formulario de la Unidad 5 (integración por series).

Tipos de series:

Tipo	Caracterización	Tipo	Caracterización
p-serie	$\displaystyle\sum_{n=k}^{\alpha} \frac{1}{n^p} \quad \forall\, p > 0$	Telescópicas:	$\displaystyle\sum_{n=k}^{\alpha} (a_n - a_{n+1})$
Armónica	$\displaystyle\sum_{n=k}^{\alpha} \frac{1}{n}$	Geométricas	$\displaystyle\sum_{n=0}^{\alpha} a\, r^n \quad \forall\, a \neq 0 \ y\ r \in R$
Armónica general	$\displaystyle\sum_{n=k}^{\alpha} \frac{1}{an+b} \quad \forall\, a > 0$	De potencias	$\displaystyle\sum_{n=0}^{\alpha} a_n x^n$
Alternantes	$\displaystyle\sum_{n=k}^{\alpha} a_n\,(-1)^{n-1}$	De potencias centrada en c	$\displaystyle\sum_{n=0}^{\alpha} a_n (x-c)^n$

Tabla: Estructuras típicas de fórmulas de enésimos términos. $\forall\, n, p, q \geq 0\ y \in Z^+$

Enésimos términos elementales		Estructuras típicas de enésimos términos	
Para: p ó n	Ejemplo:	Para: n y p	Para: n, p y q
1) $a_n = p$	$a_n = 2+2+2+2+\cdots$	1) $a_n = pn$	1) $a_n = pn+q$
2) $a_n = -p$	$a_n = -2-2-2-2-\cdots$	2) $a_n = n^p$	2) $a_n = pn-q$
3) $a_n = n$	$a_n = 1+2+3+4+\cdots$ Para $k=1$	3) $a_n = p^n$	3) $a_n = n^p + q$
4) $a_n = n!$	$a_n = 1+1+2+6+\cdots$ Para $k=0$	4) $a_n = n+p$	4) $a_n = n^p - q$
5) $a_n = n^n$	$a_n = 1+4+27+256+\cdots$ Para $k=1$	5) $a_n = n-p$	5) $a_n = p^n + q$
6) $a_n = (-1)^n$	$a_n = 1-1+1-1\pm\cdots$ Para $k=0$	6) $a_n = p-n$	6) $a_n = p^n - q$

Serie de Maclaurin:

$$f(x) = \sum_{n=0}^{\alpha} \frac{f^{(n)}(0)\, x^n}{n!} = \frac{f(0)}{0!} + \frac{f^{'}(0)\, x}{1!} + \frac{f^{''}(0)\, x^2}{2!} + \frac{f^{'''}(0)\, x^3}{3!} + \cdots$$

Serie de Taylor:

$$f(x) = \sum_{n=0}^{\alpha} \frac{f^{(n)}(c)(x-c)^n}{n!} = \frac{f(c)}{0!} + \frac{f^{'}(c)(x-c)}{1!} + \frac{f^{''}(c)(x-c)^2}{2!} + \frac{f^{'''}(c)(x-c)^3}{3!} + \cdots$$

Forma parte de este formulario: Las tablas: Lista básica de funciones representadas en series.

Decía un gran amigo: "Tanta fuerza tiene la verdad como la mentira".
¡ Admiro a las matemáticas porque encuentro imposible ser víctima de un engaño ¡

José Santos Valdez Pérez

ANEXOS:

A   Fundamentos cognitivos del cálculo integral.
A1. Técnicas de graficación.
A2. Propiedades de los exponentes.
A3. Propiedades de los logaritmos.
A4. Funciones trigonométricas.
A5. Identidades de funciones trigonométricas.
A6. Funciones hiperbólicas.
A7. Identidades de funciones hiperbólicas.
A8. Funciones hiperbólicas inversas.

B   Instrumentación didáctica.
B1. Identificación:
B2. Caracterización de la asignatura:
B3. Competencias a desarrollar:
B4. Análisis del tiempo para el avance programático.
B5. Avance programático.
B6. Actividades de enseñanza y aprendizaje.
B7. Apoyos didácticos:
B8. Fuentes de información.
B9. Calendarización de evaluación.
B10. Corresponsabilidades.

C   Simbología:

D   Registro escolar.

E   Formato de examen.

F   Lista de alumnos.

G   Bibliografía.

H   Solución a los ejercicios impares.

I   Indice

Anexo A. FUNDAMENTOS COGNITIVOS DEL CÁLCULO INTEGRAL.

Anexo A1. Técnica de graficación:

Técnica de graficación a través del criterio de la primera derivada.

El criterio de la primera derivada establece:
Cuando en f existen puntos estacionarios $(c, f(c)) \in I$
tales que $f'(c) = 0$ se infiere que:

a) Sí antes ó después de $(c, f(c))$; $f' > 0$

$\therefore$ f es curva <u>creciente</u>.

b) Sí antes ó después de $(c, f(c))$; $f' < 0$

$\therefore$ f es curva <u>decreciente</u>.

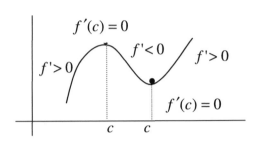

c) Si de antes a después de $(c, f(c))$ hay cambio de
$f' > 0$ a $f' < 0$ $\therefore$ $(c, f(c))$ es un <u>máximo relativo</u>.

d) Si de antes a después de $(c, f(c))$ hay cambio de
$f' < 0$ a $f' > 0$ $\therefore$ $(c, f(c))$ es un <u>mínimo relativo</u>.

e) Si de antes a después de $(c, f(c))$ no hay cambio de
f' $\therefore$ $(c, f(c))$ es un <u>punto de inflexión</u>.

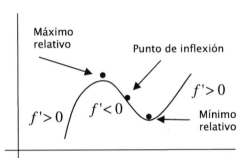

Ejemplo: Investigar números y puntos críticos de la función $y = \dfrac{x^3}{3} - \dfrac{x^2}{2} - 2x$.

$f' = x^2 - x - 2$ $\qquad x^2 - x - 2 = 0$ $\qquad (x+1)(x-2) = 0$ $\therefore$

$x_1 = -1$ $\quad y \quad x_2 = 2$ $\;$ Son los números estacionarios.

$f(-1) = 7/6 \quad \rightarrow \quad (-1, 7/6)$
$f(2) = -10/3 \quad \rightarrow \quad (2, -10/3)$ $\Big\}$ Son los puntos estacionarios

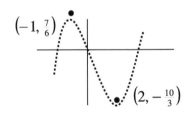

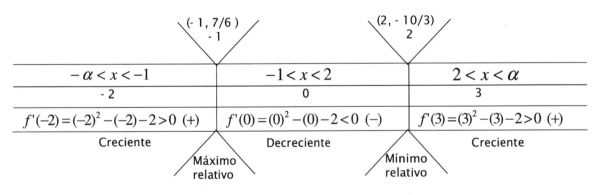

$-\alpha < x < -1$	$-1 < x < 2$	$2 < x < \alpha$
-2	0	3
$f'(-2) = (-2)^2 - (-2) - 2 > 0$ (+)	$f'(0) = (0)^2 - (0) - 2 < 0$ (−)	$f'(3) = (3)^2 - (3) - 2 > 0$ (+)
Creciente	Decreciente	Creciente

Máximo relativo   Mínimo relativo

Técnica de graficación a través del criterio de la segunda derivada.

Primera parte:
Si en f existen puntos estacionarios $(c, f(c)) \in I$
(obtenidos de la 1a. derivada); se infiere que:

a) Sí $f'' < 0$ ó $f''(c) < 0$ $\therefore$ $(c, f(c))$ **es un máximo relativo**
b) Sí $f'' > 0$ ó $f''(c) > 0$ $\therefore$ $(c, f(c))$ **es un mínimo relativo**
c) Sí $f''(c) = 0$ $\therefore$ el criterio no decide.

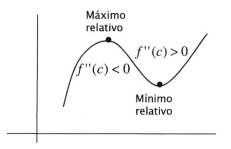

Segunda parte:
Si en f existen puntos $(c, f(c)) \in I$
 obtenido de la 2a. derivada, se infiere que:
a) Sí $f'' < 0$ antes o después de $(c, f(c))$

$\therefore$ f es <u>cóncava hacia abajo</u> $\in I_n$

b) Sí $f'' > 0$ antes o después de $(c, f(c))$

$\therefore$ f es <u>cóncava hacia arriba</u> $\in I_n$

c) Sí hay cambio de concavidad de antes a después
 de $(c, f(c))$ $\therefore (c, f(c))$ es un <u>punto de inflexión</u>.

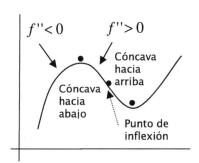

Método de graficación de funciones a través del criterio de la segunda derivada:

1) Obtenga números y puntos estacionarios de la primera derivada.
2) Obtenga $f''(c)$ de los números estacionarios de la 1a. derivada y aplique la 1a. parte del criterio.
3) Obtenga números y puntos estacionarios de la 2a. derivada.
4) Elabore la matriz de intervalos abiertos y aplique la 2a. parte del criterio.
5) Haga el bosquejo de la gráfica.

Ejemplo.- Por el criterio de la segunda derivada, graficar la función $y = \dfrac{6}{x^2 + 3}$

$f' = -\dfrac{12x}{(x^2+3)^2}$; $\dfrac{-12x}{(x^2+3)^2} = 0$; $x = 0$ es el número estacionarios de la 1ª derivada.

$f(0) = \dfrac{6}{\left((0)^2 + 3\right)} = 2 \rightarrow (0, 2)$ es el punto estacionarios de la 1ª derivada.

$f'' = \dfrac{36x^2 - 36}{\left(x^2+3\right)^3}$ $f''(0) = \dfrac{36(0)^2 - 36}{\left((0)^2 + 3\right)^3} < 0$ $como\ f'' < 0$ $\therefore$ $(0, 2)$ es un máximo relativo

$\dfrac{36x^2 - 36}{\left(x^2+3\right)^3} = 0$; $x_1 = -1$ y $x_2 = 1$

estos son los números estacionario de la 2ª derivada.

$f(-1) = \dfrac{6}{(-1)^2 + 3} = 1.5 \rightarrow (-1, 1.5)$

es un punto estacionario de la 2ª derivada.

$f(1) = \dfrac{6}{(1)^2 + 3} = 1.5 \rightarrow (1, 1.5)$

es otro punto estacionario de la 2ª derivada.

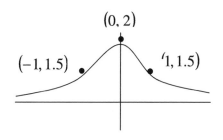

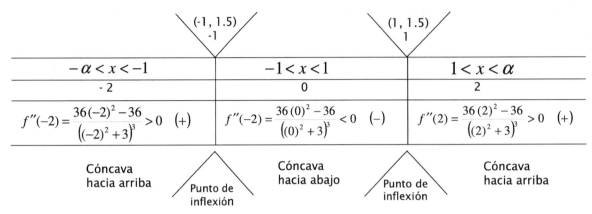

$$f''(-2) = \frac{36(-2)^2 - 36}{\left((-2)^2+3\right)^3} > 0 \quad (+) \qquad f''(-2) = \frac{36(0)^2 - 36}{\left((0)^2+3\right)^3} < 0 \quad (-) \qquad f''(2) = \frac{36(2)^2 - 36}{\left((2)^2+3\right)^3} > 0 \quad (+)$$

Cóncava hacia arriba · Punto de inflexión · Cóncava hacia abajo · Punto de inflexión · Cóncava hacia arriba

Anexo: A2. Propiedades de los exponentes:

1) $a^0 = 1$ 3) $(ab)^x = a^x b^x$ 5) $\left(a^x\right)^y = a^{xy}$ $e^{\ln x} = x$

2) $\dfrac{a^x}{a^y} = a^{x-y}$ 4) $a^x a^y = a^{x+y}$ 6) $\left(\dfrac{a}{b}\right)^x = \dfrac{a^x}{b^x}$ $a^{\log_a x} = x \quad \forall\, a > 0 \neq 1$

Anexo: A3. Propiedades de los logaritmos:

Logaritmos de base "a"; Sí $a,b > 1$

1) $\log_a 1 = 0$ 4) $\log_a\left(\dfrac{x}{y}\right) = \log_a x - \log_a y$ 7) $\log_a b = \dfrac{1}{\log_b a}$

2) $\log_a a = 1$ 5) $\log_a(x^n) = n\log_a x$ 8) $\log_a a^x = x \quad \forall\, a > 0 \neq 1$

3) $\log_a(xy) = \log_a x + \log_a y$ 6) $\log_a x = \dfrac{\log_b x}{\log_b a}$

Logaritmos de base "e"; Sí $a > 1$

1) $\ln 1 = 0$ 4) $\ln\left(\dfrac{x}{y}\right) = \ln x - \ln y$ 7) $\ln a = \dfrac{1}{\log_a e}$

2) $\ln e = 1$ 5) $\ln(x^n) = n\ln x$ 8) $\ln\left(e^x\right) = x$

3) $\ln(xy) = \ln x + \ln y$ 6) $\ln x = \dfrac{\log_a x}{\log_a e}$

Anexo: A4. Funciones trigonométricas:

Función	Nombre	Función	Nombre	Gráfico
1) $y = \operatorname{sen} x = \dfrac{B}{C}$	Seno	4) $y = \cot x = \dfrac{A}{B}$	Cotangente	
2) $y = \cos x = \dfrac{A}{C}$	Coseno	5) $y = \sec x = \dfrac{C}{A}$	Secante	
3) $y = \tan x = \dfrac{B}{A}$	Tangente	6) $y = \csc x = \dfrac{C}{B}$	Cosecante	

Anexo: A5. Identidades de funciones trigonométricas:

Seno:	1) $sen\,x=\dfrac{1}{\csc x}$	5) $sen\,x\cos x=\dfrac{1}{2}sen\,2x$	7) $sen^2 x=1-\cos^2 x$
	2) $sen(-x)=-sen\,x$	6) $\dfrac{sen\,x}{\cos x}=\tan x$	8) $sen^2 x=\dfrac{1}{2}-\dfrac{1}{2}\cos 2x$
	3) $\dfrac{1}{sen\,x}=\csc x$		9) $sen^2\dfrac{1}{2}x=\dfrac{1}{2}-\dfrac{1}{2}\cos x$
	4) $sen\,2x=2\,sen\,x\cos x$		10) $sen^2 x+\cos^2 x=1$

Coseno:	1) $\cos x=\dfrac{1}{Sec\,x}$	5) $\cos 2x=1-2sen^2 x$	9) $\cos^2 x=1-sen^2 x$
	2) $\cos(-x)=\cos x$	6) $\cos 2x=\cos^2 x-Sen^2 x$	10) $\cos^2 x=\dfrac{1}{2}+\dfrac{1}{2}\cos 2x$
	3) $\dfrac{1}{\cos x}=\sec x$	7) $sen\,x\cos x=\dfrac{1}{2}sen\,2x$	11) $\cos^2\dfrac{1}{2}x=\dfrac{1}{2}+\dfrac{1}{2}\cos x$
	4) $\cos 2x=2\cos^2 x-1$	8) $\dfrac{sen\,x}{\cos x}=\tan x$	12) $sen^2 x+\cos^2 x=1$

Tangente:	1) $\tan x=\dfrac{1}{\cot x}$	4) $\tan x=\dfrac{sen\,x}{\cos x}$	5) $\tan^2 x=\sec^2 x-1$
	2) $\tan(-x)=-\tan x$		6) $\sec^2 x-\tan^2 x=1$
	3) $\dfrac{1}{\tan x}=\cot x$		

Cotangente:	1) $\cot x=\dfrac{1}{\tan x}$	3) $\dfrac{1}{\cot x}=\tan x$	6) $\cot^2 x=\csc^2 x-1$
	2) $\cot(-x)=-\cot x$	5) $\cot x=\dfrac{\cos x}{sen\,x}$	7) $\csc^2 u-\cot^2 u=1$
	4) $\tan 2x=\dfrac{2\tan x}{1-\tan^2 x}$		

Secante:	1) $\sec x=\dfrac{1}{\cos x}$	3) $\dfrac{1}{\sec x}=\cos x$	4) $\sec^2 x=1+\tan^2 x$
	2) $\sec(-x)=\sec x$		5) $\sec^2 x-\tan^2 x=1$

Cosecante:	1) $\csc x=\dfrac{1}{sen\,x}$	3) $\dfrac{1}{\csc x}=sen\,x$	4) $\csc^2 x=1+\cot^2 x$
	2) $\csc(-x)=-\csc x$		5) $\csc^2 u-\cot^2 u=1$

Anexo: A6. Funciones hiperbólicas:

Función	Nombre	Función	Nombre
1) $y = senh\ x = \dfrac{e^x - e^{-x}}{2}$	Seno hiperbólico	4) $y = \coth\ x = \dfrac{1}{tgh\ x} = \dfrac{e^x + e^{-x}}{e^x - e^{-x}}$	Cotangente hiperbólica
2) $y = \cosh\ x = \dfrac{e^x + e^{-x}}{2}$	Coseno hiperbólico	5) $y = \sec h\ x = \dfrac{1}{\cosh\ x} = \dfrac{2}{e^x + e^{-x}}$	Secante hiperbólica
3) $y = \tanh\ x = \dfrac{senh\ x}{\cosh\ x}\ \dfrac{e^x - e^{-x}}{e^x + e^{-x}}$	Tangente hiperbólica	6) $y = \csc h\ x = \dfrac{1}{senh\ x} = \dfrac{2}{e^x - e^{-x}}$	Cosecante hiperbólica

Anexo: A7. Identidades de funciones hiperbólicas:

Seno hiperbólico	1) $senh(-x) = -senh\,x$ 2) $senh\,2x = 2\,senh\,x\,\cosh x$ 3) $senh^{2}\,x = \dfrac{1}{2}\left(\cosh\,2x - 1\right)$	4) $senh^{2}x = \dfrac{-1 + \cosh\,2x}{2}$ 5) $\cosh^{2}x - senh^{2}x = 1$
Coseno hiperbólico	1) $\cosh(-x) = \cosh x$ 2) $\cosh 2x = \cosh^{2}x + senh^{2}x$ 3) $\cosh^{2}x = \dfrac{1}{2}\left(\cosh\,2x + 1\right)$	4) $\cosh^{2}x = \dfrac{1 + \cosh\,2x}{2}$ 5) $\cosh^{2}x - senh^{2}x = 1$
Tangente hiperbólica	1) $\tanh x = \dfrac{senh\,x}{\cosh\,x}$	2) $\tanh^{2}x + \sec h^{2}x = 1$
Cotangente hiperbólica	1) $\coth x = \dfrac{\cosh\,x}{senh\,x}$	2) $\coth^{2}x - \csc h^{2}x = 1$
Secante hiperbólica	1) $\sec h\,x = \dfrac{1}{\cosh\,x}$	2) $\tanh^{2}x + \sec h^{2}x = 1$
Cosecante hiperbólica	1) $\csc h\,x = \dfrac{1}{senh\,x}$	2) $\coth^{2}x - \csc h^{2}x = 1$

Anexo: A8. Funciones hiperbólicas inversas:

Función	Nombre
1) $y = arc\,senh\,x = \ln\left(x + \sqrt{x^2 + 1}\right)$	Seno hiperbólico inverso
2) $y = \text{arccos}h\,x = \ln\left(x + \sqrt{x^2 - 1}\right)$	Coseno hiperbólico inverso
3) $y = \arctan\,h\,x = \dfrac{1}{2}\ln\dfrac{1+x}{1-x}$	Tangente hiperbólico inverso
4) $y = arc\,\coth\,x = \dfrac{1}{2}\ln\dfrac{x+1}{x-1}$	Cotangente hiperbólico inverso
5) $y = arc\,\sec h\,x = \ln\dfrac{1 + \sqrt{1 - x^2}}{x}$	Secante hiperbólico inverso
6) $y = arc\,\csc h\,x = \ln\left(\dfrac{1}{x} + \dfrac{\sqrt{1 + x^2}}{x}\right)$	Cosecante hiperbólico inverso

Anexos: B. INSTRUMENTACIÓN DIDÁCTICA.

B1. Identificación.
B2. Caracterización de la asignatura.
B3. Competencias a desarrollar:
B4. Análisis del tiempo para el avance programático.
B5. Avance programático.
B6. Actividades de enseñanza y aprendizaje.
B7. Apoyos didácticos.
B8. Fuentes de información.
B9. Calendarización de evaluación.
B10. Corresponsabilidades.

Anexo: B1. Identificación:

Asignatura: Cálculo integral Descripción: Cálculo integral. Clave: Sin.	Carrera: Todas las ingenierías. Horas teóricas: 3 Horas prácticas: 2 Unidades: 5	Versión: Agosto del año 2010.

Anexo: B2. Caracterización de la asignatura:

- Esta asignatura contribuye a desarrollar un pensamiento lógico, heurístico y algorítmico al modelar fenómenos y resolver problemas en los que interviene la variación.
- Hay una diversidad de problemas en la ingeniería que son modelados y resueltos a través de una integral, por lo que resulta importante que el ingeniero domine el Cálculo integral.

Anexo: B3. Competencias a desarrollar:

Competencia específicas del cálculo integral:

1) Contextualizar el concepto de Integral.
2) Discernir método más adecuado para resolver una integral dada y resolverla usándolo.
3) Resolver problemas de cálculo de longitud de arco, áreas, volúmenes de sólidos de revolución, y centroides.
4) Reconocer el potencial del cálculo integral en la ingeniería.

Competencias genéricas del cálculo integral:

1) Reconocer y representar conceptos y datos en diferentes formas.
2) Modelar matemáticamente fenómenos y situaciones.
3) Comunicar ideas en el lenguaje matemático en forma oral y escrita.
4) Desarrollar el pensamiento lógico, algorítmico, heurístico, analítico y sintético.
5) Potenciar las habilidades para el uso de tecnologías de información.
6) Discernir sobre métodos para resolver un problema.
7) Resolver problemas y optimizar soluciones.
8) Toma de decisiones.
9) Reconocer principios integradores y establecer generalizaciones.
10) Transferir el conocimiento adquirido a otros campos de aplicación.

Anexo: B4. Análisis del tiempo para el avance programático.

No	Indicador	Evento	Hrs.	Hrs.
1	Horas programadas por semestre	16 Semanas programadas por 5 horas/semana	80	
		Subtotal		+80
2	Horas no impartidas:	Suspensiones de ley (promedio)	- 4	
		Eventos institucionales	- 3	
		Faltas del maestro	- 3	
		Juntas de academia	- 2	
		Juntas departamentales	- 2	
		Juntas sindicales	- 2	
		Subtotal	-16	
3	Horas reales		-64	
4		Total	-80	+80

Anexo: B5. Avance programático:

UNIDAD: 1. LA INTEGRAL INDEFINIDA.		Avance programático		
Clase	Tema	T/h	T/h/a	%
0.0	Presentación del programa de estudio, la bibliografía, los lineamientos en que se desarrollará el curso y los criterios de evaluación.	1	1	2
1.1	Funciones.	1	2	3
1.2	Diferenciales.	1	3	5
1.3	Diferenciación de funciones elementales.	2	5	8
1.4	Diferenciación de funciones algebraicas que contienen "x^n".	1	6	9
1.5	Diferenciación de funciones que contienen "u".	2	8	13
1.6	La antiderivada e integración indefinida de funciones elementales.	2	10	16
1.7	Integración indefinida de funciones algebraicas que contienen "x^n".	1	11	17
1.8	Integración indefinida de funciones que contiene "u".	2	13	20
	Evaluación de la unidad.	1	14	22
	Subtotal:	14		

UNIDAD: 2. TÉCNICAS DE INTEGRACIÓN.		Avance programático		
Clase	Tema	T/h	T/h/a	%
2.1	Técnica de integración por uso de tablas de fórmulas de funciones que contienen las formas: $u^2 \pm a^2$.	1	15	23
2.2	Técnica de integración por cambio de variable.	1	16	25
2.3	Técnica de integración por partes.	1	17	27
2.4	Técnica de integración del seno y coseno de m y n potencia.	2	19	30
2.5	Técnica de integración de la tangente y secante de m y n potencia.	1	20	31
2.6	Técnica de integración de la cotangente y cosecante de m y n potencia.	1	21	33
2.7	Técnica de integración por sustitución trigonométrica.	2	23	36
2.8	Técnica de integración de fracciones parciales con factores no repetidos.	1	24	38
2.9	Técnica de integración de fracciones parciales con factores repetidos.	1	25	39
2.10	Técnica de integración por series de potencia.	1	26	41
2.11	Técnica de integración por series de Maclaurin.	1	27	42
2.12	Técnica de integración por series de Taylor.	1	28	44
	Evaluación de la unidad.	1	29	45
	Subtotal:	15		

UNIDAD: 3. LA INTEGRAL DEFINIDA.		Avance programático		
Clase	Tema	T/h	T/h/a	%
3.1	Principios de graficación de funciones.	2	31	48
3.2	La integral definida.	1	32	50
3.3	Teoremas de cálculo integral.	1	33	52
3.4	Integración definida de funciones elementales.	2	35	55
3.5	Integración definida de funciones algebraicas que contienen "x^n".	1	36	56
3.6	Integración definida de funciones que contienen "u".	2	38	59
3.7	Integración definida de funciones que contienen las formas: $u^2 \pm a^2$	1	39	61
3.8	Integrales impropias.	3	42	66
	Evaluación de la unidad.	1	43	67
	Subtotal:	14		

UNIDAD: 4. TEMA: APLICACIONES DE LA INTEGRAL.		Avance programático		
Clase	Tema	T/h	T/h/a	%
4.1	Cálculo de longitud de curvas.	1	44	69
4.2	Cálculo de áreas.	2	46	72
4.3	Cálculo de volúmenes.	2	48	75
4.4	Cálculo de momentos y centros de masa.	2	50	78
4.5	Cálculo del trabajo.	2	52	81
	Evaluación de La unidad.	1	53	83
	Subtotal:	10		

UNIDAD: 5. TEMA: INTEGRACIÓN POR SERIES.		Avance programático		
Clase	Tema	T/h	T/h/a	%
5.1	Definición, clasificación y tipos de series.	1	54	84
5.2	Generación del enésimo término de una serie.	2	56	88
5.3	Convergencia de series.	1	57	89
5.4	Intervalo y radio de convergencia por series de potencias.	1	58	91
5.5	Derivación e integración indefinida por series de potencia.	1	59	92
5.6	Integración definida de funciones por series de potencia.	1	60	94
5.7	Integración definida de funciones por series de Maclaurin y series de Taylor.	2	62	97
0.0	Evaluación y clausura del curso.	1	63	98
	Evaluación de la unidad.	1	64	100
	Subtotal:	11		

Anexo: B6. Actividades de enseñanza y aprendizaje.

Identificación:	Competencias específicas:		Criterios de evaluación:
No. de unidad: 1. Tema: La integral.	- Solución de las diferenciales necesarias para el cálculo de integrales. - Discernir sobre métodos más adecuados para resolver una integral. - Solucionar las integrales indefinidas como apoyo para el cálculo de las integrales definidas.		- Solución de problemas. - Participaciones. - Tareas. - Disciplina; Actitud; Valores.

Cla se	Actividades de enseñanza		Actividades de aprendizaje	Competencias genéricas	hr s %
	Descripción	N			
0.0	- Con la dinámica de presentación, promover la identificación del grupo.	C2	Participar en la dinámica de presentación.	- Comunicar ideas.	1 1 2
	- Por el método globalizado y con la técnica expositiva; presentar el programa de estudio, la bibliografía, los lineamientos en que se desarrollará el curso y los criterios de evaluación.	C2	Participar haciendo preguntas, comentarios y aclarando dudas.	- Interpretar conceptos. - Establecer generalizaciones. - Pensar lógica, algorítmica, heurística, analítica y sintéticamente.	
	- Coordinar la formación de equipos que participarán en la exposición de temas y elaboración de tareas.	C2	Formar equipos de investigación para la elaboración de tareas y presentación de exposiciones.	- Tomar decisiones.	
	- Por el método psicológico y con la técnica de la comisión, asignar a los equipos los temas sujetos a investigación y presentación ante el grupo.	C2	Tomar notas y participar haciendo preguntas, comentarios y aclarando dudas.	- Interpretar conceptos. - Establecer generalizaciones. - Tomar decisiones.	
1.1	Por el método inductivo y con la técnica expositiva presentar el tema "Funciones". A continuación se forman parejas que por la técnica de cuchicheo discuten la solución a problemas planteados. Por el método activo resolver ejemplos y asignar ejercicios.	C2	Haber investigado el tema "Funciones"; y participar haciendo preguntas y aclarando dudas. Participar en la resolución de ejemplos y solucionar ejercicios.	- Interpretar y procesar datos. - Modelar matemáticamente fenómenos y situaciones. - Transferir el conocimiento adquirido a otros campos de aplicación. - Comunicar ideas en el lenguaje matemático.	1 2 3
1.2	Por el método inductivo y con la técnica expositiva presentar el tema "Diferenciales". A continuación se forman parejas que por la técnica de cuchicheo discuten la solución a problemas planteados. Por el método activo resolver ejemplos y asignar ejercicios.	C2	Haber investigado el tema "Diferenciales"; y participar haciendo preguntas y aclarando dudas. Participar en la resolución de ejemplos y solucionar ejercicios.	- Interpretar y procesar datos. - Modelar matemáticamente fenómenos y situaciones. - Transferir el conocimiento adquirido a otros campos de aplicación. - Comunicar ideas en el lenguaje matemático.	1 3 5

1.3	Por el método heurístico y con la técnica expositiva presentar el tema "Diferenciación de funciones elementales". A continuación se forman parejas que por la técnica de cuchicheo discuten la solución a problemas planteados. Por el método activo resolver ejemplos y asignar ejercicios.	C3	Haber investigado el tema "Diferenciación de funciones elementales"; y participar haciendo preguntas y aclarando dudas. Participar en la resolución de ejemplos y solucionar ejercicios.	- Interpretar y procesar datos. - Modelar matemáticamente fenómenos y situaciones. - Analizar la factibilidad de las soluciones. - Resolver problemas.	2 5 8
1.4	Por el método analógico hacer una introducción al tema "Diferenciación de funciones algebraicas que contienen x^n". A continuación se hace la presentación del equipo que por la técnica de la comisión hará una exposición del tema. Por el método activo resolver ejemplos y asignar ejercicios.	C3	El equipo participante presenta el tema "Diferenciación de funciones algebraicas que contienen x^n". El resto del grupo haber investigado el tema y participar haciendo preguntas y aclarando dudas. Participar en la resolución de ejemplos y solucionar ejercicios.	- Interpretar y procesar datos. - Modelar matemáticamente fenómenos y situaciones. - Analizar la factibilidad de las soluciones. - Resolver problemas. - Establecer generalizaciones.	1 6 9
1.5	Por el método analógico hacer una introducción al tema "Diferenciación de funciones que contienen u". A continuación se hace la presentación del equipo que por la técnica de la comisión hará una exposición del tema. Por el método activo resolver ejemplos y asignar ejercicios.	C3	El equipo participante presenta el tema "Diferenciación de funciones que contienen u". El resto del grupo haber investigado el tema y participar haciendo preguntas y aclarando dudas. Participar en la resolución de ejemplos y solucionar ejercicios.	- Interpretar y procesar datos. - Analizar la factibilidad de las soluciones. - Resolver problemas. - Establecer generalizaciones.	2 8 13
1.6	Por el método activo y con la técnica expositiva presentar el tema "La antiderivada e integración indefinida de funciones elementales". Por el método activo resolver ejemplos y asignar ejercicios.	C4	Haber investigado el tema "La antiderivada e integración indefinida de funciones elementales"; y participar haciendo preguntas y aclarando dudas. Participar en la resolución de ejemplos y solucionar ejercicios.	- Interpretar y procesar datos. - Modelar matemáticamente fenómenos y situaciones. - Resolver problemas. - Comunicar ideas en el lenguaje matemático.	2 10 16
1.7	Por el método psicológico hacer una introducción al tema "Integración indefinida de funciones algebraicas que contienen x^n". A continuación se organiza al grupo en discusión circular, luego se hace la presentación de los equipos que por la técnica del seminario presentan el tema. Por el método activo resolver ejemplos y asignar ejercicios.	C3	Los equipos participantes presentan el tema "Integración indefinida de funciones algebraicas que contienen x^n". El resto del grupo haber investigado el tema y organizado en discusión circular participan haciendo preguntas y aclarando dudas. Participar en la resolución de ejemplos y solucionar ejercicios.	- Interpretar y procesar datos. - Modelar matemáticamente fenómenos y situaciones. - Resolver problemas. - Establecer generalizaciones. - Comunicar ideas en el lenguaje matemático.	1 11 17

1.8	Por el método sistematizado y por la técnica de la exposición presentar el tema "Integración indefinida de funciones que contienen u". Por el método activo resolver ejemplos y asignar ejercicios.	C4	Haber investigado el tema "Integración indefinida de funciones que contienen u"; y participar haciendo preguntas y aclarando dudas. Participar en la resolución de ejemplos y solucionar ejercicios.	- Interpretar y procesar datos. - Analizar la factibilidad de las soluciones. - Resolver problemas. - Establecer generalizaciones. - Potenciar las habilidades para el uso de tecnologías de la información.	2 13 20
	Evaluación de la unidad.		Participar presentando exámenes.	- Resolver problemas. - Comunicar ideas. - Tomar decisiones.	1 14 22

Identificación: No. de unidad: 2. Tema: Técnicas de integración.	Competencias específicas: - Discernir sobre métodos más adecuados para resolver una integral dada y aplicarlo. - Solucionar las integrales indefinidas de cierto grado de dificultad como apoyo para el cálculo de las integrales definidas.	Criterios de evaluación: - Solución de problemas. - Participaciones. - Tareas. - Disciplina; Actitud; Valores.

Cla se	Actividades de enseñanza		Actividades de aprendizaje	Competencias genéricas	hr s %
	Descripción	N			
2.1	Por el método analógico hacer una introducción al tema "Técnica de integración por uso de tablas de fórmulas de funciones que contienen las formas $u^2 \pm a^2$". A continuación por el método de investigación se dan los temas sujetos de investigación y los lineamientos de presentación del informe.	C3	El grupo participa haciendo preguntas y aclarando dudas sobre la investigación y la presentación del informe sobre el tema "Técnica de integración por uso de tablas de fórmulas de funciones que contienen las formas $u^2 \pm a^2$". Realizan la investigación y entregan el informe.	- Interpretar y procesar datos. - Pensar lógica, algorítmica, heurística, analítica y sintéticamente. - Resolver problemas. - Establecer generalizaciones.	1 15 23
2.2	Por el método sistematizado hacer una introducción al tema "Técnica de integración por cambio de variable". A continuación se hace la presentación del equipo que por la técnica de la comisión hace una exposición del tema. Por el método activo resolver ejemplos y asignar ejercicios.	C4	El equipo participante presenta el tema "Técnica de integración por cambio de variable". El resto del grupo haber investigado el tema y participar haciendo preguntas y aclarando dudas. Participar en la resolución de ejemplos y solucionar ejercicios.	- Interpretar y procesar datos. - Pensar lógica, algorítmica, heurística, analítica y sintéticamente. - Resolver problemas. - Establecer generalizaciones.	1 16 25
2.3	Por el método intuitivo y por la técnica de presentación se expone el tema "Técnica de integración por partes". A continuación se forman parejas que por la técnica de cuchicheo discuten la solución a problemas planteados. Por el método activo resolver ejemplos y asignar ejercicios.	C4	Haber investigado el tema "Técnica de integración por partes", y formar parejas para la discusión a problemas planteados y exponer sus soluciones. Participar en la resolución de ejemplos y solucionar ejercicios.	- Interpretar y procesar datos. - Pensar lógica, algorítmica, heurística, analítica y sintéticamente. - Resolver problemas. - Establecer generalizaciones.	1 17 27

2.4	Por el método intuitivo y por la técnica de presentación se expone el tema "Técnica de integración del seno y coseno de m y n potencia". A continuación se forman equipos que por la técnica de corrillos discuten la solución a problemas planteados. Por el método activo resolver ejemplos y asignar ejercicios.	C4	Haber investigado el tema "Técnica de integración del seno y coseno de m y n potencia", y formar equipos para la discusión a problemas planteados y exponer sus soluciones. Participar en la resolución de ejemplos y solucionar ejercicios.	- Interpretar y procesar datos. - Pensar lógica, algorítmica, heurística, analítica y sintéticamente. - Resolver problemas. - Establecer generalizaciones.	2 19 30
2.5	Por el método intuitivo y por la técnica de presentación se expone el tema "Técnica de integración de la tangente y secante de m y n potencia"; y por la técnica de la caja de entrada a continuación se plantea al grupo problemas a los que tiene que dar solución. Por el método activo resolver ejemplos y asignar ejercicios.	C4	Haber investigado el tema "Técnica de integración de la tangente y secante de m y n potencia", y dar solución y exponer problemas planteados. Participar en la resolución de ejemplos y solucionar ejercicios.	- Interpretar y procesar datos. - Pensar lógica, algorítmica, heurística, analítica y sintéticamente. - Resolver problemas. - Establecer generalizaciones.	1 20 31
2.6	Por el método inductivo hacer una introducción al tema ""Técnica de integración de la cotangente y cosecante de m y n potencia. A continuación se hace la presentación de los equipos que por la técnica del seminario presentan el tema. Por el método activo resolver ejemplos y asignar ejercicios.	C4	Los equipos participantes presentan el tema "Técnica de integración de la cotangente y cosecante de m y n potencia". El resto del grupo haber investigado el tema y participan haciendo preguntas y aclarando dudas. Participar en la resolución de ejemplos y solucionar ejercicios.	- Interpretar y procesar datos. - Pensar lógica, algorítmica, heurística, analítica y sintéticamente. - Resolver problemas. - Establecer generalizaciones.	1 21 33
2.7	Por el método intuitivo y por la técnica de presentación hacer una introducción al tema "Técnica de integración por sustitución trigonométrica"; y por la técnica de la comisión un equipo presenta el tema. Por el método activo resolver ejemplos y asignar ejercicios.	C4	El equipo comisionado presenta el tema "Técnica de integración por sustitución trigonométrica". El resto del grupo haber investigado el tema y participan haciendo preguntas y aclarando dudas. Participar en la resolución de ejemplos y solucionar ejercicios.	- Interpretar y procesar datos. - Pensar lógica, algorítmica, heurística, analítica y sintéticamente. - Resolver problemas. - Establecer generalizaciones.	2 23 36
2.8	Por el método heurístico y por la técnica de presentación se expone el tema "Técnica de integración de fracciones parciales con factores no repetidos". A continuación se forman grupos que por la técnica de corrillos analizan problemas propuestos. Por el método activo resolver ejemplos y asignar ejercicios.	C4	Haber investigado el tema "Técnica de integración de fracciones parciales", y formar equipos para la discusión a problemas planteados y exponer sus soluciones. Participar en la resolución de ejemplos y solucionar ejercicios.	- Interpretar y procesar datos. - Pensar lógica, algorítmica, heurística, analítica y sintéticamente. - Resolver problemas. - Establecer generalizaciones.	1 24 38

2.9	Por el método heurístico y por la técnica de presentación se expone el tema "Técnica de integración de fracciones parciales con factores repetidos". A continuación se forman grupos que por la técnica de corrillos analizan problemas propuestos. Por el método activo resolver ejemplos y asignar ejercicios.	C4	Haber investigado el tema "Técnica de integración de fracciones parciales con factores repetidos", y formar equipos para la discusión a problemas planteados y exponer sus soluciones. Participar en la resolución de ejemplos y solucionar ejercicios.	- Interpretar y procesar datos. - Pensar lógica, algorítmica, heurística, analítica y sintéticamente. - Resolver problemas. - Establecer generalizaciones.	1 25 39
2.10	Por el método heurístico y por la técnica de presentación se expone el tema "Técnica de integración por series de potencia". A continuación se forman grupos que por la técnica de corrillos analizan problemas propuestos. Por el método activo resolver ejemplos y asignar ejercicios.	C4	Haber investigado el tema "Técnica de integración por series de potencia", y formar equipos para la discusión a problemas planteados y exponer sus soluciones. Participar en la resolución de ejemplos y solucionar ejercicios.	- Interpretar y procesar datos. - Pensar lógica, algorítmica, heurística, analítica y sintéticamente. - Resolver problemas. - Establecer generalizaciones.	1 26 41
2.11	Por el método analógico y por la técnica de presentación se expone el tema "Técnica de integración por series de Maclaurin". A continuación se forman grupos que por la técnica de corrillos analizan problemas propuestos. Por el método activo resolver ejemplos y asignar ejercicios.	C4	Haber investigado el tema "Técnica de integración por series de Maclaurin", y formar equipos para la discusión a problemas planteados y exponer sus soluciones. Participar en la resolución de ejemplos y solucionar ejercicios.	- Interpretar y procesar datos. - Pensar lógica, algorítmica, heurística, analítica y sintéticamente. - Resolver problemas. - Establecer generalizaciones. - Potenciar las habilidades para el uso de tecnologías de la información.	1 27 42
2.12	Por el método analógico y por la técnica de presentación se expone el tema "Técnica de integración por series de Taylor". A continuación se forman grupos que por la técnica de corrillos analizan problemas propuestos. Por el método activo resolver ejemplos y asignar ejercicios.	C4	Haber investigado el tema "Técnica de integración por series de Taylor", y formar equipos para la discusión a problemas planteados y exponer sus soluciones. Participar en la resolución de ejemplos y solucionar ejercicios.	- Interpretar y procesar datos. - Pensar lógica, algorítmica, heurística, analítica y sintéticamente. - Resolver problemas. - Establecer generalizaciones. - Potenciar las habilidades para el uso de tecnologías de la información.	1 28 44
	Evaluación de la unidad.		Participar presentando exámenes.	- Resolver problemas. - Comunicar ideas. - Tomar decisiones.	1 29 45

Identificación:	Competencias específicas:	Criterios de evaluación:
No. de unidad: 3. Tema: La integral definida.	- Discernir sobre métodos más adecuado para resolver una integral definida y aplicarlo. - Evaluar las integrales definidas como dominio previo a las aplicaciones en la solución de problemas prácticas del campo de la ingeniería.	- Solución de problemas. - Participaciones. - Tareas. - Disciplina; Actitud; Valores.

Cla se	Actividades de enseñanza		Actividades de aprendizaje	Competencias genéricas	hr s %
	Descripción	N			
3.1	Por el método inductivo y con la técnica expositiva presentar el tema "Principios de graficación de funciones". Por el método activo resolver ejemplos y asignar ejercicios.	C2	Haber investigado el tema "Principios de graficación de funciones"; y participar haciendo preguntas y aclarando dudas. Participar en la resolución de ejemplos y solucionar ejercicios.	- Interpretar y procesar datos. - Modelar matemáticamente fenómenos y situaciones. - Comunicar ideas en el lenguaje matemático.	2 31 48
3.2	Por el método inductivo y con la técnica expositiva presentar el tema "La integral definida". Por el método activo resolver ejemplos y asignar ejercicios.	C3	Haber investigado el tema "La integral definida"; y participar haciendo preguntas y aclarando dudas. Participar en la resolución de ejemplos y solucionar ejercicios.	- Pensar lógica, algorítmica, heurística, analítica y sintéticamente. - Transferir el conocimiento adquirido a otros campos de aplicación. - Comunicar ideas en el lenguaje matemático.	1 32 50
3.3	Por el método analógico hacer una introducción al tema "Teoremas de cálculo integral". A continuación por el método de investigación se dan los temas sujetos de investigación y los lineamientos de presentación del informe.	C3	El grupo participa haciendo preguntas y aclarando dudas sobre la investigación y la presentación del informe sobre el tema "Teoremas de cálculo integral". Realizan la investigación y entregan el informe.	- Interpretar y procesar datos. - Pensar lógica, algorítmica, heurística, analítica y sintéticamente. - Comunicar ideas en el lenguaje matemático.	1 33 52
3.4	Empleando el método lógico y con la técnica expositiva presentar el tema "Integración definida de funciones elementales". A continuación se forman equipos quienes por la técnica de corrillos discuten la solución a problemas planteados. Por el método activo resolver ejemplos y asignar ejercicios.	C4	Haber investigado el tema "Integración definida de funciones elementales", y formar equipos para la discusión a problemas planteados y exponer sus soluciones. Participar en la resolución de ejemplos y solucionar ejercicios.	- Interpretar y procesar datos. - Modelar matemáticamente fenómenos y situaciones. - Analizar la factibilidad de las soluciones. - Resolver problemas.	2 35 55
3.5	Por el método deductivo y con la técnica expositiva presentar el tema "Integración definida de funciones algebraicas que contienen x^n". A continuación se forman parejas de alumnos que por la técnica de cuchicheo discuten la solución a problemas planteados. Por el método activo resolver ejemplos y asignar ejercicios.	C4	Haber investigado el tema "Integración definida de funciones algebraicas que contienen x^n", y formar parejas de alumnos para la discusión a problemas planteados y exponer sus soluciones. Participar en la resolución de ejemplos y solucionar ejercicios.	- Interpretar y procesar datos. - Modelar matemáticamente fenómenos y situaciones. - Analizar la factibilidad de las soluciones. - Resolver problemas.	1 36 56

3.6	Por el método activo y por la técnica expositiva se presenta el tema "Integración definida de funciones que contienen u". A continuación se forman equipos que por la técnica de corrillos discuten la solución a problemas planteados. Por el método activo resolver ejemplos y asignar ejercicios.	C4	Haber investigado el tema "Integración definida de funciones que contienen u", y formar equipos para la discusión a problemas planteados y exponer sus soluciones. Participar en la resolución de ejemplos y solucionar ejercicios.	- Interpretar y procesar datos. - Modelar matemáticamente fenómenos y situaciones. - Analizar la factibilidad de las soluciones. - Resolver problemas.	2 38 59
3.7	Por el método activo y por la técnica expositiva se presenta el tema "Integración definida de funciones que contienen las forma $u^2 \pm a^2$". A continuación se forman equipos que por la técnica de corrillos discuten la solución a problemas planteados. Por el método activo resolver ejemplos y asignar ejercicios.	C4	Haber investigado el tema "Integración definida de funciones que contienen las formas $u^2 \pm a^2$" y formar equipos para la discusión a problemas planteados y exponer sus soluciones. Participar en la resolución de ejemplos y solucionar ejercicios.	- Interpretar y procesar datos. - Modelar matemáticamente fenómenos y situaciones. - Analizar la factibilidad de las soluciones. - Resolver problemas.	1 39 61
3.8	Por el método inductivo y con la técnica expositiva presentar el tema "Integrales impropias". Por el método activo resolver ejemplos y asignar ejercicios.	C3	Haber investigado el tema "Integrales impropias"; y participar haciendo preguntas y aclarando dudas. Participar en la resolución de ejemplos y solucionar ejercicios.	- Interpretar y procesar datos. - Modelar matemáticamente fenómenos y situaciones. - Resolver problemas. - Potenciar las habilidades para el uso de software.	3 42 66
	Evaluación de la unidad.		Participar presentando exámenes.	- Resolver problemas. - Comunicar ideas. - Tomar decisiones.	1 43 67

Identificación: No. de unidad: 4. Tema: Aplicaciones de la integral	Competencias específicas: - Discernir sobre métodos más adecuado para resolver problemas prácticos del campo de la ingeniería. - Solucionar problemas específicos del campo de la ingeniería.		Criterios de evaluación: - Solución de problemas. - Participaciones. - Tareas. - Disciplina; Actitud; Valores.	
Cla se	Actividades de enseñanza		Actividades de aprendizaje	Competencias genéricas	hr s %
4.1	Por el método especializado hacer una introducción al tema "Cálculo de la longitud de curvas". A continuación se hace la presentación del equipo que por la técnica del simposio hará una exposición del tema. Por el método activo resolver ejemplos y asignar ejercicios.	C 2	El equipo participante presenta el tema "Cálculo de la longitud de curvas". El resto del grupo haber investigado el tema y participar preguntando y aclarando dudas. Participar en la resolución de ejemplos y solucionar ejercicios.	- Interpretar y procesar datos. - Modelar matemáticamente fenómenos y situaciones. - Discernir sobre métodos más adecuado para resolver un problema y aplicarlo. - Resolver problemas.	1 44 69

4.2	Por el método analógico y por la técnica expositiva se presenta el tema "Cálculo de áreas". A continuación por la técnica de problemas se plantean los mismos para que los alumnos den soluciones. Por el método activo resolver ejemplos y asignar ejercicios.	C 3	Haber investigado el tema "Cálculo de áreas", y sugerir soluciones a problemas planteados. Participar en la resolución de ejemplos y solucionar ejercicios.	- Interpretar y procesar datos. - Modelar matemáticamente fenómenos y situaciones. - Discernir sobre métodos más adecuado para resolver un problema y aplicarlo. - Resolver problemas.	2 46 72
4.3	Por el método inductivo y por la técnica expositiva se presenta el tema "Cálculo de volúmenes". A continuación por la técnica de problemas se plantean los mismos para que los alumnos sugieran soluciones. Por el método activo resolver ejemplos y asignar ejercicios.	C 3	Haber investigado el tema "Cálculo de volúmenes", y sugerir soluciones a problemas planteados. Participar en la resolución de ejemplos y solucionar ejercicios.	- Interpretar y procesar datos. - Modelar matemáticamente fenómenos y situaciones. - Discernir sobre métodos más adecuado para resolver un problema y aplicarlo. - Resolver problemas.	2 48 75
4.4	Por el método especializado y por la técnica expositiva se presenta el tema "Cálculo de la masa, momentos y centros de masa". A continuación por la técnica de problemas se plantean los mismos para que los alumnos den soluciones. Por el método activo resolver ejemplos y asignar ejercicios.	C 3	Haber investigado el tema "Cálculo de la masa, momentos y centros de masa", y sugerir soluciones a problemas planteados. Participar en la resolución de ejemplos y solucionar ejercicios.	- Interpretar y procesar datos. - Modelar matemáticamente fenómenos y situaciones. - Discernir sobre métodos más adecuado para resolver un problema y aplicarlo. - Resolver problemas. - Potenciar las habilidades para el uso de software.	2 50 78
4.5	Por el método analógico y por la técnica expositiva se presenta el tema "Cálculo del trabajo". A continuación por la técnica de problemas se plantean los mismos para que los alumnos den soluciones. Por el método activo resolver ejemplos y asignar ejercicios.	C 4	Haber investigado el tema "Cálculo del trabajo", y sugerir soluciones a problemas planteados. Participar en la resolución de ejemplos y solucionar ejercicios.	- Interpretar y procesar datos. - Modelar matemáticamente fenómenos y situaciones. - Discernir sobre métodos más adecuado para resolver un problema y aplicarlo. - Resolver problemas.	2 52 81
	Evaluación de la unidad.		Participar presentando exámenes.	- Resolver problemas. - Comunicar ideas. - Tomar decisiones.	1 53 83

Identificación:	Competencias específicas:	Criterios de evaluación:
No. de unidad: 5. Tema: Integración por series.	- Discernir sobre métodos para resolver problemas. - Evaluar las integrales definidas por series como dominio previo a las aplicaciones en la solución de problemas prácticas del campo de la ingeniería.	- Solución de problemas. - Participaciones. - Tareas. - Disciplina; Actitud; Valores.

Cla se	Actividades de enseñanza		Actividades de aprendizaje	Competencias genéricas	hr s %
5.1	Por el método especializado hacer una introducción al tema "Definición, clasificación y tipos de series". A continuación se hace la presentación del equipo que por la técnica del simposio hará una exposición del tema. Por el método activo resolver ejemplos y asignar ejercicios.	C 3	El equipo participante presenta el tema "Definición, clasificación y tipos de series". El resto del grupo haber investigado el tema y participar preguntando y aclarando dudas. Participar en la resolución de ejemplos y solucionar ejercicios.	- Interpretar y procesar datos. - Pensar lógica, algorítmica, heurística, analítica y sintéticamente. - Resolver problemas. - Establecer generalizaciones.	1 54 84
5.2	Por el método analógico y por la técnica expositiva se presenta el tema "Generación del enésimo término de una serie". A continuación por la técnica de problemas se plantean los mismos para que los alumnos den soluciones. Por el método activo resolver ejemplos y asignar ejercicios.	C 3	Haber investigado el tema "Generación del enésimo término de una serie", y sugerir soluciones a problemas planteados. Participar en la resolución de ejemplos y solucionar ejercicios.	- Interpretar y procesar datos. - Pensar lógica, algorítmica, heurística, analítica y sintéticamente. - Resolver problemas. - Establecer generalizaciones.	2 56 88
5.3	Por el método inductivo y por la técnica expositiva se presenta el tema "Convergencia de series". A continuación por la técnica de problemas se plantean los mismos para que los alumnos sugieran soluciones. Por el método activo resolver ejemplos y asignar ejercicios.	C 3	Haber investigado el tema "Convergencia de series", y sugerir soluciones a problemas planteados. Participar en la resolución de ejemplos y solucionar ejercicios.	- Interpretar y procesar datos. - Analizar la factibilidad de las soluciones. - Resolver problemas. - Establecer generalizaciones.	1 57 89
5.4	Por el método especializado y por la técnica expositiva se presenta el tema "Intervalo y radio de convergencia de una serie de potencia". A continuación por la técnica de problemas se plantean los mismos para que los alumnos den soluciones. Por el método activo resolver ejemplos y asignar ejercicios.	C 4	Haber investigado el tema "Intervalo y radio de convergencia de una serie de potencia", y sugerir soluciones a problemas planteados. Participar en la resolución de ejemplos y solucionar ejercicios.	- Interpretar y procesar datos. - Analizar la factibilidad de las soluciones. - Resolver problemas. - Establecer generalizaciones.	1 58 91

5.5	Por el método analógico y por la técnica expositiva se presenta el tema "Derivación e integración indefinida de series de potencia". A continuación por la técnica de problemas se plantean los mismos para que los alumnos den soluciones. Por el método activo resolver ejemplos y asignar ejercicios.		Haber investigado el tema "Derivación e integración indefinida de series de potencia", y sugerir soluciones a problemas planteados. Participar en la resolución de ejemplos y solucionar ejercicios.	- Interpretar y procesar datos. - Analizar la factibilidad de las soluciones. - Resolver problemas. - Establecer generalizaciones.	1 59 92
5.6	Por el método especializado y por la técnica expositiva se presenta el tema "Integración definida por series de potencia". A continuación por la técnica de problemas se plantean los mismos para que los alumnos den soluciones. Por el método activo resolver ejemplos y asignar ejercicios.	C 4	Haber investigado el tema "Integración definida por series de potencia", y sugerir soluciones a problemas planteados. Participar en la resolución de ejemplos y solucionar ejercicios.	- Interpretar y procesar datos. - Analizar la factibilidad de las Soluciones y resolver problemas. - Establecer generalizaciones. - Potenciar las habilidades para el uso de software.	1 60 94
5.7	Por el método analógico y por la técnica expositiva se presenta el tema "Integración definida por series de Maclaurin y series de Taylor". A continuación por la técnica de problemas se plantean los mismos para que los alumnos den soluciones. Por el método activo resolver ejemplos y asignar ejercicios.	C 4	Haber investigado el tema "Integración definida por series de Maclaurin y series de Taylor", y sugerir soluciones a problemas planteados. Participar en la resolución de ejemplos y solucionar ejercicios.	- Interpretar y procesar datos. - Resolver problemas. - Establecer generalizaciones. - Comunicar ideas en el lenguaje Matemático. - Potenciar las habilidades para el uso de software.	2 62 97
0.0	Evaluación y clausura del curso.		Participar haciendo comentarios.	- Comunicar ideas. - Tomar decisiones.	1 63 98
	Evaluación de la unidad.		Participar presentando exámenes	- Resolver problemas. - Comunicar ideas. - Tomar decisiones.	1 64 100

Anexo: B7. Apoyos didácticos:

- Aula básica.   - Fuentes de información.   - Software - Cañón electrónico   - Lap-top

Anexo: B8. Fuentes de información:

Clave	AUTOR	TÍTULO	EDITORIAL
Bibliografia del Maestro:			
BM/1	José Santos Valdez y Cristina Pérez	Metodología para el Aprendizaje del Cálculo Integral	Trafford, 2014.
BM/2.	Wolfram Research, Inc	Mathematica 9 (Software).	
BM/3.	José Santos Valdez Pérez	Metodología para el Aprendizaje del Cálculo Diferencial: Versión 2008	Trafford, 2008.
Bibliografia del Programa de estúdio:			
BP/1	Stewart, James B.	Cálculo con una variable.	Thomson
BP/2	Larson, Ron.	Matemáticas 2 (Cálculo integral)	McGraw-Hill, 2009.
BP/3.	Swokowski Earl W.	Cálculo con Geometría Analítica.	Iberoamérica, 2009
BP/4.	Leithold Louis.	El Cálculo con Geometría Analítica	Oxford University Press, 2009.
BP/5.	Purcell, Edwing J.	Cálculo	Pearson, 2007.
BP/6.	Ayres, Frank.	Cálculo	McGraw-Hill, 2005
BP/7.	Hasser, Norman B.	Análisis matemático Vol 1.	Trillas, 2009.
BP/8.	Courant, Richard.	Introducción al cálculo y Análisis matemático Vol 1.	Limusa, 2008.

Anexo: B9. Calendarización de evaluación:

Semana	1	2	3	4	5	6	7	8	9	10	11	12	13	14	15	16	17	18
Tiempo Planeado	Ed			Eu1			Eu2				Eu3			Eu4		Eu5	Eo2	Eo3
Tiempo Real																		

Anexo: B10. Corresponsabilidades:

Autor de elaboración	Nombre:		Fecha:	Día: Mes: Año:
Docente	Nombre:		Firma:	
Jefe del Departamento	Nombre:		Vo.Bo.	
Presidente de academia	Nombre:		Vo.Bo.	

Anexos: C. SIMBOLOGÍA:

C1. Simbología de caracteres.
C2. Simbología de letras.
C3. Simbología de funciones.

C1. Simbología de caracteres:

SÍMBOLO	SIGNIFICADO	SÍMBOLO	SIGNIFICADO
$\approx$	Aproximadamente	$[b,\infty)$	Intervalo infinito y cerrado por la izquierda
$\cong$	Aproximadamente ó igual	$[a,b)$	Intervalo semiabierto por la derecha
β	Beta	$(a,b]$	Intervalo semiabierto por la izquierda
ρ_l	Densidad laminar	+	Más; Signo de suma
ρ_m	Densidad de masa	$\pm$	Más ó menos
$\neq$	Diferente	>	Mayor que
$\div$	Entre; Signo de división	$\leq$	Menor ó igual que
$\in$	Es, está, existe, pertenece	<	Menor que
=	Igual	$\geq$	Mayor ó igual que
$\rightarrow$	Implica; tiende a	-	Menos, Menor que; Signo de resta
Δ	Incremento, delta	$-\alpha$	Menos infinito
Δx	Incremento de "x"	$\notin$	No existe, no pertenece
Δy	Incremento de "y"	$\forall$	Para todo
α	Infinito, alfa	$\perp$	Perpendicular
$\int$	Integral indefinida	π	Pi ≈ 3.1416
$\int_a^b$	Integral definida	$\times$	Por; Signo de multiplicación
¿	Interrogación (apertura).	.	Por; Signo de multiplicación
?	Interrogación (cierre).	$\therefore$	Por lo tanto; de donde
$\cap$	Intersección	$\sqrt{}$	Raíz cuadrada
		$\sqrt[n]{}$	Raíz enésima
		$\Leftrightarrow$	Sí y sólo sí
$[a,b]$	Intervalo cerrado	$\sum$	Sumatoria
$(-\infty,\infty)$	Intervalo infinito	$\sum_a^b$	Sumatorio que inicia en "a" y termina en "b".
$(-\infty,a)$	Intervalo infinito y abierto por la derecha	$\cup$	Unión
(b,∞)	Intervalo infinito y abierto por la izquierda	a	Valor absoluto de a
$(-\infty,a]$	Intervalo infinito y cerrado por la derecha		

C2. Simbología de letras:

SÍMBOLO	SIGNIFICADO	SÍMBOLO	SIGNIFICADO
a	Límite inferior de la integral definida	NA	No aprueba
A	Área	p	Punto "p", Presión
b	Límite superior de la integral definida	$PM\,\overline{ab}$	Punto medio entre "a" y "b"
c	Punto "c"; Punto límite "c"; Constante de integración	P(x, y)	Punto "P"
cm	Centímetros	$p(x)$	Polinomio de variable "x"
c.m.	Centro de masa	Q	Punto "Q"
du	Diferencial de "u"	r	Radio
dv	Diferencial de "v"	R^{+}	Números reales positivos
dy	Diferencial de "y"	R^{2}	Plano cartesiano
d	Distancia	s	Espacio
e	Número "e" $e \approx 2.71828$	t	Tiempo
f	Función;	T	Recta tangente
F	Fuerza	T_{0}	Tarea evaluada con cero puntos
ft	Pies	T_{1}	Tarea evaluada con cinco puntos
h	Altura	T_{2}	Tarea evaluada con diez puntos
I	Intervalo;	T_{3}	Tarea evaluada con quince puntos
k	Constante; Constante de proporcionalidad	T_{4}	Tarea evaluada con veinte puntos
lb	Libras	u	Cualquier función; Unidades
$lím$	Límite	v	Cualquier función; Velocidad
ln	Logaritmo natural	V	Volumen
lt	Litro	W	Trabajo
L	Límite; Longitud de arco	x	Coordenada "x" ó absisa
L^{-}	Límite lateral izquierdo	X	Recta horizontal; Eje de las "x_{s}"
L^{+}	Límite lateral derecho	x→c	"x" tiende a "c"
m	Pendiente; masa; eme	x→c⁺	"x" tiende a "c" por la derecha
m_{T}	Pendiente de la recta tangente	x→c⁻	"x" tiende a "c" por la izquierda
m_{S}	Pendiente de la recta secante	(x, y)	Pareja ordenada "x" e "y"; Punto en R^{2}
M_{x}	Momento con respecto a "x"	y	Coordenada "y" ú ordenada
M_{y}	Momento con respecto a "y"	Y	Eje de las "Y_{s}"
"n"	Ene potencia	Z	Números enteros
$n!$	n factorial	Z⁻	Números enteros negativos
N	Números naturales	Z⁺	Números enteros positivos

C3. Simbología de funciones:

SÍMBOLO	SIGNIFICADO	SÍMBOLO	SIGNIFICADO
f	Función;	$y = \cos x$	Función coseno
$f(x)$	Función f de variable "x"	$y = \cosh x$	Función coseno hiperbólico
f'	Primera derivada de la función f	$y = \csc x$	Función cosecante
f''	Segunda derivada de la función f	$y = \cot x$	Función cotangente
f^n	Enésima derivada de la función f	$y = \coth x$	Función cotangente hiperbólica
$f'(x)$	Derivada de la función $y = f(x)$	$y = \csc h\, x$	Función cosecante hiperbólica
$f''(x)$	Segunda derivada de la función f	$y = f\, trig\, x$	Función elemental trigonométrica
$f^n(x)$	Enésima derivada de la función f	$y = f\, hiper\, p(x)$	Función hiperbólica
$f(kx)$	Función múltiplo escalar	$y = f\, hiper\, x$	Función elemental hiperbólica
$(fg)(x)$	Función producto	$y = f\log p(x)$	Función logarítmica de $p(x)$
$(f\ g)(x)$	Función cociente	$y = f\log x$	Función elemental logarítmica
$(f \circ g)(x)$	Función composición	$y = f\, trig\, p(x)$	Función trigonométrica
$g(x)$	Función g de variable "x"	$y = f\exp p(x)$	Función exponencial
u	Cualquier función; Unidades	$y = f\exp x$	Función elemental exponencial
v	Cualquier función; Velocidad	$y = f(x)$	Función
$y = a^x$	Función elemental exponencial de base "a"	$y = \sec h\, x$	Función secante hiperbólica
$y = a^{p(x)}$	Función exponencial de base "a".	$y = sen\ x$	Función seno
$y = arc \cos x$	Función inversa del coseno	$y = \ln p(x)$	Función logaritmo natural de $p(x)$
$y = \arccos h\, x$	Función inversa del coseno hiperbólico	$y = \ln x$	Función logaritmo natural de x
$y = arc \coth x$	Función inversa de la cotangente hiperbólica	$y = \log_a p(x)$	Función logaritmo de base "a"
$y = arc \csc x$	Función inversa de la cosecante	$y = \log_a x$	Función elemental logaritmo de base "a"
$y = arc \csc h\, x$	Función inversa de la cosecante hiperbólica	$y = senh\, x$	Función seno hiperbólico
$y = arc \sec x$	Función inversa de la secante	$y = \tan x$	Función tangente
$y = arc \sec h\, x$	Función inversa de la secante hiperbólica	$y = tgh\, x$	Función tangente hiperbólica
$y = arc\, sen\, x$	Función inversa del seno	$y = \log_{10} p(x)$	Función logaritmo común base "10"
$y = arcsenh\, x$	Función inversa del seno hiperbólico	$y = \log_{10} x$	Función elemental logaritmo común de base "10"
$y = arc \tan x$	Función inversa de la tangente	$y = \sec x$	Función secante
$y = \arctan h\, x$	Función inversa de la tangente hiperbólica		

NOMBRE DE LA INSTITUCIÓN EDUCATIVA Registro escolar C á l c u l o I n t e g r a l	No. de lista: _____ Fecha: ___/___/___ Hora de clase: ____/_____ Años cumplidos: _____
Alumno: _____ _____ _____ Apellido Paterno Apellido Materno Nombre (s)	Sexo: M O F O Recursando: Si O No O

1. INFORMACIÓN PERSONAL:

Semestre que cursas: ___ Especialidad:_____ Correo electrónico:_____

Si estas recursando la materia, con qué Maestro la reprobaste?_____

Cuáles consideras las tres causas de reprobación:1ª_____2ª_____3ª_____

Es la especialidad que tu elegiste ? Si O No O Si la respuesta es no entonces cuál te gustaría cursar?_____

Trabajas?: Sí O No O Si la respuesta es sí donde y en qué?_____

Realizas otros estudios: Si O No O Si la respuesta es sí donde y qué?_____

Lugar de nacimiento: Población:_____ Estado:_____

Estudios de bachillerato: Nombre de la escuela:_____

Población:_____Estado:_____

Especialidad del bachillerato:_____

1. Tiene un método para estudiar:	Si O Más o menos O No O	8. Tienes Internet en tu casa: Si O No O
2. Tienes un horario de estudio:	Si O Más o menos O No O	9. Tienes correo electrónico: Si O No O
3. Sabes estudiar en libros:	Si O Más o menos O No O	10. Tiene calculadora científica: Si O No O
4. Sabes estudiar en computadora:	Si O Más o menos O No O	11. Tienes calculadora integradora: Si O No O
5. Sabes estudiar en equipo:	Si O Más o menos O No O	12. Tienes computadora personal: Si O No O
6. Tienes cuarto de estudio:	Si O No O	13. Tienes computadora portátil: Si O No O
7. Tienes un lugar de estudio:	Si O No O	14. Tienes mini laptop: Si O No O

Tu elegiste al Maestro de matemáticas? Si O No O   Porque?_____

2.- EXPECTATIVAS:

Qué esperas del curso?   Qué esperas del Maestro?:

1. _____   1. _____

2. _____   2. _____

3. _____   3. _____

3. INFORMACIÓN ACADÉMICA:

En el bachillerato cursaste cálculo integral:____ Promedio de matemáticas en el bachillerato:____ Qué calificación esperas:____

Cursos propedéuticos en el Tecnológico:

1. _____   Calificación: _____   Maestro: _____
2. _____   Calificación: _____   Maestro: _____
3. _____   Calificación: _____   Maestro: _____

Materias cursadas en el tecnológico	Habilidades tecnológicas:	
1. _____ Cal_____	1. Sabes usar Internet:	Sí O No O
2. _____ Cal_____	2. Sabes usar la calculadora científica:	Sí O No O
3. _____ Cal_____	3. Sabes usar una calculadora graficadora:	Sí O No O
4. _____ Cal_____	4. Sabes obtener una derivada con calculadora:	Sí O No O
5. _____ Cal_____	5. Sabes obtener un límite con software de matemáticas:	Sí O No O
6. _____ Cal_____	6. Sabes obtener una derivada con software de matemáticas:	Sí O No O
7. _____ Cal_____	7. Sabes usar algún software: Mathematica; Derive, Maple; Matlab:	Sí O No O

Conoces lo siguiente:

1. Números reales:	Si O Más o menos O No O	7. Derivadas básicas:	Si O Más o menos O No O
2. Factorización:	Si O Más o menos O No O	8. Derivadas (productos y cocientes):	Si O Más o menos O No O
3. Funciones:	Si O Más o menos O No O	9. Integral indefinida:	Si O Más o menos O No O
4. Límites:	Si O Más o menos O No O	10. Integral definida:	Si O Más o menos O No O
5. Graficación básica:	Si O Más o menos O No O	11. Calcular áreas con cálculo integral:	Si O Más o menos O No O
6. Reglas de graficar	Si O Más o menos O No O	12. Calcular volúmenes con integrales	Si O Más o menos O No O

4.- DEPORTE Y/O CULTURA:

Practicas deporte: Sí O No O _____ Para el tecnológico Sí O No O Nivel: Inicial O Medio: O Selección: O

Practicas cultura: Sí O No O _____ Para el tecnológico Sí O No O Nivel: Inicial O Medio: O Avanzado: O

5.- Algún comentario o recomendación que quieras hacer:_____

Anexo: E. FORMATO DE EXÁMEN.

EXÁMEN DE CALCULO INTEGRAL			Unidad:	Tema:			
				Oportunidad: 1a.O 2a.O			
Apellido paterno	Apellido materno	Nombre(s)		Fecha:		Hora:	No. de lista
Examen de unidad	Examen sorpresa	Participaciones	Tareas	Valores	Otras	Calificación final	

Anexo: F. LISTA DE ALUMNOS.

NOMBRE DE LA INSTITUCIÓN EDUCATIVA
LISTA DE ALUMNOS
Materia: Cálculo integral

Semestre: Hora: Aula: Maestro:

No	Nombre	Esp	Op	1	2	3	4	5	Promedio	Op	Calificación final
1											
2											
3											
4											
5											
6											
7											
8											
9											
10											
11											
12											
13											
14											
15											
16											
17											
18											
19											
20											
21											
22											
23											
24											
25											

CLAVES:
O 1a oportunidad   ● Participación   A Asistencia   Esp Especialidad
□ 2a oportunidad   T Tarea   F Falta   Exe Examen sorpresa
△ 3a oportunidad   C Conferencia
Op Oportunidad   NP No presento

ANEXO G. BIBLIOGRAFÍA. (Vea Anexo B8)

ANEXO H. SOLUCIÓN A LOS EJERCICIOS IMPARES:

Unidad 1. La integral indefinida:

1.1.7.1:	1) 2 3) -1 5) 3 7) 4.8283 9) 0
1.3.2.1:	1) $2\,dx$ 3) $\dfrac{3}{4}\,dx$ 5) $\dfrac{1}{2}\dfrac{1}{2x}\,dx$ 7) $\dfrac{1}{x}\,dx$ 9) $-\dfrac{1}{x^2}\,dx$ 11) $\dfrac{1}{x^2}\,dx$
1.3.3.1	1) $\dfrac{1}{3}e^x dx$ 3) $2e^x dx$
1.3.4.1	1) $\dfrac{2}{9x}\,dx$ 3) $-\dfrac{1}{5x}\,dx$
1.3.5.1	1) $3\,sen\,x\,dx$ 3) $\dfrac{3\csc^2 x}{4}\,dx$
1.3.6.1	1) $\dfrac{2}{1-x^2}\,dx$ 3) $\dfrac{2}{x\,\sqrt{x^2-1}}\,dx$
1.3.7.1	1) $-2\,senh\,x\,dx$ 3) $-3\tanh x\,\sec h\,x\,dx$
1.3.8.1	1) $\dfrac{2}{3}\dfrac{1}{x^2+1}\,dx$ 3) $-\dfrac{3}{2x}\dfrac{1}{\sqrt{1-x^2}}\,dx$
1.4.1.1	1) $\dfrac{1}{2x}\,dx$ 3) $-\dfrac{2}{3^3\sqrt{3x^4}}\,dx$ 5) $\dfrac{3}{10}\dfrac{1}{x}\,dx$ 7) dx 9) $-\dfrac{1}{2}\dfrac{1}{x}\,dx$ 11) $-dx$
1.5.2.1	1) $\dfrac{1}{2x}\,dx$ 3) $\dfrac{3x}{3x^2+2}\,dx$ 5) $\dfrac{3}{2}\dfrac{1}{(1-2x)^3}\,dx$ 7) $\left(-\dfrac{2}{3x^2}+\dfrac{1}{2}\dfrac{1}{x^3}\right)dx$
1.5.3.1	1) $2e^{2x}dx$ 3) $e^{\frac{x}{2}}dx$ 5) $\dfrac{e^{\frac{x}{x}}}{x}\,dx$ 7) $2\left(3^{2x}\right)\ln 3\,dx$
1.5.4.1	1) $\dfrac{1}{x}\,dx$ 3) $\dfrac{1}{x}\,dx$ 5) $\dfrac{1}{2x}\,dx$ 7) $\dfrac{\log_{10}e}{x}\,dx$
1.5.5.1	1) $2\cos 2x\,dx$ 3) $-\dfrac{6}{5}sex3x\,dx$ 5) $-\dfrac{2}{x^2}sen\dfrac{2}{3x}\,dx$ 7) $-2x\csc^2 x^2 dx$
1.5.6.1	1) $\dfrac{3}{1-9x^2}\,dx$ 3) $\dfrac{3}{1+9x^2}\,dx$ 5) $\dfrac{2}{4x^2+1}\,dx$ 7) $\dfrac{1}{x\,\sqrt{2x-1}}\,dx$
1.5.7.1	1) $2\cosh 2x\,dx$ 3) $\dfrac{6}{5}\sec h^2 3x\,dx$
1.5.8.1	1) $\dfrac{2}{4x^2+1}\,dx$ 3) $\dfrac{3}{2}\dfrac{1}{\sqrt{3x}(1-3x)}\,dx$
1.5.9.1	1) $3\sqrt{3x}\,dx$ 3) $\left(1+2\ln\sqrt{x}\right)dx$ 5) $\left(-6x\,sen\,2x+2\cos 2x\right)dx$ 7) $\dfrac{2-4x}{3e^{2x}}\,dx$

1.6.5.1	1) $x+c$ 3) x^2+c 5) $\dfrac{1}{4}\ln x+c$ 7) $x-\dfrac{3x^2}{2}+c$ 9) $x^2-\ln x+x+c$ 11) $\dfrac{5x^2}{6}+\dfrac{2x}{3}+c$
1.6.6.1	1) $5e^x+c$ 3) $\dfrac{2^x}{3\ln 2}+c$
1.6.7.1	1) $\dfrac{1}{8}x\left(\ln x-1\right)+c$ 3) $2x\left(\log_{10}\dfrac{x}{e}\right)+c$
1.6.8.1	1) $-5\cos x+c$ 3) $-\dfrac{1}{8}\ln\left|\cos x\right|+c$
1.6.9.1	1) $2x\,arcsen x+2\sqrt{1-x^2}+c$ 3) $4x\,arc\cot x+2\ln\left|x^2+1\right|+c$
1.6.10.1	1) $5\cosh x+c$ 3) $\dfrac{1}{2}\ln\left|\cosh x\right|+c$
1.6.11.1	1) $\dfrac{3}{5}x\,arc\cos h\,x-\dfrac{3}{5}\sqrt{x^2-1}+c$ 3) $2x\,arc\coth x+\ln\left|x^2-1\right|+c$
1.7.1.1	1) $\dfrac{2x^3}{9}+c$ 3) $\dfrac{2\sqrt{2x^3}}{9}+c$ 5) $\dfrac{10}{3}\sqrt{x}+c$ 7) $\dfrac{2\sqrt{2x^3}}{15}+c$ 9) $\dfrac{21}{2}\sqrt[3]{x^2}+c$ 11) $\dfrac{2x^3}{9}+2x+c$ 13) $\dfrac{x^3}{9}+\dfrac{2}{x}+c$ 15) $\dfrac{3x}{2}-\dfrac{x^2}{4}+c$
1.8.1.1	1) $\dfrac{1}{12}(2x+1)^6+c$ 3) $\dfrac{2(3+5x)^6}{(5)(5)(6)}+c$ 5) $\dfrac{4}{9}\sqrt{\left(\dfrac{3x}{2}+5\right)^3}+c$ 7) $-\dfrac{4}{3}\sqrt{1-3x}+c$ 11) $\dfrac{2}{3}\ln\left|3x-1\right|+c$ 13) $\dfrac{2}{3}\sqrt{\left(x^2+1\right)^3}+c$ 15) $-2\sqrt{\left(\dfrac{2}{x}+4\right)^3}+c$
1.8.2.1	1) $\dfrac{3}{2}e^{2x}+c$ 3) $\dfrac{2}{15}e^{5x}+c$ 5) $-\dfrac{2}{3}e^{(2-3x)}+c$ 7) $\dfrac{3}{2\ln 5}(5)^{(2x)}+c$ 9) $\dfrac{4}{15}e^{5\sqrt{x}}+c$ 11) $\dfrac{2}{3}e^{2x^3}+c$
1.8.3.1	1) $x\left(\ln 5x-1\right)+c$ 3) $\dfrac{x}{4}\left(\log_{10}\dfrac{4x}{e}\right)+c$ 5) $-\dfrac{2}{3}(1-3x)\left(\ln\left|1-3x\right|-1\right)+c$ 7) $-\dfrac{5}{6}\left(\dfrac{2}{x}-1\right)\left(\ln\left|\dfrac{2}{x}-1\right|\right)+c$

1.8.4.1	1) $-\dfrac{2}{3}\cos 3x+c$ 3) $\dfrac{1}{2}sen3x+c$ 5) $\dfrac{2}{15}\ln \sec 3x+\tan 3x+c$ 7) $-\dfrac{3}{2}\cot 2x+c$
	9) $\dfrac{1}{2}sen^4 2x+c$ 11) $\dfrac{2}{9}(1+sen3x)^3+c$ 13) $-\dfrac{1}{2}\ln \cos 2x+c$
	15) $-\cot x+\csc x+c$
	17) $\dfrac{1}{3}(3+sen2x)+c$ 19) $\dfrac{10}{3}\tan 2x+c$ 21) $\ln 1-\cos x+c$
	23) $-\dfrac{1}{12}\cos^6 2x+c$
1.8.5.1	1) $\dfrac{1}{2}x\,arcsen3x+\dfrac{1}{6}\sqrt{1-9x^2}+c$ 3) $x\arctan\dfrac{x}{2}-\ln\sqrt{\dfrac{x^2}{4}+1}+c$
	5) $x\,arc\sec\dfrac{2x}{3}-\ln\dfrac{2x}{3}+\sqrt{\dfrac{4x^2}{9}-1}+c$ 7) $2\sqrt{x}\,arcsen\sqrt{x}+2\sqrt{1-x}+c$
1.8.6.1	1) $\dfrac{4}{3}\cosh\dfrac{3x}{2}+c$ 3) $\dfrac{2}{3}\ln \cosh\dfrac{3x}{2}+c$ 5) $6x\ln senh\dfrac{x^2}{4}+c$ 7) $\dfrac{1}{2}senh\,2x+c$
1.8.7.1	1) $\dfrac{3}{5}x\,arccos\,h5x-\dfrac{3}{25}\sqrt{25x^2-1}+c$ 3) $\dfrac{2}{3}x\,arc\csc\,h2x+\dfrac{1}{6}\ln 25x^2+1+c$

Unidad 2. Técnicas de integración.

2.1.4.1	1) $\dfrac{5}{3\cdot 2}\arctan\dfrac{3x}{2}+c$ 3) $\dfrac{1}{24}\ln\dfrac{3x-8}{3x+8}+c$
	5) $2\ln 2+\sqrt{2x^2+16}+c$
	7) $\dfrac{3}{2}\ln 2x+\sqrt{4x^2-5}+c$ 9) $\dfrac{1}{3}arcsen\dfrac{3x}{4}+c$
	11) $\dfrac{x}{2}\sqrt{x^2+9}+\dfrac{9}{2}\ln x+\sqrt{x^2+9}+c$
	13) $\dfrac{3x}{4}\sqrt{5x^2-9}-\dfrac{27}{4\sqrt{5}}\ln x\sqrt{5}+\sqrt{5x^2-9}+c$
	15) $\dfrac{x+1}{2}\sqrt{x^2+2x+5}+2\ln x+1+\sqrt{x^2+2x+5}+c$
2.2.2.1	1) $\dfrac{3}{125}(5x+2)^5-\dfrac{3}{50}(5x+2)^4+c$ 3) $-\dfrac{4}{3}(4-2x)^6+\dfrac{2}{7}(4-2x)^7+c$
	5) $\dfrac{1}{6}(4x^2-1)^3+c$ 7) $\dfrac{1}{6}(2x-1)^3+\dfrac{1}{2}\sqrt{2x-1}+c$

2.3.5.1	1) $\dfrac{3}{2}xe^{2x}-\dfrac{3}{4}e^{2x}+c$ 3) $\dfrac{4}{3}x^2e^{3x}-\dfrac{8}{9}xe^{3x}+\dfrac{1}{9}e^{3x}+c$ 5) $-\dfrac{2}{15}x\cos5x+\dfrac{2}{75}sen5x+c$ 7) $\dfrac{3}{10}x\,sen\,2x+\dfrac{3}{20}\cos2x+c$ 9) $2x\tan x+2\ln|\cos x|+c$ 11) $4x\arccos2x-2\sqrt{1-4x^2}+c$
2.4.2.1	1) $\dfrac{3}{2}x-\dfrac{3}{8}sen\,4x+c$ 3) $-\dfrac{1}{2}\cos2x+\dfrac{1}{6}\cos^3 2x+c$ 5) $\dfrac{2}{3}sen\dfrac{3x}{2}-\dfrac{2}{9}sen^3\dfrac{3x}{2}+c$ 7) $-\dfrac{1}{20}\cos^5 2x+\dfrac{1}{28}\cos^7 2x+c$ 9) $\dfrac{5}{16}x-\dfrac{5}{192}sen\,12x-\dfrac{5}{144}sen^3 6x+c$ 11) $\dfrac{9}{8}x+\dfrac{3}{8}sen\,4x+\dfrac{3}{64}\cos8x+c$
2.5.2.1	1) $\dfrac{1}{2}\ln|\sec2x|+c$ 3) $\dfrac{1}{2}\tan2x+c$ 5) $\dfrac{1}{6}\tan3x\sec3x+\dfrac{1}{6}\ln|\tan3x+\sec3x|+c$ 7) $\dfrac{2}{3}\tan2x+2\tan2x+c$ 9) $2\sec2x+c$ 11) $\dfrac{1}{16}\sec^8 2x-\dfrac{1}{6}\sec^6 2x+\dfrac{1}{8}\sec^4 2x+c$
2.6.2.1	1) $\dfrac{3}{2}\ln\left|sen\dfrac{x}{3}\right|+c$ 3) $-\dfrac{5}{2}\cot^2 x-5\ln|senx|+c$ 5) $-\dfrac{1}{2}\cot^3 2x-\dfrac{3}{2}\cot2x+c$ 7) $-\dfrac{1}{8}\cot^4 2x+c$
2.7.2.1	1) $\ln\left|2x+\sqrt{4x^2+1}\right|+c$ 3) $\dfrac{4}{3\sqrt5}\ln\left|\dfrac{\sqrt{4x^2+5}-\sqrt5}{2x}\right|+c$ 5) $\dfrac{3}{54}x\sqrt{9x^2-1}+\dfrac{1}{54}\ln\left|3x+\sqrt{9x^2-1}\right|+c$ 7) $-\dfrac{10}{162}\sqrt{2-9x^2}+\dfrac{5}{489}\sqrt{(2-9x^2)^3}+c$ 9) $-\dfrac{1}{5x}\sqrt{9-x^2}-\dfrac{1}{5}arcsen\dfrac{x}{3}+c$ 11) $-\dfrac{2x}{3\sqrt{4x^2+3}}+c$
2.8.2.1	1) $-\dfrac{1}{2}\ln|x|+\dfrac{3}{2}\ln|x+2|+c$ 3) $-\dfrac{1}{3}\ln|x|+\dfrac{7}{3}\ln|x-3|+c$ 5) $2\ln|x|-\dfrac{5}{2}\ln|1-2x|+c$ 7) $\dfrac{1}{2}\ln|2x-1|-\ln|2x+1|+c$
2.9.2.1	1) $\ln|x+1|-\dfrac{1}{x+1}+c$ 3) $4\ln|x-1|-\dfrac{9}{x-1}+c$ 5) $-2\ln|x-1|+\dfrac{1}{x-1}+c$ 7) $\dfrac{1}{4}\ln|2x-1|-\dfrac{5}{8x-4}+c$

2.10.3.1	1) $x + \dfrac{x^3}{3} + \dfrac{x^5}{5} + \dfrac{x^7}{7} + \cdots + c$ 3) $\dfrac{(2)x}{(3)} + \dfrac{(2)x^3}{(3)(3)} + \dfrac{(2)x^6}{(3)(3)^2(6)} + \dfrac{(2)x^9}{(3)(3)^3(9)} + \cdots + c$
2.11.3.1	1) $\dfrac{x}{0!} + \dfrac{2x^3}{(1!)(3)} + \dfrac{4x^5}{(2!)(5)} + \dfrac{8x^7}{(3!)(7)} + \cdots + c$ 3) $\dfrac{x}{(0!)} - \dfrac{x^2}{(2!)(2)} + \dfrac{x^3}{(4!)(3)} - \dfrac{x^4}{(6!)(4)} \pm \cdots + c$
2.12.2.1	1) $\dfrac{x^3}{(1!)(3)} - \dfrac{x}{(1!)} - \dfrac{x^5}{(2!)(5)} + \dfrac{2x^3}{(2!)(3)} - \dfrac{x}{(2!)} \pm \cdots + c$ 3) $\dfrac{(1.047)x}{(0!)} + \dfrac{(3.072)(2)\ \overline{x^3}}{(1!)(3)} - \dfrac{(3.072)(2)x}{(1!)} - \dfrac{(33.29)x^2}{(2!)(2)} \pm \cdots + c$

Unidad 3. La integral definida.

3.1.3.1	1) -4 3) -4 5) -3 7) $-\dfrac{4}{5}$
3.1.5.1	1) -5 3) -4 5) $(1,3)$ 7) $(0,-4)$
3.2.9.1	1) -1 1 Signo (+) 3) $-\dfrac{\pi}{2}$ π Signo (+) 5) -1 0 Indefinido 7) 0 4 6 Signo (-)
3.4.1.1	1) 5.0000 3) -1.5000 5) -0.7500 7) -1.3862 9) 4.5000 11) 4.5000
3.4.2.1	1) 31.9453 3) 1.4102 5) 1.5853 7) 0.9617
3.4.3.1	1) 1.9314 3) 0.1561 5) -0.5176 7) 0.3684
3.4.4.1	1) 10.0000 3) 1.0000 5) 1.2130 7) 0.1647
3.4.5.1	1) 1.8849 3) 0.1322
3.4.6.1	1) 2.7154 3) 2.2069
3.4.7.1	1) 0.5411 3) -0.3216
3.5.1.1	1) 5.3333 3) 1.0000 5) 9.0000 7) 7.3333 9) 1.3333 11) 1.5000
3.6.1.1	1) 820.0 3) 22.2068 5) 0.4777 7) 1.7573
3.6.2.1	1) 20.0993 3) 7.0156
3.6.3.1	1) 5.3972 3) 0.7609
3.6.4.1	1) 0.0000 3) 11.0904 5) 10.1141 7) 3.0007
3.6.5.1	1) 0.8561 3) 0.9509
3.6.6.1	1) 6.9054 3) -0.4789
3.6.7.1	1) 38.8079 3) -0.2035

| 3.7.1.1 | 1) 0.7853   3) 4.5512   5) 0.7603   7) 0.7563   9) 4.1257   11) 11.1257 |

| 3.8.2.1 | 1) ... a) En el intervalo $(-\alpha, -1]$ Integral impropia tipo 1A <br> b) En el intervalo $[-1, 0)$ Integral impropia tipo 2A

 3) ... a) En el intervalo $(-\alpha, 0]$ Integral impropia tipo 1A <br> b) En el intervalo $[0, \alpha)$ Integral impropia tipo 1B <br> c) En el intervalo $(-\alpha, \alpha]$ Integral impropia tipo 1C |

3.8.3.1	1) 2.5000 3) 3.6173 5) 0.2083 7) *No es convergente*
3.8.4.1	1) 1.5000 3) *No es convergente*
3.8.5.1	1) 3.1415 3) 11.1072
3.8.6.1	1) 7.0710 3) *No es convergente*
3.8.7.1	1) 1.3416 3) -7.1769
3.8.8.1	1) 30.0000 3) *No es convergente*

Unidad 4 Aplicaciones de la integral

4.1.2.1	1) $=5.0000$ 3) ≈ 9.4868 5) ≈ 4.6467 7) ≈ 6.1257 9) ≈ 9.2935 11) ≈ 3.4765
4.2.2.1	1) $=15.000$ 3) ≈ 0.6666 5) ≈ 7.5424 7) ≈ 10.6667 9) ≈ 9.3333
4.2.3.1	1) $=15.000$ 3) $=0.5000$ 5) ≈ 1.3333 7) ≈ 15.0849
4.2.4.1	1) $=5.0000$ 3) ≈ 8.5522 5) $=272.0$
4.2.5.1	1) $=6.0000$ 3) ≈ 1.3333 5) $=4.5000$ 7) $=4.5000$
4.3.1.1	1) $=8\pi$ 3) $\approx 8.6666\pi$ 5) $=4\pi$ 7) $\approx 42.6667\pi$
4.3.2.1	1) $=9\pi$ 3) $=1.6\pi$ 5) $=4\pi$
4.4.2.1	1) $a)\,4m^2$ $b)\,0.016m^3$ $c)\,124.8kg_m$ $d)\,31.2kg_m/m^2$ $e)\,124.8kg_m.m$ $f)\,124.8kg_m.m$ $g)\,(1m,1m)$ 3) $a)\,10.6666m^2$ $b)\,0.0533m^3$ $c)\,473.83kg_m$ $d)\,44.422kg_m/m^2$ $e)\,0kg_m.m$ $f)\,758.13kg_m.m$ $g)\,(0m,1.6m)$ 5) $a)\,1.3333m^2$ $b)\,0.0133m^3$ $c)\,36kg_m$ $d)\,27kg_m/m^2$ $e)\,0kg_m.m$ $f)\,14.4kg_m.m$ $g)\,(0m,0.4m)$
4.4.3.1	1) $a)\,2m^2$ $b)\,0.0240m^3$ $c)\,21.36kg_m$ $d)\,10.68kg_m/m^2$ $e)\,0kg_m.m$ $f)\,32.04kg_m.m$ $g)\,(0m,1.5m)$ 3) $a)\,3.7712m^2$ $b)\,0.0150m^3$ $c)\,134.10kg_m$ $d)\,35.5603kg_m/m^2$ $e)\,0kg_m.m$ $f)\,375.498kg_m.m$ $g)\,(0m,2.8m)$ 5) $a)\,1.3333m^2$ $b)\,0.00266m^3$ $c)\,20.9333kg_m$ $d)\,15.7kg_m/m^2$ $e)\,0kg_m.m$ $f)\,33.4933kg_m.m$ $g)\,(0m,1.6m)$

4.5.1.1	1) $100kg_f \cdot m$ 3) $9kg_f \cdot m$
4.5.2.1	1) $k = 2000kg_f / m$; $W = 2.5kg_f \cdot m$
4.5.3.1	1) $k = 1000lb_f \cdot ft$ $W = -500lb_f \cdot ft$ 3) $k = 5500kg_f \cdot m$ $W = -2750kg_f \cdot m$

Unidad 5. Integración por series:

5.1.4.1	1) $a)$ $2,4,6,8,\cdots$ $b)$ $k=1$ $c)$ 4 $d)$ 6 $e)$ $2n$ $f)$ $\displaystyle\sum_{n=1}^{\alpha} 2n$ $g)$ $\displaystyle\sum_{n=1}^{\alpha} 2n = 2+4+6+8+\cdots$ 3) $a)$ $\dfrac{2}{1}+\dfrac{4}{3}+\dfrac{8}{5}+\dfrac{16}{7}+\cdots$ $b)$ $k=1$ $c)$ $\dfrac{4}{3}$ $d)$ $\dfrac{8}{5}$ $e)$ $\dfrac{2^n}{2n-1}$ $f)$ $\displaystyle\sum_{n=1}^{\alpha}\dfrac{2^n}{2n-1}$ $g)$ $\displaystyle\sum_{n=1}^{\alpha}\dfrac{2^n}{2n-1}=\dfrac{2}{1}+\dfrac{4}{3}+\dfrac{8}{5}+\dfrac{16}{7}+\cdots$
5.1.5.1	1) $1+2+3+4+\cdots$ 3) $\dfrac{1}{1}+\dfrac{1}{1}+\dfrac{1}{2}+\dfrac{1}{6}+\cdots$ 5) $\dfrac{sen\,\pi}{3}+\dfrac{sen\,2\pi}{3}+\dfrac{sen\,3\pi}{3}+\dfrac{sen\,4\pi}{3}+\cdots$ 7) $\dfrac{3}{3}+\dfrac{3}{4}+\dfrac{3}{5}+\dfrac{3}{6}+\cdots$ 9) $\dfrac{1}{e}+\dfrac{2}{e^2}+\dfrac{3}{e^3}+\dfrac{4}{e^4}+\cdots$ 11) $\dfrac{1}{2}+\dfrac{x}{3}+\dfrac{x^2}{4}+\dfrac{x^3}{5}+\cdots$
5.1.6.1	1) $\displaystyle\sum_{n=1}^{\alpha}\dfrac{2}{3n^2}$ 3) $\displaystyle\sum_{n=1}^{\alpha}\dfrac{(-1)^{n-1}}{n!}$ 5) $\displaystyle\sum_{n=0}^{\alpha}\dfrac{2}{3^n}$ 7) $\displaystyle\sum_{n=0}^{\alpha}\dfrac{(x-1)^n}{2n!}$
5.2.5.1	1) $\displaystyle\sum_{n=0}^{\alpha}(2n+2)$ 3) $\displaystyle\sum_{n=1}^{\alpha}\dfrac{1}{n}$ 5) $\displaystyle\sum_{n=1}^{\alpha}\dfrac{1}{n^2}$ 7) $\displaystyle\sum_{n=1}^{\alpha}\dfrac{1}{(n-1)!}$ 9) $\displaystyle\sum_{n=0}^{\alpha}\dfrac{x^n}{n!}$
5.3.2.1	1) *Es divergente* 3) *Es convergente*
5.3.3.1	1) *Es convergente* 3) *Es convergente*
5.3.4.1	1) *Es divergente* 3) *Es convergente*
5.4.1.1	1) $R=1$ $(-1,1]$ 3) $R=\alpha$ $(-\alpha,\alpha)$
5.5.1.1	1) $f'(x)=2+(2)(4)x+(8)(3)x^2+(16)(4)x^3+\cdots$ $\displaystyle\int(2x)^n\,dx=x+\dfrac{2x^2}{2}+\dfrac{(4)x^3}{3}+\dfrac{(8)x^4}{4}+\cdots+c$ 3) $f'(x)=\dfrac{1}{(2)(1)}-\dfrac{2x}{(2)(2)}+\dfrac{3x^2}{(2)(3)}-\dfrac{4x^3}{(2)(4)}\pm\cdots$ $\displaystyle\int\sum_{n=1}^{\alpha}\dfrac{(-1)^{n+1}x^n}{2n}=\dfrac{x^2}{(2)(1)(2)}-\dfrac{x^3}{(2)(2)3}+\dfrac{x^4}{(2)(3)(4)}-\dfrac{x^5}{(2)(4)(5)}\pm\cdots+c$
5.6.1.1	1) 0.8925 3) 0.1115
5.7.4.1	1) 2.9222 3) 0.6438

ANEXO I. INDICE: